超微粉体
加工技术与应用

CHAOWEIFENTI
JIAGONG JISHU YU YINGYONG

郑水林　编著

第三版

化学工业出版社
·北京·

内 容 简 介

本书是在 2011 年 10 月出版的《超微粉体加工技术与应用》第二版基础上，参考该领域近十年来更新的学术和技术研究成果重新修订而成。

全书在综述粒径小于 1μm 的超微粉体应用基础上，论述了超微粉体的应用和特性；介绍了机械粉碎法和化学法制备超微粉体的原理与工艺设备、超微粉体的分散与表面改性、超微粉体制备实践以及超微粉体的表征方法等，主要内容包括绪论、超微粉体特性、超微粉体制备、超微粉体的分散与表面处理、超微粉体制备实践及超微粉体的性能表征等。 与第二版相比，本书新增了"超微粉体加工与应用中的主要科学与技术""石墨烯和纳米复合粉体材料的制备与性能""表面有机包覆改性""片状纳米高岭土"等更多新内容。本书具有系统性强、实用性强、实践性强的特点。

本书可供广大从事粉体工程、粉体制备与处理领域的工程技术人员、科研人员及在校大专院校有关专业师生阅读和参考。

图书在版编目（CIP）数据

超微粉体加工技术与应用/郑水林编著 . —3 版 . —北京：
化学工业出版社，2020.11
ISBN 978-7-122-37691-6

Ⅰ.①超… Ⅱ.①郑… Ⅲ.①纳米材料-加工 Ⅳ.①TB383

中国版本图书馆 CIP 数据核字（2020）第 168691 号

责任编辑：朱 彤 文字编辑：赵 越
责任校对：王佳伟 装帧设计：史利平

出版发行：化学工业出版社（北京市东城区青年湖南街 13 号 邮政编码 100011）
印 装：三河市双峰印刷装订有限公司
787mm×1092mm 1/16 印张 15 字数 371 千字 2021 年 1 月北京第 3 版第 1 次印刷

购书咨询：010-64518888 售后服务：010-64518899
网 址：http://www.cip.com.cn
凡购买本书，如有缺损质量问题，本社销售中心负责调换。

定 价：**88.00 元**

第三版前言

超微粉体是一种具有独特性能和广泛用途的功能性粉体材料。随着科学技术的进步和现代高技术、新材料产业的迅速发展，超微粉体的制备与应用技术以及其结构、性能的研究已成为现代粉体技术和粉体工程领域的前沿科学技术。

本书第一版成稿于2004年并于2005年1月正式出版，2011年10月出版第二版。本次第三版是在第二版的基础上，集合该领域的新技术、新进展再次修订而成。第三版主要修订内容如下。第1章，更新"超微粉体与现代产业发展"，增加了超微粉体加工与应用中的主要科学问题与技术问题。第2章，补充石墨烯类材料的特性等。第3章，更新超微粉碎技术与设备、超微分级技术与设备等，删除过时的技术和设备内容，增加了干法超微粉体分级设备等。第4章，修订超微粉体分散和超微粉体表面改性的部分内容，增补新理论、新技术和工艺设备等，特别是新增"表面有机包覆改性"和"沉淀反应包覆改性"部分的内容，删除过时的技术和工艺设备；另外，还删除"超微粉体分散性的表征与评价"部分内容，将相关内容合并到第6章。第5章，修改"超微重质碳酸钙""水镁石"和"电气石"等部分内容，新增"片状纳米高岭土"与"石墨烯和纳米复合粉体材料的制备与性能"等内容。此次修订保留了前两版的特点和风格，补充了该领域新的科学和技术进展，特别是产业化新进展，希冀实现系统、精练、学术性与实用性相统一的初衷。

该书能在十五年内两次修订出版甚是幸运。笔者深深感恩当今时代！衷心感谢广大读者！感谢化学工业出版社！

由于超微和纳米粉体加工与应用是正在迅速发展的学科，同时粉体科学与技术不仅跨学科而且应用面很广，因此拙作肯定还存在疏漏之处，恳请广大专家学者及读者批评斧正。

郑水林

2020 年 6 月

第1章

绪论

何为超微粉体或超微颗粒？目前这一名词还没有明确的定义。"超微粉体或超微颗粒"与"微细粉体与微细颗粒"之间没有明确的界限，将什么颗粒称为超微颗粒也是因人而异的。日本学者一ノ瀬升、尾崎义治、贺集诚一郎等人所著的《超微颗粒导论》中，将粒径1～100nm范围内的颗粒定义为超微颗粒。我国纳米材料专家张立德主编的《超微粉体制备与应用技术》中，将小于1μm的粉体称为超微粉体（ultra-fine powder）或超微粉体材料。但是，较普遍的意见是将亚微米级颗粒，即1μm以下的颗粒称为超微颗粒。由于一般所说的粉体是指颗粒的集合体，因此，将粒径小于1μm的粉体定义为超微粉体是较为恰当的。

20世纪80年代以来，科技界又将粒度或尺寸小于100nm（1nm=10^{-9}m）的粉体称为纳米粉体（nano-powder）。从粒度或尺寸定义的角度而言，纳米粉体是超微粉体的一个重要组成部分。从性能和未来发展趋势来看，纳米粉体是超微粉体中最富有活力和应用潜力的部分，也是纳米材料领域的重要组成部分。但是纳米粉体不能等同于纳米材料，这是因为纳米和微米、毫米、米一样，本身的物理意义只是"度量尺度"，某种粒度分布小于100nm的粉体只有显示出所谓的"纳米效应"或"特殊功能"才能称之为纳米材料。纳米材料是一个较宽的材料领域，它包括三维的块体材料、二维的薄膜材料（纳米薄膜）和一维的纳米丝、纳米管、纳米棒以及纳米颗粒。纳米粉体是由纳米颗粒组成的，它可以分为准零维的纳米粉体、一维（针状）纳米粉体和二维（薄片状）纳米粉体。因此，如果某种纳米粉体具有纳米效应或区别于普通粉体（如粒度大于1μm的粉体）的特殊功能，那么它既属于超微粉体或超微材料范畴，也属于纳米材料范畴。

1.1　超微粉体与现代产业发展

超微粉体具有不同于原固体材料或一般粉体的表面效应和体积效应（量子尺寸效应），表现出独特的光学、电学、磁学、热学、催化性质和力学等性质。因此，超微粉体广泛用于结构与功能陶瓷材料、催化材料、涂层材料、信息材料、磁性材料、生物医药材料、吸波材料、有机/无机复合材料、功能纤维材料、润滑减磨材料等。其与现代产业发展，尤其是高新技术产业，如电子信息、生物医药、现代化工、航空航天、新材料、新能源以及环保等产业的发展密切相关。

1.1.1　结构与功能陶瓷

结构与功能陶瓷统称为陶瓷材料，它是超微粉体应用的重要领域之一。同时，由于高纯超微粉体的应用，使得陶瓷材料在结构、强度和其他性能，尤其是韧性方面有了质的飞跃。

结构陶瓷是指那些具有优异的力学性能及优良的耐高温、耐腐蚀性，因而可用于工程结构件的陶瓷材料；功能陶瓷是指那些具有特殊的电、磁、光、声、热等特性，因而可用于各种功能器件的陶瓷材料。

陶瓷是人类最早使用的材料之一，在人类发展史上起着重要作用。直到现在，陶瓷仍是人类生活和生产中不可缺少的一种材料。陶瓷产品的应用范围遍及国民经济的各个领域。在人们的日常生活中不能没有陶瓷，在工业、国防及科学研究中也同样不能缺少陶瓷。这是因为陶瓷有着许多其他材料无法比拟的优异性能，如耐磨损、耐腐蚀、耐高温高压、硬度大、不易老化等，而且能够在其他材料无法承受的恶劣环境条件下工作。但是，陶瓷材料的一个主要缺点，也是最大的弱点，就是其脆性。具体表现为：在外力作用下，不发生显著变形即告破坏。这一缺点使得陶瓷材料难以作为结构材料使用，在很大程度上限制了它的应用范围。如何克服陶瓷材料的脆性、提高陶瓷材料的韧性成为长期以来科学家们一个努力突破的方向。

除了脆性之外，陶瓷材料还存在其他方面的一些弱点，如加工困难。由于陶瓷是脆性材料，同时硬度又比其他材料大，很难像普通材料一样对陶瓷材料进行切割、刨磨、钻孔等操作。又如，陶瓷材料的烧结温度很高，设备投资大，能耗高。如何使陶瓷材料能在较低温度下完成烧结，并具有较好的可加工性，也是研究人员长期以来试图解决的问题。

陶瓷材料的制备工艺主要包括制粉、成型和烧结三步。上述陶瓷材料缺点的克服，在很大程度上取决于超微粉体制备技术的水平。陶瓷科学工作者研究表明，原料粒度越细，材料的烧成温度越低，烧结体越致密，强度和韧性越高。当原料粒度达到纳米粒级时，其烧结温度比普通陶瓷粉体的烧结温度降低数百摄氏度，制取的纳米陶瓷具有高韧性和低温超塑性行为，而且硬度极高。例如，在 $100℃$ 下，纳米 TiO_2 陶瓷的显微硬度达到 $1300kgf/mm^2$（$1kgf/mm^2 = 9.80665MPa$），而普通 TiO_2 陶瓷的显微硬度低于 $200kgf/mm^2$。

制备这些结构和纳米陶瓷的超微粉体包括 Al_2O_3、ZrO_2、TiO_2、ZnO、$BaTiO_3$ 等氧化物以及 SiC、BC、BN、WC、Si_3N_4、ZrN 等特种粉体。

陶瓷颜料和特种釉料是超微或纳米粉体在现代陶瓷中应用的另一个领域。这是因为超微和纳米粉体的应用可以显著提高色料的着色力、光性、色泽等性能，并可以减少昂贵的陶瓷颜料和特种釉料的用量。

1.1.2 催化材料

超微粉体显著的表面效应和体积效应（比表面积大、表面所占的体积百分数大、表面原子数多、表面原子配位不全等使表面的活性位置增加、表面活性中心增多）决定了超微粉体具有良好的催化活性和催化反应选择性。目前在高分子聚合物氧化、还原及合成反应中直接用超微或纳米态铂黑、银、铜、氧化铝、氧化铁等作为催化剂，显著提高了反应效率；利用纳米镍作为火箭固体燃料反应催化剂，燃烧效率可提高 100 倍。纳米催化剂的催化反应选择性还表现出特异性。例如，用硅载体纳米镍催化剂对丙醛的氧化反应研究表明，镍粒径在 5nm 以下时，反应选择性发生急剧变化——醛分解得到控制，生产乙醇的选择性迅速上升。超微 TiO_2 对一些聚合反应具有明显的催化作用，可用于马来酸酐的催化聚合。磁性纳米铁粒子可制成 Ziegler-Natta 催化剂用于烯烃的聚合，形成磁性纳米复合聚合物材料；以粒径小于 100nm 的镍和铜锌合金的纳米粉体为主要成分制成的催化剂可使有机物氢化的效率提高到传统镍催化剂的 10 倍；纳米级的铁、镍与 $\gamma\text{-}Fe_2O_3$ 混合轻烧结体可以代替贵金属用于汽车尾气的净化剂。

利用超微或纳米粉体的光催化功能可以制备一类具有广阔应用前景的光催化剂。采用纳米微粒作为光催化剂的理论基础在于其量子尺寸效应。纳米二氧化钛所具有的量子尺寸效应使其导电和价电能级变成分立的能级，能隙变宽，导电电位变得更负，而价电电位变得更正。这使其获得了更强的氧化还原能力，对催化反应是十分有利的。许多研究者在纳米二氧化钛光催化处理有机废水和大气中的有机污染物方面做了大量的研究工作，结果发现纳米二氧化钛作为光催化剂可以处理卤代脂肪烃、卤代芳烃、有机酸类、酚类、硝基芳烃、取代苯胺等以及空气中的甲醛、甲苯、丙酮等有害污染物，是一种用于处理有机废水和净化室内空气、改善环境的有效方法。光催化剂中研究最多的是光分解水的反应，其中以在纳米半导体材料表面负载贵金属、金属氧化物或在半导体表面修饰染料、导电高聚物等来逐步提高光分解水的效率的方法较多。如果纳米粉体或纳米材料的光催化活性能使光分解水的效率成倍或几十倍提高，那将会对太阳能的光化学储存起巨大的推动作用。

1.1.3　涂层材料

超微粉体的主要功用之一是将超微粉体与表面技术结合起来，形成表面复合涂层。这种涂层可使基体表面的力学、物理和化学性能得到提高，赋予基体表面新的力学、热学、光学、电磁学和催化敏感等功能，达到材料表面改性和功能化的目的。超微涂层的实施对象既可以是传统基体材料，也可以是粉体颗粒或纤维，用于表面修饰、包覆、改性或增加新的特性与功能。

超微粉体涂层材料的品种很多，包括金属及合金超微粉、陶瓷超微粉、金属-陶瓷超微粉、碳/金刚石纳米粉以及氧化物超微粉等。除自身形成涂层材料外，还可以与金属及合金、无机材料、高分子材料基体结合，制备出复合涂层材料。根据超微粉体涂层的组成可将其分为三类：单一超微粉体涂层体系、两种或两种以上超微粉体涂层体系和添加超微粉体的涂层体系。

（1）金属与合金超微粉体涂层材料

单独超微金属粉体主要有镍、铜、铁、钴等，充当涂层基体成分或打底；金属合金超微粉以这几种金属为基体，添加其他元素，如铝、铬、碳、硼、硅、锡、磷、钨等，形成镍基、铁基、铜基、钴基合金超微粉涂层。

（2）无机非金属材料与陶瓷超微粉涂层材料

主要包括：氧化物涂层材料、碳化物涂层材料、氮化物和硼化物涂层材料、金属陶瓷复合材料涂层等。

氧化物在超微粉体涂层材料中占有相当的分量，常用的氧化物涂层材料有 Al_2O_3、ZrO_2、TiO_2、Cr_2O_3、Y_2O_3、SiO_2、Fe_2O_3 等，氧化物之间还可以形成二元甚至多元复合超微粉体涂层，如 $Al_2O_3\text{-}TiO_2$、Y_2O_3 稳定的 ZrO_2、$Al_2O_3\text{-}SiO_2\text{-}TiO_2$ 等复合超微粉体涂层。

碳化物超微粉体涂层的主要代表有 SiC、BC、TiC、WC、Cr_3C_2 等；氮化物超微粉体涂层有 Si_3N_4、ZrN 等；硼化物涂层材料有 BC、B_4C、BN、TiB_2 等。

单一的超微粉体涂层材料性能发挥有限，更多的是形成复合超微粉体涂层材料。金属陶瓷复合材料就是明显的例子，如将碳化钨加入到镍、钴、铁基中，形成了所谓的硬质合金。与传统的硬质合金材料相比，超微粉体硬质合金涂层既有高的硬度、抗磨性能，同时又有更低的脆性。

（3）高分子复合材料涂层

在高分子材料基料中添加复合超微粉体，形成高分子材料基的涂层，如在树脂中加入填充材料二氧化钛、二氧化硅等，随着涂层固化，超微粒子起到强化、增强增韧等作用。

（4）石墨/金刚石涂层或薄膜

这是近几年来研究最为活跃的涂层材料之一，在现代高技术、新能源和新材料领域中具有良好的应用前景。原料主要涉及超微石墨化和金刚石化微粉、碳纳米管、石墨烯等。

超微或纳米涂层材料按其用途可分为结构涂层和功能涂层两类。

结构涂层：包括高强、高硬和耐磨涂层。

功能涂层：包括热功能涂层，光功能涂层，电功能涂层，磁功能涂层，催化敏感涂层，自润滑涂层，耐热、耐高温和抗氧化涂层，磁记录涂层以及耐蚀、防护和装饰涂层等。

超微粉和纳米涂层广泛用作航空航天飞行器的防护涂层、微波吸波涂层、紫外线防护涂层和"隐身"涂层以及航海船舶、海上钻探装备、化工设备的防腐涂层和高端建筑涂料等。这些涂层技术与军用航空和航天技术密切相关。

隐身技术是当代军事领域中举世瞩目的高新技术之一，受到世界各国的重视。目前的隐身技术主要有反声呐探测技术、反雷达探测技术、反光学探测技术和反红外探测技术。在1991年的海湾战争中，美国第1天出动的战斗机就躲过了伊拉克严密的雷达监视网，迅速到达首都巴格达上空，直接摧毁了电报大楼和其他军事目标。在历时42天的战斗中，执行任务的飞机达1270架次，使伊拉克军方95%的重要军事目标被毁，而美国战斗机却无一架受损。这场高技术战争一度震惊世界。为什么伊拉克的防空雷达系统对美国战斗机束手无策？为什么美国的导弹击中伊拉克的军事目标如此准确？空地导弹击中伊拉克的坦克为什么有极高的命中率？一个重要原因是美国F117型战斗机表面包覆了红外与微波隐身材料，它具有优异的宽频带微波吸收能力，可以逃避雷达的监视。而伊拉克的军事目标和坦克等武器上没有防御红外线探测的隐身材料，很容易被美国战斗机上灵敏的红外探测器所发现，并被先进的激光制导炸弹准确击中。

隐形战斗机表面上的隐身材料就含有多种超微粒子，它们对不同波段的电磁波有强烈的吸收能力。为什么超微粒子，特别是纳米粒子对红外线和电磁波有隐身作用呢？主要原因有两点：一是超微粒子尺寸远小于红外线及雷达波波长，因此超微或纳米材料对这种波的吸收比常规材料要大得多，而反射和散射很少；二是纳米微波材料的比表面积比一般粉体材料大2～4个数量级，对红外线和电磁波的吸收率比常规材料大得多，这就使得红外探测器和雷达得到的反射信号强度显著降低，因此很难发现被探测目标。

超微或纳米粉体，特别是由轻元素组成的纳米粉体材料很可能在隐身材料上发挥作用，如超微和纳米氧化铝、氧化铁、氧化硅和氧化钛的复合粉体与高分子纤维结合对中红外波段有很强的吸收性能，这种复合体对该波段的红外探测器有很好的屏蔽作用。纳米磁性材料，特别是类似铁氧体的纳米磁性材料填入涂料中，既有良好的吸波特性，又有良好的吸收和耗散红外线的功能，加之其相对密度小，在隐身方面的应用上有一定的优势。另外，这种材料还可以与驾驶舱内的信号控制装置相配合，通过开关发出干扰，改变雷达波的反射信号，使波形畸变或变化不定，干扰和迷惑雷达操纵员，达到隐身目的。纳米级的硼化物、碳化物，包括纳米纤维和碳纳米管在隐身材料方面也将大有作为。

1.1.4 电子信息材料

（1）微电子材料

超微粉体应用于电子材料的代表性例子是厚膜材料。它将二氧化硅粉体与导电金属粉混合后均匀地分散于有机溶剂中制成浆料，即所谓的厚膜浆。这种浆料经网板印刷涂在陶瓷基板上然后烧成，用于电阻器、电容器等电路元件以及电路元件间的连接或电子线路的连接。

用于导电浆的导电性超微粉体有 Au、Pt、Pd、Ag、Cu、Ni 等；用于电阻浆的粉体有 RuO、Ru_2O_7、MoO_3、LaB_6、C 等；用于介电体浆料的超微粉体有 $BaTiO_3$、TiO_2 等。导电浆料的导电成分大多是贵金属，但也使用 Cu、Ni 等非贵重金属。

在集成电路板基板的封装材料中，要使用高纯超细硅微粉，它与环氧树脂结合完成芯片和元器件的黏结封固。对于大规模和超大规模集成电路板不仅要求硅微粉纯度高、粒度细，而且还要求颗粒形状为球形。此外，超微和纳米二氧化硅还用于半导体硅片、集成电路的层间膜、平面显示器、微电机系统等的精细抛光。制作高性能超薄氧化铝基板要使用粒径特别均匀的高纯氧化铝超微粉体。这种氧化铝膜可使传输线路微细化，还可用于振荡板、传感器基板以及与金属结合的散热性基板等。

（2）磁记录材料

现代社会信息量大，需要记录的信息量不断增多，要求记录材料高性能化，特别是记录高密度化。高记录密度的记录材料与超微粉体有密切关系。例如，要求 $1cm^2$ 可记录 1000 万条以上的信息，那么，1 条信息要求被记录在 $1\sim10\mu m^2$ 中，至少需要有 300 阶段分层次的记录，那么在 $1\sim10\mu m^2$ 中至少必须有 300 个记录单位。若以超微颗粒作记录单元，可使记录密度显著提高。作为磁记录单位的磁性粒子的大小必须满足：颗粒的长度应远小于记录波长，颗粒的宽度应远小于记录深度；一个单位的记录体积中应尽可能有更多的磁性粒子。因此，作为磁记录的粒子要求为单磁畴针状微粒，其体积要求尽量小，但不得小于变成超顺磁性的临界尺寸（约 10nm）。目前所用的录像磁带的磁体为 $100\sim300nm$（长径）、$10\sim20nm$（短径）的超微粒子。磁带一般使用的磁性超微粒为铁或氧化铁的针状粒子。

目前用 20nm 左右的超微磁性颗粒制成的金属磁带、磁盘早已经商品化，其记录密度可达到每平方厘米记录 4000 万条信息单元，与普通磁带相比，具有高密度、低噪声和高信噪比等特点。

此外，利用超微粉体或纳米粉体材料可研制出响应速度快、灵敏度高、选择性好的各种不同用途的传感器。例如，利用生物纳米传感器可获取生命体内各种生化反应的生化和电化学信息；另有研究表明，纳米二氧化硅光学纤维对波长大于 600nm 的光的传输损耗小于 10dB/km，此值比普通二氧化硅材料的光传输损耗小很多。纳米级金属微粒以晶格形式沉积在硅表面后，可以成为高效电子元器件。

1.1.5 能源和环保

环境保护与能源是影响人类生存和发展的两大问题。环境保护主要涉及固体废弃物的无害化处理和再利用；水资源净化、污染控制和污水的处理；室内空气净化、大气污染治理和控制等。超微粉体或纳米技术在环境保护产业和"绿色"或清洁能源产业中有重要的应用前景。

（1）环境保护

对空气和水污染治理的关键在于污染物的降解过程也应该是环保的，即不能产生对人体和环境有害的副产品。光催化的作用过程就具有"绿色"特征。光催化剂在室温或接近室温的温度下起作用，氧气的最终来源是分子态氧（比 H_2O_2 和 O_3 等还弱的氧化剂）。正是由于光催化作用的这一特点，纳米粒子及纳米复合材料的光催化（photocatalysis）成为一项正在蓬勃发展的、应用于污水处理和室内空气净化的高新技术。

① 空气净化。用超微或纳米粉体材料，如 SnO_2、ZnO、Fe_2O_3、TiO_2 等制备并组装汽车尾气传感器，通过对汽车尾气排放的监控，及时对超标排放进行报警，并调控合适的空燃比，减少富油燃烧，达到减少有害气体排放和燃油消耗的目的。这部分半导体传感器主要是利用材料的电阻随环境气氛浓度的变化而改变的特性，通过变化值可以获得环境气氛的状况。

利用纳米粉体材料还可以制备汽车尾气的净化器，如超细的 Fe、Ni 与 $\gamma\text{-}Fe_2O_3$ 混合轻烧结体代替贵金属作为汽车尾气净化器，可以降低成本，提高效率。

要从根本上解决空气污染问题，仅采用对汽车尾气排放的报警和监控的措施是远远不够的，还必须在石油提炼过程中重视脱硫，降低燃料中的硫含量。纳米粉体材料可在脱硫工艺中提高脱硫效率。例如用 $55\sim70nm$ 的钛酸钴（$CoTiO_3$）作为催化活体，以多孔硅胶或 Al_2O_3 陶瓷作为载体的催化剂进行高效脱硫；采用 $30\sim60nm$ 的白色球状钛酸锌（$ZnTiO_3$）作为吸附脱硫剂，较固相烧结法制备的钛酸锌粉体效果明显提高，经催化的石油中硫的含量小于 0.01%。

研究表明，复合稀土化合物的纳米级粉体有极强的氧化还原性能。以活性炭作为载体、纳米 $Zr_{1/2}Ce_{1/2}O_2$ 粉体为催化活性体的汽车尾气净化催化剂，由于其表面存在 Zr^{4+}/Zr^{3+} 及 Ce^{4+}/Ce^{3+}，电子可以在三价和四价之间转化，因此具有很强的电子得失能力和氧化还原性，再加上纳米粉体的比表面积大、吸附能力强，它在氧化一氧化碳的同时还原氮氧化物，使它们转化为对人体和环境无害的气体——二氧化碳和氮气。科学工作者的下一个研究目标是研制新一代可在汽车发动机气缸里发挥催化作用的纳米催化剂，使汽油在燃烧时就不产生 CO 和 NO_x，这将彻底解决燃油污染问题。

锐钛矿型纳米 TiO_2 及其他纳米光催化材料可用于室内空气的净化，特别是气态有机污染物，如甲醛、甲苯的去除。纳米光催化材料对甲醛、甲苯等室内污染物的净化不似活性炭及其他多孔材料，如硅藻土、硅藻岩、凹凸棒石等仅仅靠吸附（存在饱和吸附，被吸附物在一定的温度、湿度条件下还可能脱附），但纳米光催化材料是将其催化降解为二氧化碳和水，可以重复作用，因此是彻底去除。研究表明，将纳米 TiO_2 负载固定在硅藻土、蛋白土、沸石、高岭土、凹凸棒石、海泡石等多孔矿物材料表面的复合材料，不仅具有吸附室内空气中的甲醛、甲苯、氨气等的功能，而且可在阳光和灯光的照射下借纳米 TiO_2 的光催化功能将吸附的甲醛、甲苯等降解为二氧化碳和水。

② 污水处理。污水处理就是将污水中的有毒有害物质、悬浮物、泥沙、铁锈、异物污染物、细菌病毒等从水中除去。由于传统的水处理方法效率低、成本高、存在二次污染问题，污水治理一直得不到很好解决。纳米粉体或纳米技术在水污染物的去除方面是更有希望的潜在应用领域。因为许多有毒有害污染物质，无论是有机的还是无机的，通过纳米粒子的光催化作用分别可以完全矿物化或氧化为无害的最终化合物。例如，室温非均匀催化具有以

下优势：在水介质和较大的 pH 值（1～14）范围内适用，而且适用于低浓度体系；不需要添加剂（只需要来自空气中的氧气）；沉积能力大，可以回收获得贵金属；可以与别的去污方法联用；制备的薄膜透明；直接利用太阳光、太阳能、普通光源来净化环境，不产生二次污染。

（2）能源

① 制氢和储氢。除了太阳能、水能、风能和生物能等再生能源外，氢能以其独有的优势和丰富的资源受到广泛重视。氢的来源广，可以说取之不尽，用之不竭。氢的燃烧产物是水，不会对环境造成任何污染。氢在空气中燃烧产生的氮氧化物比石油基燃料低 80%。氢由于其清洁及生产简单的优点，在 21 世纪替代能源中将发挥重要作用。

利用氢能要解决两个关键问题，即制氢和储氢。

目前全世界的氢产量 77% 左右来自石油和天然气，18% 来自煤，4% 来自电解水，1% 来自其他原料。用石化燃料制氢会产生污染物和温室气体，因此以水制氢将成为今后的发展方向和开发氢能的必由之路。目前，以水为原料的制氢方法包括电解、热化学和光化学三种。尽管电解水制氢是主要的研发方向，但电解水制氢要解决电能的问题。核电是一种清洁能源，目前建成的核能制氢实验系统是将固体氧化物电解池（SOEC）连接到高温气冷堆（HTGR），既用核电，又用核热，其效率可达 35%。其中的 SOEC 的电极无论是氢电极还是氧电极，都要求采用多孔结构、比表面积足够大的超微或纳米颗粒制备。

利用氢能需要解决的第二个问题是氢气的储存。如果以氢气作为载运的燃料，必须考虑两个充气站之间的距离。因此用氢作为燃料的前提是提高储氢的体积能量密度，从而增加氢燃料运输的距离。只有将储氢瓶中储氢的压力增加到 >75MPa 时，氢气驱动车才可以达到汽油车运行的距离。这种储气罐只有使用昂贵的碳纤维增强材料才能满足要求。将氢液化也是一种储氢的途径，但是液氢只能储存在 20.3K 的温度条件下，所以使用的储氢罐必须是绝对真空的，费用高，而且存在氢的逸散问题。

充分利用氢能使用的分散性和不连续性特点，解决氢的储存和运输问题，选用好的储氢材料是可供选择的最佳方案。而且用于储氢和能量转化的材料的成本必须低廉、安全性好、效率高及氢的再生利用稳定性好。近十多年来科学家们发现纳米碳是一种优异的储氢材料，其中碳纳米管、碳纤维等一维纳米碳材料表现出很好的储氢性能。

储氢材料在汽车工业上具有较深远的应用前景。石油的储量是有限的，而且环境保护的压力迫使人类社会寻找替代燃料。将氢转化为电能或热能，这个过程可以无限重复，而且不会产生对生态有害的副产品。

② 燃料电池。燃料电池是一个电化学系统，但不同于普通的二次电池，不需要外电源充电，可以将燃料的化学能直接转化为电能，其效率不受卡洛定理限制，理论上可以达到 80%，实际效率为 50%～60%。与传统电池相比，具有能量转换效率高和环境友好（即很低的 NO_x、SO_2 排放和不产生噪声）等优点，是一种高效的清洁能源。

和所有高科技一样，氧化物燃料电池所遇到的首要问题依然是材料问题。固体电解质是这类高温燃料电池的核心部分。一般氧化物固体电解质通常为萤石结构的氧化物，常见的有掺杂 Y_2O_3、CaO 等的 ZrO_2、ThO_2、CeO_2 和 Bi_2O_3 氧化物形成的固溶体。科技工作者仍在继续开发更多的固体电解质材料，但到目前为止，掺杂 Y_2O_3 的 ZrO_2 仍是首选的固体电解质材料。在这类高温燃料电池系统中，晶粒大小和烧结体的致密性对离子电导率、气密性和机械强度等有重要影响。因此，要求烧结体原料粒度细、比表面积大。为了提高电池效率和降低成本,从最初直接用固体电解质材料构筑单体电池的设计,逐渐发展到利用固体电解质纳米粉末涂覆在多孔电极材料的表面形成薄膜。

③ 太阳能电池。太阳能电池是将太阳能转变成电能的一种能量转换装置。目前的各类太阳能电池中,相对成熟且得到普遍应用的材料是硅基材料(单晶硅和多晶硅)。硅基太阳能材料电池的显著特点是可靠性好,转化效率高。但是,它们有一个共同的问题,就是制造成本高。为此,人们正在努力研制高效而廉价的新型太阳能电池。染料敏化太阳能电池(DSSC)和量子点太阳能电池是其中最有希望的两种。在这两种新型太阳能电池中都要用到超微颗粒技术。

提高 DSSC 转换效率的关键是提高电子-空穴对的产率和防止二者的复合。要提高电子-空穴对的产率需要尽可能增加氧化钛电极的比表面积,所以科技工作者用超微或纳米 TiO_2 颗粒取代致密 TiO_2 膜。首先,它显著增加了光电效应的入射"屏幕"面积,也使可被吸收的染料量显著增加,从而增强其光电效应;其次,能使每个极其微小的 TiO_2 颗粒都浸没在电解质中,缩短了传输距离,从而确保电子-空穴对的及时分离,减少其复合概率。

④ 锂离子电池。锂离子电池的主要正极材料是钴酸锂,负极材料是石墨。研究表明,超微或纳米钴酸锂、超微石墨粉,特别是石墨烯可以显著提高锂离子电池的电容量。纳米 SiO_2 作为锂离子电池负极材料具有比石墨更高的比电容量,但存在充放电过程体积显著膨胀的缺陷,目前还不能实用,正在研究的碳或石墨烯包覆纳米硅复合材料有望解决纳米硅的这一缺陷,将进一步提高锂离子电池的电性能。

1.1.6 生物医药

生物医药是超微粉体技术或纳米技术的一个重要应用领域。

利用纳米科技可将生物降解性和生物相容性的聚合物与药物一起制成纳米药物,如纳米粒(nanoparticles,NP)、纳米球(nanopheres,NS)、纳米囊(nanocapsules,NC)、纳米胶束(nanomicelle,NM)等,作为靶向药物制剂,直接导入病灶部位的器官、组织甚至细胞,达到提高药物疗效、降低毒性的作用;将纳米材料作为载体,如三氧化二铁、四氧化三铁、铁钴合金等磁性纳米载体,可用于基因的输送和治疗;纳米材料作为组织修复、人造生物器官等生物材料的应用也有很好的前景。另外,纳米材料在疾病的诊断和监测上也有广泛的发展前景。在这些领域中,部分纳米材料已成为产品,进入实际应用阶段;有的已进入临床试验研究阶段;更多的纳米材料正处在不同的试验研究阶段;不久的将来纳米医药生物材料将给人类带来更多的惊喜。随着纳米科技和纳米生物医药材料的不断发展和完善,将给生物医药领域带来新的变革,同时促进超微粉体和纳米粉体制备与处理技术的更快发展。

1.1.7 有机/无机复合材料

有机/无机复合材料是一类以树脂或高聚物(或聚合物)为基料、以无机粉体为填料的现代新材料。这类材料包括目前得到广泛应用的各类塑料制品、橡胶制品、胶黏剂、人造石、无纺布等。

无机粉体在高聚物中的应用大体上经历了三个阶段:第一个阶段是 20 世纪 70 年代的石油危机之后,为了降低高分子材料的生产成本,在树脂中填充 200~325 目的无机粉体,如碳酸钙、滑石、陶土等,结果发现填充无机粉体后在降低生产成本的同时材料的尺寸稳定性或刚性有了提高，某些力学性能也有所改善；第二个阶段是人们发现随着填充量的增加，材料的力学性能明显下降，特别是拉伸强度、弯曲强度和抗冲击强度，于是，填充经过超细加工后的 600 目（$d_{97}=20\mu m$）、800 目（$d_{97}=15\mu m$）、1250 目（$d_{97}=10\mu m$）、2500 目（$d_{97}=5\mu m$）的无机填料，再经过表面改性处理，发现填充材料的力学性能有所改善，但是还不能完全达到"以塑代钢"的目的；第三个阶段是在树脂或高聚物基料中填充复合超微或纳米无机粉体，结果发现可以实现增强增韧高聚物基复合材料的目的，特别是采用原位插层聚合的聚合物或纳米黏土复合材料已成为新型有机、无机复合材料的标志。虽然有机、无机纳米复合材料仍处在发展的初期，尚未实现大规模工业化，但是已展现出良好的发展前景，可以说"以塑代钢"的梦想完全有可能在不远的将来实现。

目前已投入研究开发的纳米无机填料有：膨润土或蒙脱石、碳酸钙、二氧化硅、二氧化钛、氢氧化铝、氢氧化镁、氧化铝、氧化镁、氧化锌、高岭土、无机晶须等。

1.1.8　其他

超微无机粉体或纳米粉体在涂料、润滑剂、功能纤维、特种纸品、化妆品和护肤品等领域中的应用研究表明，其可以显著提高这些产品的性能或赋予其新功能。

（1）涂料

无机颜料的超微细化和纳米化可以改善涂料的光泽、色彩、涂膜的牢固性、耐湿擦洗性，并改善涂料的分散稳定性。

目前已开发的超微或纳米无机颜料或填料有：膨润土与有机膨润土凝胶、碳酸钙、二氧化硅、硅酸铝、云母珠光颜料、二氧化钛、氧化锌、硫酸钡以及金属、石墨等。其中，膨润土与有机膨润土凝胶、碳酸钙、二氧化硅、二氧化钛、氧化锌、硫酸钡、硅酸铝、云母珠光颜料、石墨等已在工业上得到应用。

（2）固体润滑剂

润滑油向着具有优良的减磨、抗磨性能和其他优良性能的方向发展已成为必然趋势，而开发高品质润滑油的关键是固体润滑剂和添加剂。要使固体润滑剂发挥润滑作用，必须使其进入到摩擦面之间。如果固体润滑剂能够附着在摩擦面上，则能形成固体润滑膜。要使固体润滑剂颗粒进入摩擦面间狭小的缝隙中，不仅粒子要细、分布均匀、粒形好，而且要能够稳定地分散在润滑油中。用超微或纳米粉体，如超微石墨、硫化钼、氧化铅、滑石、云母、氮化硼、氧化铝、蛇纹石等作为添加剂制备的新型润滑材料用于机械摩擦系统中，以不同于传统的作用方式起减磨和抗磨作用，可以显著降低机器磨损、改善动力性能、提高机器的运转寿命。

（3）功能纤维

聚酰胺纤维（尼龙）、聚乙烯醇缩甲醛纤维（维尼龙）、聚酯纤维（涤纶）和聚丙烯腈纤维（腈纶）等化纤的发展以及抗紫外线、抗菌、除臭、阻燃、抗静电、辐射远红外等功能纤维的开发，需要填充或复合超微或纳米无机功能粉体，如二氧化钛、电气石、氧化铝、二氧化硅、氧化锌、氧化镁、炭黑、金属粉等。部分超微或纳米无机功能粉体，如二氧化钛、二氧化硅等已经在该领域得到商业应用。由于满足了人们健康生活的需求，超微或纳米无机功能粉体正在向广泛使用（包括纺织品和无纺布）、多种粉体复配、多种功能复合的方向迅速发展，前景广阔。

（4）特种纸品

超微或纳米粉体是数码照片的打印纸、抗菌包装纸及纸板、热敏打印纸、光敏打印纸、无碳复写纸以及高档铜版纸及纸板不可或缺的功能颜料或涂料，具有广阔的市场空间和良好的发展前景。目前，在数码照片的打印纸中广泛使用保真性好的无定形纳米 SiO_2；在高档铜版纸及纸板中大量使用平均粒径小于 $1\mu m$ 的高岭土、碳酸钙等颜料。

（5）化妆品和护肤品

在高档化妆品，特别是在护肤品中广泛使用具有抗紫外线的超微或纳米二氧化钛、氧化锌、滑石、云母等无机粉体材料。随着人类文明的进步和发展，其用量和应用范围将进一步扩大。

1.2 超微粉体加工与应用技术的主要研究内容

超微粉体加工技术以超微和纳米粉体的制备、分散与表面改性和复合以及结构、组成与性能表征为主要研究对象，主要内容包括以下三个方面：

① 超微粉体和纳米粉体的制备方法、原理和工艺与设备。

② 超微粉体和纳米粉体的分散、表面改性和复合原理、方法、工艺与设备。

③ 超微粉体和纳米粉体的结构、组成与性能表征方法。

超微和纳米粉体应用技术以超微粉体和纳米粉体的应用领域、方法、工艺和关键设备及性能评价为主要研究对象，主要涉及以下三个方面：

① 超微和纳米粉体的粒度、晶型、结构、表面特性等与其应用性能的关系。

② 超微和纳米粉体的应用配方设计与工艺基础、工艺与关键装备。

③ 应用性能评价方法与标准。

1.3 超微粉体加工与应用的主要科学和技术问题

超微粉体加工的主要科学问题如下：

① 超微和纳米粉体制备、分散、表面改性与复合的基本原理以及可控制备、稳定分散、表面改性与复合的工艺或技术基础；

② 超微和纳米粉体成分、粒度、形貌、结构、表面特性与其应用性能的关系以及应用技术基础；

③ 超微和纳米粉体结构与性能的表征技术原理。

超微粉体加工的主要技术问题如下：

① 超微和纳米粉体的机械、物理、化学制备工艺与设备；

② 超微和纳米粉体的分散方法、工艺与设备；

③ 超微和纳米粉体的表面有机改性和无机复合改性方法、工艺与关键设备；

④ 超微和纳米粉体的应用技术和关键装备；

⑤ 超微和纳米粉体制备与表面处理过程的智能化控制与产品检测和表征技术。

1.4 超微粉体加工与应用技术的发展趋势

超微粉体加工技术总的发展趋势：研发生产效率高、成本低以及产物粒度与粒度分布、比表面积、化学组成、结构、颗粒形貌、缺陷、粗糙度等可优化调控，颗粒分散性及与应用体系的相容性好，产品质量稳定的超微和纳米粉体加工工艺与设备；此外，确定相应的产品标准和规范的性能检测与评价方法也将是未来需要解决的重要课题之一。

相关应用领域的发展要求超微粉体具有一定的纯度、特定的粒度、粒（晶）形及其分布、特定的表面性质和良好的分散性及与应用体系的相容性；同时，要求不断降低生产成本。因此，未来超微粉体技术的主要发展趋势如下：

① 在现有制备方法和工艺的基础上完善和优化超微粉体和纳米粉体的粒度与粒度分布、粒形和晶形、化学组成和微结构、表面形貌、缺陷、粗糙度等的调控技术；

② 在现有制备方法和工艺的基础上发展超微粉体的分散技术，特别是能够长时间在空气中及液相中稳定分散的原理、方法与技术；

③ 优化、提升超微粉体分散性及与应用体系基料相容性、配伍性和其他表面特性或赋予超微粉体新功能的先进表面改性与复合方法、配方以及工艺与设备；

④ 研发高效、低耗、极限粒度小、粒度和粒形可控性及分散性好、二次污染小的先进的超微粉体机械物理制粉设备和精细分级或分选设备；

⑤ 研发产物粒度大小与分布、比表面积、孔径分布与孔体积、化学组成、晶形与结构、表面形貌、缺陷、粗糙度等可控性好以及产品质量与分散性稳定的大规模、低成本先进化学制粉工艺与相关设备；

⑥ 确定科学、简单、可靠、重复性好的性能检测评价方法及相应的产品标准。

第2章

超微粉体特性

人类对世界的认识是从宏观、微观两个层次上展开的。长期以来，人们已对宏观物体的晶体对称性、空间点群、缺陷、位错、晶界等微观结构与物理性质的关系进行了系统和深入的研究。宏观物体通常不需要考虑表面效应、量子尺寸效应等，其特性主要为体效应。但是，当采用物理、化学及生物等方法将大块固体细化为微粉时，随着微粉颗粒粒径的减小，其特性不仅取决于固体本身，而且还与表面原子状态有关，称其为表面效应；此外，随着微粉颗粒粒径的减小，当其尺寸与光波波长、电子波长、磁单畴尺寸、超导态相干长度等特征物理尺度相当或更小时，周期性的边界条件将被破坏，声、光、电、磁、热力学等特性将会呈现出新的小尺寸效应。因此，对于超微粉体，颗粒的尺寸对粉体的表面和物理化学特性有重大影响。

2.1 表面效应

超微粉体与宏观物体的显著差别是表面原子数增加了。通常可用面积 S 与体积 V 之比（称为单位体积表面积 S_V）来表征表面原子数目。对于直径为 d 的球状颗粒，$S_V = S/V = 6/d$，单位体积表面积与颗粒直径 d 成反比。对于直径 1nm 的微粒，如将它们堆积于 1mL 的容积中，其所含颗粒的总表面积高达 $6000m^2$，大于 1 个足球场的面积。从物理概念上讲，表面原子与体内原子不一样，体内原子受到对称的周围原子的作用力，而表面原子所处的空间位置是非对称性的，它受到体内原子单方面的吸引力，这意味着表面原子的能量比体内原子要高。超微粉体颗粒与大颗粒或宏观物体的主要区别之一是其比表面积大，表面效应不容忽视。例如 1 个粒径分别为 1、2、5、10（nm）的颗粒，其原子数分别为 30000、4000、250、30，表面原子所占的比例则分别为 99%、80%、40% 和 20%。表 2-1 所列为铜颗粒的表面能与其颗粒尺寸的关系。

表 2-1 铜颗粒的粒径和表面能

边长/μm	1mol 中的颗粒数/个	1 个颗粒中的原子数/个	1 个颗粒的质量/g	全表面积/cm²	表面能/(erg/cm²)	表面能与体积能之比/%
0.005	5.69×10^{19}	1.06×10^4	1.12×10^{-18}	8.54×10^7	1.88×10^{11}	5.51
0.01	7.12×10^{18}	8.46×10^4	8.93×10^{-18}	4.27×10^7	9.40×10^{10}	2.75
0.1	7.12×10^{15}	8.46×10^7	8.93×10^{-15}	4.27×10^6	9.40×10^9	0.275
1	7.12×10^{12}	8.46×10^{10}	8.93×10^{-12}	4.27×10^5	9.40×10^8	0.0275
10	7.12×10^9	8.46×10^{13}	8.93×10^{-9}	4.27×10^4	9.40×10^7	0.00275
100	7.12×10^6	8.46×10^{16}	8.93×10^{-6}	4.27×10^3	9.40×10^6	0.000275

注：$1erg = 10^{-7}J$。

对于锡的氧化物超微颗粒，边长从 1μm 逐步减小到 2nm 时，计算立方体颗粒表面能的变化，得到的结果如表 2-2 所示。与粒径 1μm 的颗粒相比，粒径为 10nm 的颗粒的表面能增大 100 倍，比表面积也增大 100 倍。

表 2-2　氧化锡超微颗粒的表面能、比表面积与其粒径的关系

D/nm	表面能 E_s/(erg/mol)	总能量 E_s	比表面积/(cm²/g)
2	2.04×10^{12}	35.3	4.52×10^6
5	8.16×10^{11}	14.1	1.81×10^6
10	4.08×10^{11}	7.6	9.03×10^5
100	4.08×10^{10}	0.8	9.03×10^4
1000	4.08×10^9	0.1	9.03×10^3

超微粉体特殊的化学、热力学、催化、磁、电等性质在很大程度上与其比表面积大、表面能高、活性表面大这些表面效应相关。

2.2　量子效应和量子隧道效应

本节首先介绍量子尺寸效应，然后再介绍宏观量子隧道效应。

2.2.1　量子尺寸效应

量子效应是指当粒子尺寸下降到某一值时，金属费米能级附近的电子由准连续变为离散的现象。

根据固体的能带理论，传导电子在晶体的周期性势场中运动时不再属于单个原子，而是属于整个晶体，这种公有化的结果使电子在晶体中的能量状态变成准连续的能带，即相邻能级之间的能量差远小于热能（kT）（k 为玻尔兹曼常数，T 为温度）。电子服从费米-狄拉克统计分布，在热平衡态电子处于能量为 E 状态的概率 f 为：

$$f = [e^{(E-E_F)/(kT)} + 1]^{-1} \tag{2-1}$$

式中，E_F 为费米能。绝对零度时，费米能 $E_F = [h^2/(2m)][3n/(8\pi)]^{2/3}$，$n$ 为电子密度，m 为质量，h 为普朗克常数，$\hbar = h/2\pi$。根据统计力学可以求得自由电子对金属的比定容热容与温度成线性关系，而顺磁磁化率与温度无关。

对有限尺寸的固体颗粒，电子的能量状态又将如何改变呢？1937 年，Fröhlich 首先采用 Sommerfeld-Bloch 模型，简单地设想自由电子被局域在边长为 L 的立方体内，电子能级应为：

$$\varepsilon_n = \hbar k_n{}^2/(2m) = [\hbar^2/(2m)] \cdot (\pi/L)^2 \cdot (n_1^2 + n_2^2 + n_3^2)$$

式中，ε_n 为相应于第 n 个量子态的能量本征值，k_n 为相应于第 n 个量子态的波矢。

在费米能级附近，相邻能级差 $\Delta\varepsilon$ 为：

$$\Delta\varepsilon = [\hbar^2/(2m)] \cdot (\pi/L)^2 \tag{2-2}$$

因此，随着颗粒尺寸变小，$\Delta\varepsilon$ 变大，准连续的能带将变成分立的能级，在此模型中 $\Delta\varepsilon$ 是常量，即分裂能级的间距相等。

1962 年，日本理论物理学家久保（Kubo）对金属颗粒的量子尺寸效应进行了更为深入的研究。久保考虑了在实际情况中，颗粒的形状是不规则的，不能用理想的立方体边界条件来取代，因此，电子能级的分布应当服从一定的统计规律。经计算，分裂能级的平均间距 δ

与颗粒所含的自由电子总数 N 成反比例关系：

$$\delta = 4E_F/(3N) \tag{2-3}$$

显然，对宏观金属，电子总数 N 很大，δ 很小。因此，电子能谱可以看成是连续的。当金属颗粒尺寸减小时，δ 将随之增大。例如，直径为 14nm 的金属银颗粒，$N = 6 \times 10^{22}/\mathrm{cm}^3$，当温度低于 1K 时，就有可能出现量子尺寸效应。

久保认为颗粒处于低能状态时应当满足电中性条件，对足够小的颗粒增添或减少 1 个电子所需的能量可以粗略地进行估算。

设金属颗粒半径为 a，则获得或失去 1 个电子所需能量为 $W = e^2/(2a)$（e 为电子电量）。对氢原子，$a = 0.053\mathrm{nm}$，W 为 13.6eV。由此外推，$a = 5.3\mathrm{nm}$ 时，$W = 0.13\mathrm{eV}$；$a = 53\mathrm{nm}$ 时，$W = 0.013\mathrm{eV}$。而热能 kT 在室温温度（300K）下，仅为 0.025eV，所以对 10nm 的金属颗粒即使在室温条件下，热激发也难以改变其电中性状态。对于小尺寸的金属颗粒，连续的能带分裂成分立的能级，当平均能级间距 $\delta \gg kT$ 时，费米分布函数不再是电子能级分布的合适表达式。久保提出能级的分布函数为泊松函数，从而推导出颗粒系统的比热容 c、磁化率 χ 与其所含的电子奇、偶数有关。

磁化率与电子奇、偶数有关，从物理学的角度是很容易理解的，如图 2-1（图中 S_z 为自旋角动量在 z 方向的含量）所示。在低温、弱磁场下，当 $\mu_0 \mu_B H < \delta$ 时（μ_0 为真空磁导率；μ_B 为玻尔磁子；H 为磁场强度），自旋不能反向。因此，可以期望电子磁化率对偶数电子的颗粒随温度下降而趋于零，对奇数电子则服从居里定律。以后的理论工作基本上在久保的框架内进行，仅是对不同的磁场在自旋-轨道作用条件下提出不同的能级分布函数。

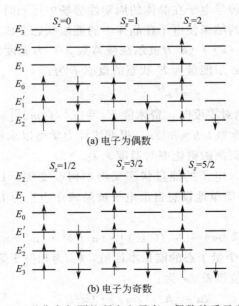

(a) 电子为偶数

(b) 电子为奇数

图 2-1　磁化率与颗粒所含电子奇、偶数关系示意图

呈现量子尺寸效应的条件是分裂的能级间距应大于热能（kT）、静磁能（$\mu_0 \mu_B H$）、静电能（edE）、光子能量（$h\nu$）等。因平均能级间距 δ 与电子数成反比，电子数又与体积成正比，所以 δ 与颗粒直径 d 的立方成反比例关系。d 与 δ 在对数坐标中成线性关系，见图 2-2。由图可见，对 10nm 的金属颗粒呈现量子尺寸效应的温度约为 2K，而对 2nm 的颗粒温

度可高达室温。通常量子尺寸效应对小尺寸颗粒在低温条件下才容易呈现。目前已采用核磁共振、磁化率测量、传导电子自旋共振、光谱线蓝移等实验方法证实了量子尺寸效应的存在。石墨烯是一种典型的二维纳米粉体，石墨烯在常温下就能观察到量子尺寸（霍尔）效应。石墨烯中的电子不仅与蜂巢晶格之间相互作用强烈，而且电子和电子之间也有很强的相互作用。

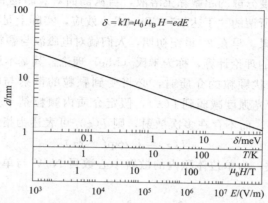

图 2-2　能级间距 δ 与颗粒直径 d 的关系示意图

（设 $n=N/V=6.0\times10^{28}$ 个/m^3）

2.2.2　宏观量子隧道效应

宏观物体，当动能低于势能的能垒时，根据经典力学规律是无法逾越势垒的；而对于微观粒子，如电子，即使势垒远较粒子动能高。量子力学计算表明，粒子的态函数在势垒中或势垒后均非零，这表明微观粒子具有进入和穿透势垒的能力，称为隧道效应。20 世纪 50 年代人们在研究镍超微粒子的超顺磁性时，按照奈耳的观点，热起伏可以导致磁化方向的反转，假如反转磁化所需克服的势垒为 U，则磁化反转率 P 应正比于 U 的负指数项，即 $P\propto$ $\exp[-U/(kT)]$。显然，随着温度降低，P 呈指数下降，在绝对零度时 P 趋于零；或者说，反转磁化弛豫时间 $\tau=\tau_0\exp[U/(kT)]$ 应趋于无限大。这意味着，当温度接近绝对零度时，超顺磁性将转变为铁磁性。然而实验中却发现，纳米镍微粒在 4.2K 时仍然可处于超顺磁状态。可能的解释是在低温下存在某种隧道效应，从而导致反转磁化弛豫时间为有限值。产生隧道效应的原因，被认为是量子力学的零点振动可以在低温起着类似于热起伏的效应，从而使热力学温度附近超微颗粒的磁化矢量重新取向，保持有限的弛豫时间，即绝对零度仍然存在非零的磁化反转率。从量子力学文策-克拉茂-布里渊（WKB）近似出发可以计算由于隧道效应而产生反磁化核的概率，可求出临界温度 T_0。当温度低于 T_0 时，量子隧道效应比经典的热起伏效应更为重要，T_0 与居里温度 T_c 之比与颗粒半径 r 成反比例关系，$T_0/T_c\propto a/(2r)$（a 为自旋间距离）。

宏观物理量如磁化强度等，在纳米尺度时将会受到微观机制的影响，即微观的量子效应可以在宏观物理量中表现出来，称之为宏观量子隧道效应。

宏观量子隧道效应的研究不仅对基础研究有重要意义，而且在实用上也是极为重要的，它限定了颗粒型磁记录的极限记录密度。量子尺寸效应、宏观量子隧道效应将是未来微电子器件的基础，它们确定了现存微电子器件进一步微型化的极限。

2.3 光学性质

金属微粒的色彩往往不同于大块材料,当金属微粒尺寸小于一定值时,由于对光波的全吸收通常呈现黑色。超微颗粒除对光波的吸收作用外,还有散射作用。对于小于光波长十分之几的超微分散颗粒,散射光的强度与波长的四次方成反比,因此太阳光经大气中尘埃的散射使晴空呈现蓝色。在水中高度分散的超微黏土溶液,当从侧面对着暗的背景观看时,呈现蓝白色,好像有点混浊,这就是所谓的"丁达尔"(Tyndall)效应,实际上是溶液中的超微黏土颗粒将一部分入射光散射的结果。早在 20 世纪初期,人们就对电磁波与颗粒的相互作用进行了研究,对球状颗粒进行了精确的理论计算,称为米氏(Mie)理论,其基本思路如下:

当光束通过含有球状颗粒的介质时,必将受到颗粒的散射与吸收,设其光强度为 I_0,进入介质经过 z 距离后光强度减弱到 $I(z)$,假定介质内颗粒是十分疏散的,每个颗粒都作为一个独立的散射中心,而不存在多次散射,则 $I(z)$ 可表述为指数衰减型函数:

$$I(z) = I_0 \exp(-\gamma z) \tag{2-4}$$

式中 γ 为消光系数,为单位体积内的散射中心数目 N/V 与单个颗粒的消光截面积 C_{ext} 之积:

$$\gamma = \frac{N}{V} C_{ext} = \frac{N}{V} (C_{sca} + C_{abs}) \tag{2-5}$$

式中 C_{sca} 和 C_{abs} 分别代表单个颗粒的散射截面积和吸收截面积。考虑到一束单色的线偏振平面波入射到颗粒 P 上,如图 2-3,根据麦克斯韦方程式,电场 E 与磁场 B 是相互依存的。

$$B = (n/c)E \tag{2-6}$$

式中,c 为光速;n 为介质折射率。

对式(2-5)进行求解,并考虑到边界条件为电场的切线分量连续;磁感应强度的法线分量连续。经过一系列运算与简化,仅考虑一阶效应,对足够小的颗粒($d/\lambda \ll 1$),可以获得消光系数的表述式如下:

$$\gamma = NC_{ext}/V = (\pi/2)(N/V)n_0 k_0 d^3 I_m [(\varepsilon - \varepsilon_m)/(\varepsilon + 2\varepsilon_m)]$$
$$= 18\pi(N/V)(n_0/\lambda_0)V_0 \varepsilon_2 / [(\varepsilon_1 + 2\varepsilon_m)^2 + \varepsilon_2^2] \tag{2-7}$$

式中,n_0 为镶嵌颗粒的介质折射率,$n_0 = (\varepsilon_m)^{1/2}$;$V_0$ 为颗粒的体积,$V_0 = \pi/6 \cdot d^3$;λ_0 为真空中的波长;k_0 为真空波矢量,$k_0 = 2\pi\lambda_0$;ε 为介电常数,ε_1、ε_2 分别为 ε 的实部和虚部,$\varepsilon = \varepsilon_1 + j\varepsilon_2$;$\varepsilon_m$ 为介质的介电常数;I_m 为介质中的光强度。

因此,消光系数 γ 正比例于颗粒体积 V_0 与单位介质体积中所含的微粒颗数 N/V。当($\varepsilon_1 + 2\varepsilon_m$)为零时 γ 呈现极大值,从而导致金属颗粒呈现绚丽的色彩。

超微金属颗粒对光的反射率甚低,通常低于 1%,而对太阳光谱似乎具有全吸收性质,因此通常又称为"太阳黑体"。例如,颗粒尺寸为 10nm 的金微粒对波长 0.3~2.5μm 的光波的反射率低于 1%,称为全黑。铬黑普遍用作太阳能的选择吸收体,铂黑是著名的催化剂。金属微粒对光的全吸收在现实中是十分有用的,例如可作为光-热转换材料、光检测器、红外隐身材料等。

纳米半导体材料的光学性质是近年来深受关注的热点。由于量子尺寸效应,纳米半导体微粒的能级亦将产生分裂,金属、半导体态密度随颗粒尺寸的变化示意如图 2-4 所示。原子为孤立能级,块状材料为准连续的能带,介于这二者之间的纳米微晶呈现分裂的能级。对于

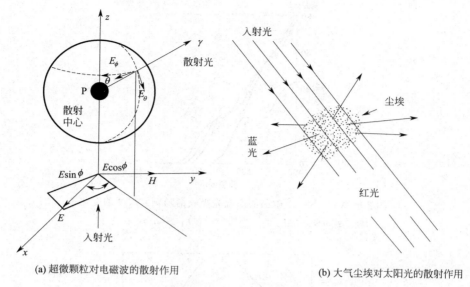

(a) 超微颗粒对电磁波的散射作用   (b) 大气尘埃对太阳光的散射作用

图 2-3　超微颗粒的散射作用

CdS 半导体，当由分子尺度进入宏观晶体时带隙可由 4.5eV 变化到 2.5eV，从而显著地影响光学与电学特征。金属的费米能级处于能带之内，而半导体的费米能级通常处于两能带之间，因此通过能隙的光激发强烈地受颗粒尺寸的影响，于是半导体的光、电性质比金属、绝缘体、分子晶体更加显著地依赖于颗粒尺寸。

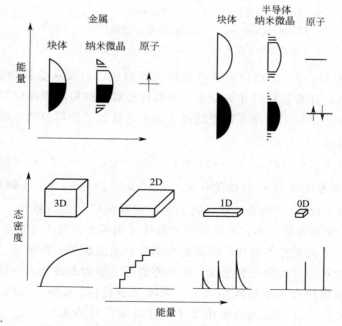

图 2-4　金属、半导体密度随颗粒尺寸变化的示意

$CdS_x Se_{1-x}$ 掺杂玻璃具有大的三阶非线性光学常数和快速光响应时间，因此在光通信与光信息处理方面颇受重视，而量子尺寸效应又可以增强光学非线性。图 2-5 和图 2-6 所示分别为室温光吸收谱和荧光光谱随颗粒尺寸的变化。由于量子尺寸效应导致吸收谱上存在一

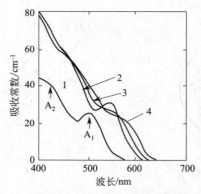

图 2-5　CdS_xSe_{1-x} 微晶的室温光吸收谱随颗粒尺寸的变化

颗粒平均半径/nm：1—≤0.5；2—0.6；3—0.9；4—1.1

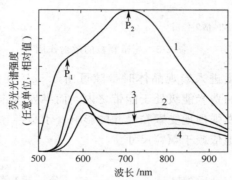

图 2-6　CdS_xSe_{1-x} 微晶的荧光光谱随颗粒尺寸的变化

颗粒平均半径/nm：1—≤0.5；2—0.6；3—0.9；4—1.1

些小峰，图 2-5 中 A_1、A_2 分别代表从价带顶到导带底，以及从价带顶的自旋-轨道分裂态到导带底的光吸收，随着颗粒尺寸的变小，吸收峰蓝移，向短波方向位移，相对应的荧光光谱亦产生蓝移现象。理论上考虑了颗粒的尺寸分布，计算了价带顶到导带底的能量差，求出平均的有效能隙（E_{eff}）的表述式为：

$$<E_{eff}> = <E_g> + [h^2\pi^2/(2\mu)] \times <1/r^2> = <E_g> + [h^2\pi^2/(2\mu)] \times (1/r_{eff}^2) \quad (2\text{-}8)$$

式中，$<E_g>$ 为块状材料的能隙；$r_{eff}^2 = (<1/r^2>)^{-1}$，$r_{eff}$（颗粒有效半径）约为 $0.9r_{av}$（颗粒平均半径）。式中第二项反映了能隙对颗粒尺寸的依赖性，近似正比于 $1/r_{eff}^2$。当 $r_{eff} \geqslant 6nm$ 时，这项贡献甚小，光吸收与大晶体区别不大。通常光吸收与微颗粒表面状态或表面吸附外来原子关系并不密切，但荧光光谱却对表面状态十分敏感。图 2-7 表示半导体微粒由于量子尺寸效应导致的分裂能级，图中亦表明了表面能级状态。能级的位置与颗粒尺寸密切相关，随着颗粒变小能级间距变大，吸收光谱蓝移。CdS、CuCl 超微颗粒的光吸收谱随颗粒尺寸的变化十分明显地显示出量子尺寸效应。对纳米 Cd_nX_m（CdS，Cd_3As_2）粒子荧光光谱的研究表明，当表面吸附 $N(C_2H_5)_3$ 后荧光强度可增强 40%～400%，甚至更多。对纳米 ZnO 粒子吸收光谱的研究表明，纳米 ZnO 粒子对紫外线有强烈的吸收作用，但对可见光的吸收甚弱，因此可作为紫外线吸收材料。将经过包覆处理后的纳米 ZnO 粉末添加到化妆品中，可以有效地防止紫外线辐照对皮肤的损伤，防止皮肤癌的产生。纳米 TiO_2

粉末亦可起相同的作用，在纤维和衣服中加入它，可以有效地防止紫外线，具有抗菌、防臭的功效。含锑氧化锡超微颗粒，可用于电视机和计算机的显像管防带电和防反射。将纳米 ZrC 粉末加入到纤维中，可制成保暖纤维，它能吸收阳光转变为热，可使温度提高 5～10℃。用石墨为原料制备的石墨烯几乎是完全透明的，只吸收 2.3% 的可见光，具有潜在的良好应用前景。因此，对超细粉体光学性质的研究与人们的日常生活是休戚相关的。

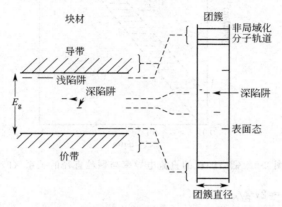

图 2-7　纳米半导体微粒的表面与体内的分子轨道态

　　硅是半导体最基础的材料，是微电子器件的基础，但因它是间接带隙的能带结构，发射光子时需要场子参与，因此发光效率很低。此外，硅的光学能隙约为 1.12eV，所发射的光属红外波段，因此长期以来人们认为硅不能成为光电材料。然而 20 世纪 90 年代以来，人们通过降低硅材料的空间维度，使其成为纳米硅、多孔硅，以改变其能带结构，从而使其产生了令人惊喜的强的可见光，波长从红色、橙色、黄色直至转变为绿色。这一重大进展标志着硅不仅是微电子材料，同时也有可能成为重要的光电子材料，从而将电子和光并用于信息处理的超速计算机的研制成为可能。此外，它还可能在大屏幕显示等领域得到应用。根据电子显微镜的研究结果，多孔硅实际上是由 2～3nm 的纳米颗粒所构成的，这种光致发光现象通常认为主要是量子尺寸效应所致。继多孔硅的光致发光效应后，纳米碳化硅、氮化镓的光致发光现象因更具现实应用的可能而深受关注，氮化镓的蓝光发光管与激光二极管已经商品生产。此外，将 C_{60} 团簇置于 13X 等分子筛中亦可观察到甚强的光致发光现象。

2.4　电学性质

　　金属材料具有导电性，然而纳米金属微粒导电性能却显著地下降。当电场能低于分裂能级的间距时，金属导电性能都会转变为电绝缘性，如对铟的实验结果所示（图 2-8）。电子在晶体中运动时，遇到缺陷、杂质等散射中心以及非周期性的晶格振动将产生散射，从而导致电阻。电子经历前后两次碰撞的平均自由时间定义为弛豫时间 τ，所经历的空间距离称为平均自由路程，单位时间内电子碰撞的概率，$P = 1/\tau$。

　　设金属颗粒的直径为 d，电子以费米速度 v_F 运动，从中心到表面所需的时间为 $d/(2v_F)$，即受到表面散射的弛豫时间为 $\tau_S = d/(2v_F)$。根据经典理论，电子在微颗粒中运动时将受到颗粒内的散射与表面散射的叠加，于是存在下列关系式：

$$1/\tau = 1/\tau_0 + 2v_F/d \tag{2-9}$$

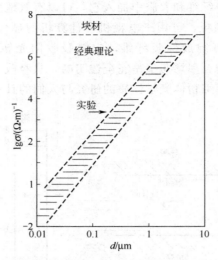

图 2-8　铟微颗粒的直流电导率与颗粒直径的关系（27℃）

当颗粒足够小时，$1/\tau \approx 2v_F/d$

介电常数可表达为：

$$\varepsilon(\omega) = \varepsilon_b(\omega) - \omega_p^2/[\omega(\omega + i\tau)] = \varepsilon_b(\omega) - (\omega_p^2/\omega^2)/[1 + 1/(\omega^2\tau^2)]$$
$$+ i(\omega_p^2/\omega^2)/\{\omega\tau[1 + 1/(\omega^2\tau^2)]\}$$

当 $\omega\tau \gg 1$ 时，

$$\varepsilon_2 \approx (2\omega_p^2 v_F)/(\omega^3 d) \tag{2-10}$$

　　式中，$\varepsilon_b(\omega)$ 为块状材料的介电常数；ω_p 为等离子体共振频率。

　　上述经典处理中没有考虑到量子尺寸效应所导致的能级分裂，考虑了量子尺寸效应后得到的共振频率随颗粒尺寸减小而移向更高的频率，与实验结果符合得较好。经典理论与量子理论的结果（纳米银颗粒共振频率随颗粒尺寸的变化）对比如图 2-9 所示。

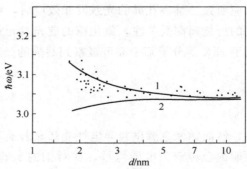

图 2-9　经典理论与量子理论计算的结果对比
1—量子力学计算；2—经典理论计算

　　当金属微颗粒镶嵌于介质中时，有效介电常数与所含金属微颗粒的体积分数（f）的关系如何？根据静电场理论，直径为 d 的球状颗粒被均匀极化后所产生的电偶矩 p 与外场 E_0 成正比：

$$p = \pi d^3/6 \times (\varepsilon - \varepsilon_m)/(\varepsilon + 2\varepsilon_m) \times 3\varepsilon_0 E_0 \tag{2-11}$$

　　式中，ε_m 为介质的介电常数；ε 为微颗粒的介电常数。

　　设介质中单位体积的颗粒数为 n_0，体积分数为 f，则单位体积内由于微颗粒所提供的

极化矢量 Δp 为：

$$\Delta p = n_0 p = 3f(\varepsilon - \varepsilon_m)/[(\varepsilon + 2\varepsilon_m) \times \varepsilon_0 E_{loc}] \tag{2-12}$$

E_{loc} 是在介质中作用于颗粒上的场强。

$$E_{loc} = \varepsilon_m E_0 + 1/3 \Delta p/\varepsilon_0 \tag{2-13}$$

设 ε_{eff} 为含有微颗粒的介质之有效介电常数，而 ε_m 为无颗粒时的介电常数，则：

$$\Delta p = (\varepsilon_{eff} - \varepsilon_m)\varepsilon_0 E_0 \tag{2-14}$$

所以，

$$E_{loc} = 1/3(\varepsilon_{eff} + 2\varepsilon_m)E_0$$

从而可以获得公式：

$$(\varepsilon_{eff} - \varepsilon_m)/(\varepsilon_{eff} + 2\varepsilon_m) = f(\varepsilon - \varepsilon_m)/(\varepsilon + 2\varepsilon_m) \tag{2-15}$$

亦可写为：

$$\varepsilon_{eff} = \varepsilon_m \cdot [1 + 2f(\varepsilon - \varepsilon_m)/(\varepsilon + 2\varepsilon_m)]/[1 - f(\varepsilon - \varepsilon_m)/(\varepsilon + 2\varepsilon_m)] \tag{2-16}$$

此式称为 Maxwell-Garnett 公式。由式可见，随着介质中的超微颗粒体积分数的增加，有效介电常数亦将增大。MG 理论适合于描述超微颗粒体积分数不太高的情况，对金属颗粒膜介电常数的研究表明，上述理论仍然是很好的近似。

纳米颗粒具有巨大的比表面积，电子的输运将受到微粒表面的散射，与纳米颗粒所构成的致密体（纳米固体）的电阻、介电性质与颗粒尺寸密切相关。颗粒之间的界面将形成电子散射的高势垒，导致直流电阻率增大，界面电荷的积累产生界面极化，形成电偶极矩，使介电常数增加。已经发现石墨烯的电子运动速度极快，可达到光速的 1/300。而电阻率约为 $10^{-6}\Omega \cdot cm$，比铜或银更低，为目前世上电阻率最小的材料，因此被期待用来发展出更薄、导电速度更快的新一代电子元件或晶体管。

2.5　磁学性质

超微粉体的磁学性质，尤其是铁磁颗粒的磁性对颗粒尺寸的依赖性是长期以来人们感兴趣的课题，它既具有重要的基础研究意义，同时又具有实际的价值。磁性超微颗粒至今仍为磁记录介质的主角。微粉永磁体是利用超微颗粒高矫顽力的单畴特性，磁性液体是利用了超微颗粒矫顽力为零的超顺磁性。磁性超细微粒在微波、红外隐身材料、生物、医学、传感器材料等领域都有着广泛的应用。

早期人们对大块纯铁并不显示出宏观的磁性甚感迷惑不解，20 世纪 30 年代提出了磁畴的概念，合理地解释了一些宏观的铁磁性质。对大块的铁磁材料，处于磁中性状态时，通常将形成许多磁畴，在每一个磁畴中磁矩将沿其能量最低方向被自发磁化。磁畴与磁畴之间存在磁化方向连续变化的过渡层，称为畴壁。磁畴混乱取向的排列实际上是遵从整个铁磁体能量极小的原则，在磁中性状态时将导致宏观磁化强度为零。磁畴中的磁化矢量方向通常沿向能量最低的易磁化方向，相邻磁畴磁化矢量的取向通常取决于磁各向异性的类型。例如，单轴晶体易磁化方向沿着某一晶轴方向，通常相邻磁畴自发磁化矢量之间夹角为 180°，所构成的畴壁称为 180°畴壁；对于立方晶系晶体，如铁，易磁化方向为（100）取向，则可产生 180°与 90°畴壁；对镍，易磁化方向为（111）取向，原则上可以产生 180°、109.47°和 70.53°畴壁。对于各向异性能甚低的材料，为了降低退磁能，磁化矢量甚至可以形成圆形或圆柱状封闭形式。形成多畴结构可以降低铁磁体的退磁能，但增添了畴壁能。在畴壁中，自旋之间有一定的夹角，并偏离于易磁化方向，经计算可获得畴壁的表面能密度 r 正比于

$(AK_1)^{1/2}$，其中 A 为交换作用常数，K_1 为磁晶各向异性常数，比例系数随不同的磁畴类型而有所不同。当畴壁能大于退磁能时，形成的多畴体能量反而有所增加，于是单畴体就成为能量最稳定的状态。随着颗粒尺寸变化，几种简单磁畴结构可用示意图 2-10 表示。图 (a) 为单畴体颗粒的示意图；图 (b)、图 (c)、图 (d) 分别为 180°畴、90°畴、圆形畴的示意图。对于多畴体，磁化过程主要通过畴壁位移来完成；对单畴体却以磁畴转动改变磁化状态。作为单畴体的重要特征是矫顽力较多畴体高，因此亦可以作矫顽力 H_C 与颗粒尺寸 d 的关系曲线，如图 2-11 所示。图中 d_C 为单畴直径临界尺寸，相应于 H_C 极大值的颗粒尺寸；d_S 为超顺磁性临界尺寸，相应于 H_C 为 0 的颗粒尺寸，两者均为温度的函数。室温条件下，根据交换作用常数 A 和磁晶各向异性常数 K_1 的数值，对球状颗粒单畴半径临界尺寸 R_C 进行估算，其值见表 2-3。

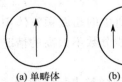

(a) 单畴体　　　(b) 180°畴　　　(c) 90°畴　　　(d) 圆形畴

图 2-10　球状颗粒的几种磁畴结构

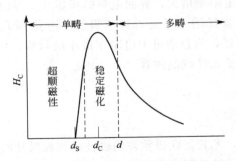

图 2-11　矫顽力与颗粒尺寸的关系示意图

表 2-3　球状颗粒单畴半径临界尺寸估算值

材料	Fe	Co	Ni	$BaFe_{12}Co_5$	$SmCo_5$	MnBi	Fe_3O_4	$\gamma\text{-}Fe_2O_3$
R_C/nm	9.0	11.4	21.2	500	16.8	17.0	20.0	25.0

表 2-3 的数据仅供参考。如颗粒形状偏离于球体，临界尺寸亦会变化；不同的文献所取用的 A、K_1 值不同，亦导致 R_C 的不同。通常根据矫顽力与颗粒尺寸的关系曲线来确定单畴临界尺寸。

众所周知，Fe、Co、Ni 以及它们的合金的强磁体在块体状态时形成多磁畴结构。这种磁畴与磁畴之间由磁壁隔开，赋予块体以强磁性的自旋磁矩在磁畴中慢慢地改变方向。磁畴的反转正是由这种磁壁的移动引起的。另外，这种磁壁的厚度通常为 $0.1\mu m$ 左右。然而，对于超微粉体，当粒径比这一磁壁的厚度更小时，颗粒就成为单磁畴结构，即磁矩的反转就由磁壁的移动变成自旋的全部旋转，所以其抗磁力和磁化率与颗粒的粒径有关（图 2-12）。

超顺磁性的含义是从顺磁性延伸过来的，对相互作用可以忽略的单畴磁性微粒系统，矫顽力为 0 的铁磁微粒可以作为超原子，因它实际上含有 10^5 量级的原子，其磁性与温度、磁场的关系十分类似于顺磁性原子体系。

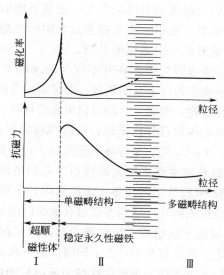

图 2-12　强磁性体中抗磁力和磁化率与粒径的关系

超顺磁性的物理概念可以这样来理解，当超微颗粒处于单畴临界尺寸时，颗粒内的磁矩将沿着易磁化方向取向排列，原子磁矩间由于强的交换耦合作用而取向一致；当超微颗粒尺寸小于单畴临界尺寸时，随着颗粒尺寸的减小，与体积成正比例的磁各向异性能（K_V）亦将减小；当 K_V 能量与热能（kT）相当或更小时，在热扰动的作用下，颗粒磁矩将不再固定在某一个易磁化方向，而在各易磁化方向间随机取向。

为了提高磁记录的密度，磁粉发展的趋势是减小颗粒的尺寸，增加矫顽力，超顺磁性特性确定了磁记录磁粉尺寸的下限，而多畴又决定了磁粉尺寸的上限，因此磁记录用磁粉尺寸通常控制在超顺磁性与多畴尺寸之间，单畴临界尺寸附近。对于磁性液体，为了避免磁性颗粒间的相互作用力所产生的凝聚现象，通常要求磁性颗粒尺寸处于超顺磁性临界尺寸之内，超顺磁性临界尺寸应小于单畴临界尺寸。室温呈现超顺磁性的一些材料的临界尺寸估算值见表 2-4。

表 2-4　室温呈现超顺磁性的一些材料的临界尺寸估算值

材料	Fe	Co(hcp)	Co(fcc)	Fe_3O_4	γ-Fe_2O_3	CrO_2
d_S/nm	12.5	4	14	16	70	70

在 Fe_3O_4 型磁性液体中，Fe_3O_4 颗粒尺寸约为 10nm；在铁基金属磁性液体中，铁颗粒尺寸约为 6nm。

磁性超微粉体应用十分广泛，作为磁记录介质用的有 γ-Fe_2O_3、Co-γ-Fe_2O_3、FeCo 金属、CrO_2、Fe_4N 以及 $BaFe_{12-2x}$、$Ti_xCo_xO_{19}$ 铁氧体微粉，作为磁性液体应用的有 Fe_3O_4 等各种纳米铁氧体微粉以及铁、镍、钴及其合金的纳米微粉。在作为磁性液体应用时，微颗粒表面必须包覆一层有机长链分子。由于纳米微粉尺寸很小，比表面积很大，表面包覆物对其磁性亦有较大的影响。

2.6　磁电阻性质

超微粉体的应用除了以粉体形式外，亦可将其分散在液体与固体中，例如磁性液体是将超细磁粉包覆了有机长链分子后，高度均匀地分散于一定基液中而形成。磁粉与黏合剂相结合涂布于聚酯类带基上而构成磁盘、磁带。本节将重点介绍磁性超微颗粒镶嵌于非磁性薄膜中所生成的颗粒膜的特性，着重对磁电阻效应的介绍。

颗粒膜（granular films）是将微颗粒镶嵌在互不固溶的薄膜中所形成的复合薄膜。原则上，任意两组元或多组元如在平衡态条件下互不固溶，均可采用共溅射或共蒸发等工艺制备成颗粒膜。颗粒膜不同于合金、化合物，而属于非均匀相组成的材料。颗粒膜大体上可分为：金属-绝缘体型，如 Fe-SiO$_2$，当铁的体积百分比低时，铁以颗粒的形式镶嵌在非晶态的 SiO$_2$ 薄膜中；金属-金属型，如 Co-Ag，Co-Cu 等；半导体、绝缘体、超导体之间组合，每一种组合又可衍生出众多类型的颗粒膜。颗粒膜主要采用磁控溅射工艺制备而成。此外，亦可采用离子束、电子束溅射、共蒸发、溶胶-凝胶等工艺制备。磁控溅射的靶可采用相应组成的微粉混合均匀后压制成型，亦可采用相应组成的片以适当方式组合成镶嵌的复合靶。由于不同元素的溅射率不同，通常颗粒膜的组成偏离于原始靶。颗粒膜的实际组成配比可采用电子探针微区分析、X 射线荧光光谱等方法确定。为了有利于对比不同密度的材料所组成的物理特性，文献中常采用体积分数 p，而不采用原子比率作为物理特性与组成的依赖性。设 A 和 B 构成颗粒膜，当组成 A 的体积分数远小于 B 的体积分数时，A 将以微颗粒形式镶嵌于 B 的薄膜中；反之亦然。当 A、B 两者的组成体积分数相近时，$p=p_c \approx 0.5 \sim 0.6$（$p_c$ 称为逾渗阈值），两者形成网络状，颗粒间相互耦合增强，从而呈现反常的电性、磁性及光学等性质。目前人们感兴趣的研究工作大多集中于纳米微粒与逾渗阈值附近组成的物理性质。

早期，人们利用金属-绝缘体颗粒中特殊的电学性质，研制成高电阻率、低温度系数的薄膜电阻材料，称为金属陶瓷（cermets）。现以 Au-Al$_2$O$_3$ 颗粒膜为例，说明电阻率 ρ 随金含量（体积分数 p）的变化。当金含量较低时，金以颗粒的形式镶嵌于 Al$_2$O$_3$ 绝缘薄膜中，从而呈现绝缘体性质，电阻率随温度升高而降低；当金的体积分数超过 50％时，颗粒逐渐形成薄膜，从而呈现金属型的导电性，电阻温度系数为正值，在逾渗阈值附近产生金属型-绝缘体型的转变，电阻率产生剧烈变化，在合适组成时，电阻温度系数甚低。

对 Ni-SiO$_2$ 颗粒膜磁性研究的结果表明，随着镍含量的变化，该颗粒膜可以呈现铁磁性三个区域。对 Fe-SiO$_2$ 颗粒膜磁性的研究发现，在逾渗阈值附近，低温矫顽力可高达 199kA/m（2500Oe），相应的有效磁各向异性常数为 1×10^6 J/m^3，比块体样品高 2 个数量级。这种高矫顽力的特性有可能在磁记录中得到应用。在颗粒膜中，铁磁颗粒可以固定在膜中，当体积分数较小时，铁磁颗粒可以孤立地在膜内均匀分布，从而对超微颗粒的磁、光、电学等特性的研究十分有利。对 Fe-SiO$_2$、Co-SiO$_2$ 的磁光效应（克尔效应与法拉第效应）研究发现，在逾渗阈值附近可以呈现磁光效应的极大值，并且损耗较小，优值较大。SiO$_2$ 是光吸收极小的材料，Fe-SiO$_2$ 颗粒膜中 SiO$_2$ 呈非结晶状态。铁镶嵌在非晶 SiO$_2$ 基质中，与纯铁膜相比较可以增进光的透射率，增强法拉第效应；由于超微磁性颗粒的散射作用，在一定组成条件下又将增进克尔效应。

1990 年美国 IBM 公司将感应式的写入薄膜磁头与坡莫合金所制成的磁电阻式读出磁头组合成双元件一体化磁头，在 CoPrCr 合金薄膜磁记录介质盘上实现了面密度为 1Gb/in^2（1in^2＝645.16mm^2）的高密度记录方式。1991 年日立公司报道在 3.5in 硬盘上利用双元件一体化磁头实现了 2Gb/in^2 的高记录密度，当时所采用的是坡莫合金（Ni$_{81}$Fe$_{19}$）薄膜的各向异性磁电阻效应，室温值为 2％～3％。1988 年首先在 Fe/Cr 多层膜中发现比坡莫合金大 1 个数量级的磁电阻效应，称之为巨磁电阻（giant magneto resistance，GMR）效应。1994

年 IBM 公司宣布利用 GMR 效应研制成硬盘读出磁头的原型，可将磁盘记录密度提高 17 倍，为计算机工业的重大突破，有利于保持磁盘在计算机中的主流地位。此外，GMR 效应又可广泛地用于测速、测位移等量的磁电阻式传感器，在汽车、机床、自动控制各行业中均有广阔的应用前景。利用 GMR 效应可制成可靠性高、体积小、全集成化的磁性随机存储器（MRAM），可应用于航空、航天等军事领域。鉴于 GMR 效应在基础研究与实际应用的重要性，而成为国际前沿的研究领域。在多层膜 GMR 效应的推动与启发下，1992 年首先在 Co-Cu 颗粒膜中发现同样存在 GMR 效应。1993 年在钙钛石 $La_{1-x}Ca_xMnO_{3-x}$ 系列中发现 GMR 效应。1994 年又在 $Fe/Al_2O_3/Fe$、金属/绝缘体/金属夹层膜中发现室温 GMR 效应可达 18％的隧道效应磁电阻。

颗粒膜巨磁电阻效应的研究工作主要集中在以银、铜为基，与铁、镍、钴等金属或合金所构成的两大颗粒膜系列。银、铜金属均为面心立方结构，晶格常数分别为 0.4086nm 和 0.361nm，表面自由能分别为 $0.130\mu J/cm^2$ 和 $0.193\mu J/cm^2$，两者与钴的晶格失配度分别为 15％和 2％，而钴的表面自由能为 $0.271\mu J/cm^2$，因此银、铜与钴等铁族元素在平衡态不相固溶，Co-Ag 的晶格失配度大于 Co-Cu，在亚稳态条件下 Co-Ag 间的固溶度低于 Co-Cu。在产生最大巨磁电阻效应的颗粒膜中，铁族元素的体积分数处于 0.15％～0.25％范围内，低于形成网络状结构的逾渗阈值，此时铁族元素主要以微颗粒形式镶嵌于薄膜之中。超微颗粒的最佳直径为几纳米到 10nm 左右。颗粒膜巨磁电阻效应的理论解释与多层膜一样，认为电子在输运过程中受到与自旋相关的散射，不同自旋取向的电子散射概率不一样，与自旋相关的散射可以发生在铁磁颗粒内，亦可产生在铁磁颗粒的界面。实验与理论表明，在颗粒膜系统中以界面散射为主，与磁性颗粒的直径成反比例关系，即与颗粒的比表面积成正比。对于 $Fe_{20}Ag_{80}$ 样品，磁电阻效应与颗粒直径的倒数成线性关系，如图 2-13 所示。

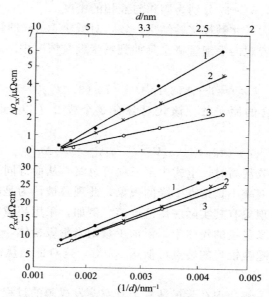

图 2-13　$Fe_{20}Ag_{80}$ 颗粒膜的磁电阻效应与颗粒直径的关系

温度/K：1—4.2；2—77；3—300

所谓磁电阻效应，就是磁场导致电阻率的变化。理论上对电阻率的计算实质上是从散射机制出发求散射概率。显然，电子与缺陷的散射作用只能解释与磁化状态无关的电阻现象，对磁电阻效应的解释还必须考虑电子输运过程中与自旋相关的散射，必然存在一种自旋取向的传导电子比相反方向的电子散射要更强。当电子自旋与局域化磁化矢量平行时，散射小，自由路径长，相应电阻率低；反之，则电阻率高。

不论颗粒膜或多层膜，要获得大的磁电阻效应必须保证颗粒的尺寸，或磁性、非磁性层的厚度小于电子平均自由路程，这样除了与自旋相关的散射外，电子在输运过程中较少受到其他散射，自旋的取向可保持不变。因电子平均自由路程通常为几纳米到 100nm，所以巨磁电阻效应只可能在纳米尺度的系统中才呈现。至于钙钛石 GMR 效应，产生的机制与颗粒膜、多层膜有所不同。

2.7 热学性质

由于颗粒尺寸的变化导致比表面积的改变，因而改变颗粒的化学势，进而使热力学性质发生变化。例如，化学反应中物理、化学平衡条件的变化，熔点随颗粒尺寸减小而降低等，石墨烯的热导率甚至高达 $5300\mathrm{W/(m \cdot K)}$。

颗粒尺寸对热力学性质影响很大。随着颗粒尺寸变小，表面能将显著增大，从而使得在低于块体材料熔点的温度下可使超微粉体熔化或相互烧结。根据经典理论，半径为 r 的微粒，其熔点 $T_m(r)$ 与大块材料熔点 $T_m(\infty)$ 之比值可用下式描述：

$$T_m(r)/T_m(\infty) = 1 - 2V_s^{1/3}/|\Delta h| \times (\sigma_s V_s^{2/3} - \sigma_l V_l^{2/3}) \times 1/r \qquad (2\text{-}17)$$

式中，σ 为表面自由能；$|\Delta h|$ 为摩尔熔化热；V 为摩尔体积；下标 s、l 分别代表固相与液相。对应于 $T_m(r) = 0$ 的临界尺寸 r_0 则为：

$$r_0 = 2/(\rho_s L) \times [\sigma_s - \sigma_l(\rho_s/\rho_l)^{2/3}] \qquad (2\text{-}18)$$

式中，L 为熔化潜热，ρ_s、ρ_l 分别为固相与液相的密度。

经典理论能较好地与大尺寸颗粒实验结果一致，对低于 10nm 的超微颗粒符合情况并不太理想，其原因是不能将宏观的毛细管概念延伸到纳米颗粒情况中。采用微观的毛细管概念近似地得出下列公式：

$$T_m(i)/T_m(\infty) = 1 - A(3/i)^{1/3} + [T_m(3)/T_m(\infty) - 1 + A] \qquad (2\text{-}19)$$

式中，i 为颗粒中所含的原子数。该式对含有 3 个或 3 个以上原子的颗粒是成立的。其中：

$$A = (12\pi)^{1/3}(\sigma_s V_s^{2/3} - \sigma_l V_l^{2/3})/|\Delta h| \qquad (2\text{-}20)$$

当颗粒中所含的原子数甚高时，上式中第三项可忽略，从而等同于前述的经典公式。对于薄膜，同样发现随着厚度减小，熔点下降的现象，此现象被认为是薄膜中晶粒细化所致。

超微粉体熔点降低的现象有其实际应用的价值。例如，采用超微粉体有利于陶瓷、高熔点金属粉末的烧结。在微米量级的粉体中，添加少量纳米量级粉体，有利于在较低烧结温度下得到高密度的致密体；超微银粉的熔点可低达 100℃，这对低温烧结的导电银浆是至关重要的。

用电子显微镜研究金、铂、镍在云母薄片上真空蒸发成膜的过程，发现在成膜的初始阶段，薄膜是由细晶粒所组成的。当晶粒尺寸介于 5~20nm 之间时，经常会呈现多孪晶颗粒形态，这意味着超微颗粒长大的起始阶段，并非由完整的单晶体所组成，而是由几个孪晶按能量最低的方式堆积而成的多孪晶颗粒。对尺寸约为 2nm 的金颗粒，在电子显微镜中实时观察其形态在电子束作用下的变化，发现颗粒的形态可以从单晶体到孪晶连续地改变。对于其他金属，如铂、铑、镍、银等亦同样观察到相似的非结晶学结构。

　　从物理学上讲，产生多孪晶的构型是基于有较多的低能量（111）表面存在将有利于降低颗粒总的表面能。当颗粒尺寸较小时，表面能的降低可超过应力能的增长，从而使多孪晶构型可以稳定地存在。有人定义超微颗粒在不同构型（单晶与多孪晶）中连续起伏的相结构为准熔化相，准熔化相的温度低于熔化温度，对不同尺寸的颗粒存在不同的相区，相组成与颗粒尺寸的关系如图 2-14 所示。由图可知，准熔化相既不同于液相，亦不同于稳定的颗粒结构与多孪晶颗粒，它仅存在于颗粒尺寸较小、温度较低的条件下。在大尺寸、高温情况下，液相与固相之间并不存在准熔化相，在 QM 与 SC 相交的相区可期望有较佳的薄膜外延成长的条件。

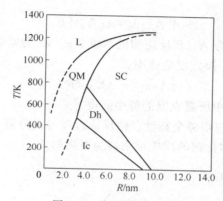

图 2-14　超微颗粒相图

L—稳定的液相区；QM—准熔化相区；Ic—二十面体（icsoadral）多孪晶相区；
Dh—十面体（decahedral）多孪晶相区；SC—单晶区

2.8　催化性质

　　催化剂的作用在于改变热力学上允许的化学反应的速率。假如化学反应有几种可能的途径时，则催化剂可以决定反应的途径。通常催化剂最后并不进入生成物中。催化反应大致可分为均相催化与非均相催化反应两大类。前者指催化剂与反应物处于均匀的气相或液相中进行反应；后者指催化剂与反应在不同的相中，例如催化剂为固体微粒，反应物为气相或液相，反应在催化剂表面进行，因此反应速率与催化剂的比表面积、电子结构、缺陷等有关。本节仅简要介绍非均相催化以及催化与颗粒尺寸的关系。

　　对非均相催化反应，为了提高催化效率，增加催化剂的比表面积、减小颗粒尺寸是必要的，但并不是唯一的。有的催化剂在合适的颗粒尺寸时往往会呈现催化效率的极大值，因而有必要研究催化剂颗粒尺寸、表面状态对催化活性的影响。

　　催化剂除改变化学反应速率外，另一个基本性质是应当具有高的选择性，对所需要的反应进行选择性的催化加速，而对不需要的反应则起着抑制作用。

　　催化剂的作用以人们熟知的化学反应——乙烯加氢转变为乙烷为例阐明之：

$$C_2H_4 + H_2 \Longrightarrow C_2H_6 \qquad (600℃,30min)$$

$$C_2H_4 + H_2 \overset{Pt}{\Longrightarrow} C_2H_6 \qquad (20℃,30min)$$

　　当反应中添加超细铂颗粒（铂黑）为催化剂时，反应温度从 600℃ 降低至室温（20℃），这对工业生产降低能耗是具有重大经济效益的，因此大型化工、石油化工生产中催化剂的应用是十分普遍的。

由于催化剂的选择性，不同催化剂亦可以决定热力学所允许的不同的反应途径。例如：

$$C_2H_5OH \xrightarrow{Al_2O_3} C_2H_4 + H_2O$$

$$C_2H_5OH \xrightarrow{Ag,Cu} CH_3CHO + H_2$$

乙醇分解时，如采用 Al_2O_3 为催化剂其生成物为乙烯；当采用金属银、铜为催化剂时生成物却为乙醛。

设一化学反应如下：

$$A + B \rightleftharpoons C + D$$

则反应速率可表述为：

$$-d[A]/dt = k[A]^n[B]^m \qquad (2-21)$$

式中，[A]、[B] 分别为 A、B 反应物的浓度；n、m 为常数，对应于 A、B 反应物的阶次；k 为反应动力学常数，决定反应速率。

$$k = A\exp[-\Delta E_g/(RT)]$$

式中，ΔE_g 为反应过程中所需克服的势垒高度。

催化剂的作用是降低反应中势垒高度，使反应过程可以分解为几个小势垒来完成，其示意见图 2-15。对含有"S"催化剂的反应可书写为下列形式：

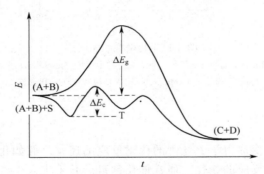

图 2-15　催化反应示意图

$$A + B + 2S \rightleftharpoons \underset{\substack{| \quad |\\ S - S}}{A \quad B} \rightleftharpoons \underset{\substack{| \quad |\\ S - S}}{A \quad B} \rightleftharpoons C + D + 2S$$

当存在催化剂时，可以将反应物变成活化配合物，从而降低能量，加快反应速率。

Bond 将颗粒尺寸对催化作用的影响大致分为三大类。

（1）氧化过程

通常催化反应速率随颗粒尺寸减小而降低。例如：

$$2C_3H_6 + 9O_2 \xrightarrow{Pt/\gamma\text{-}Al_2O_3} 6CO_2 + 6H_2O$$

当颗粒尺寸由 1.44nm 减小至 1.1nm 时，催化反应速率降低 12/13。又如：

$$2CO + O_2 \xrightarrow{Pt/\gamma\text{-}Al_2O_3} 2CO_2$$

当颗粒尺寸由 100nm 减小至 2.8nm 时，催化反应速率降低 9/10。

（2）烷烃转换

如氢解、骨架异构化、差向异构化，通常催化反应速率随颗粒尺寸减小而增加，但亦有例外。例如乙烷氢解，如用 Pd/Al_2O_3+Cr 作催化剂，当颗粒尺寸由 6.4nm 减小至 0.5nm 时，催化反应速率显著增加；如用 Ni/SiO_2 作催化剂，当颗粒尺寸由 22nm 减小至 2.5nm 时，催化反应速率增加 10 倍。丙烷氢解以 Ni/SiO_2 作催化剂，当颗粒尺寸由 22nm 减小至 2.5nm，发现在 6nm 时催化反应速率呈现极大值。

（3）同位素交换以及氢解

某些同位素交换以及氢解反应，通常催化反应速率随颗粒尺寸减小而降低。例如：

$$CO+3H_2 \xrightarrow{Ni/SiO_2} CH_4+H_2O$$

当颗粒尺寸由 12nm 减小至 0.5nm 时，随颗粒尺寸变小，催化反应速率亦降低。

由此可见，在非均相反应中，催化反应速率与催化剂颗粒尺寸大小缺乏简单的比例关系。催化作用不仅与颗粒比表面积有关，还与其表面电子状态有关，甚至有人认为还与颗粒内含奇数或偶数电子有关。

2.9　力学性质

传统金属材料的硬度随晶粒细化增加，人们从实践中总结出了著名的 Hall-Petch(H-P) 关系式：

$$H_V=\sigma_0+k_0 d^n \tag{2-22}$$

式中，H_V 为维氏硬度；σ_0 为单晶体 ($d \to \infty$) 的硬度，或者说与晶界无关的阻碍位错运动的本征应力；k_0 为 Hall-Petch （H-P） 系数，为正值；d 为晶粒尺寸；n 通常取 $-1/2$。

该公式概括了粗晶粒金属材料的基本力学性质与微结构的关系，H_V 近似与 d^n 成线性关系 （n 为负值），随着晶粒尺寸减小而增大。纳米材料问世后，自然会提出这样的问题，晶粒的纳米化是否会导致材料强度显著增加，换言之，H-P 关系式对纳米材料是否还成立？对比微米量级与纳米量级多晶钯金属的应力-应变曲线 （图 2-16）可知，晶粒尺寸 14nm 的金属钯的强度较晶粒尺寸 $50\mu m$ 的金属钯约高 5 倍。对一些纯金属纳米固体，例如钯、铜、银、镍、硒等，在室温下其显微硬度较对应的粗晶粒显著增加 2～7 倍，并形式上满足 H-P 关系式 （图 2-17）。然而一些研究指出，在纳米铝等金属中却发现 H-P 系数 k_0 远低于相应粗晶粒的值，例如纳米铜的 k_0 值仅为粗晶粒的十分之一。因此不能由粗晶粒材料的 H-P 关系式外推以获得纳米尺度晶粒材料的力学性质，原因是二者硬化的机制并非相同。但对金属间化合物的纳米材料，如 $TiAl$、$NiAlNb$、NiP、$FeCuSiB$、$FeMoSiB$、$FeSiB$、$NiZr_2$ 等，却发现并不符合 H-P 关系式，在一定临界尺寸以下时，随着晶粒尺寸变小，硬度反而降低，称之为反常的 Hall-Petch 关系，此时 H-P 系数 k_0 为负值。原则上讲，H-P 关系式是奠定在位错塞积 （dislocation pile-ups） 理论基础上的。对于纳米固体，当晶粒或颗粒尺寸小于某一临界值时，位错塞积不可能存在，因此必须研究适合纳米固体的新的力学规律。

纳米固体通常采用两种工艺制备而成。

（1）先制备纳米微粒，然后在无污染的条件下加压成固体

对于纳米金属微粒，为了防止氧化，需在真空、原位进行成型。这类纳米材料通常密度较低，大约只能达到理论密度的 90%～95%，晶粒通常混乱排列 （见图 2-18），其特征是大部分原子处于晶界。在纳米材料力学性质的研究中，力学性质与试样的密度或空隙率关系密切，通常随空隙率增加，强度下降，因此在不完全致密条件下所得到的纳米固体，其力学性

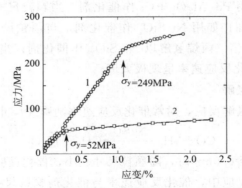

图 2-16　两种晶粒尺寸金属钯的应力-应变曲线

晶粒尺寸：1—14nm；2—50μm

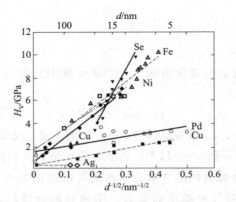

图 2-17　几种纯金属纳米材料的硬度与晶粒尺寸的关系

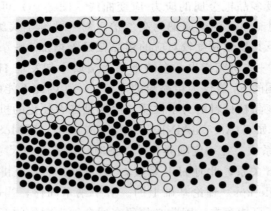

图 2-18　纳米固体中原子排列示意图

能未必能真实反映纳米固体本征的力学性质。为了提高致密性，通常需高温烧结，但在较高的温度下晶粒极易长大，当晶粒尺寸脱离纳米量级后，同时亦丧失了纳米固体所具有的特性。由于纳米微粒比表面积大，表面能高，在较低的温度下就可能产生颗粒长大的问题，例如纳米镍微粒，大约在 200℃下就出现颗粒烧结与长大的现象。于是，在纳米固体制备中，如何既能保持纳米微粒结构，同时又能获得高密度是十分关键的问题。目前采用加压烧结、微波烧结、快速烧结等工艺以解决此问题，但效果仍不十分理想。

（2）将快淬、急冷的非晶薄带经退火处理转变为纳米微晶材料

这种材料密度高，晶界不易污染，晶粒之间可能会存在一定的取向关系，制备非晶材料通常应含非晶化元素如硼、磷等。目前多组元的非晶材料其厚度已达毫米量级。

纳米金属与传统金属由于制备方法与条件不同，同样的材料亦会呈现出不同的力学性质，这给规律性的研究带来了一定的困难。从纳米固体的微结构出发，显然，在纳米固体中存在大量的相邻晶粒所构成的三叉晶界（有人指出三叉晶界实质上就是旋错区），处于三叉晶界处的原子扩散快，旋错的运动导致软化，增强延展性。此外，有人提出了黏滞性软化机制，亦有人从位错网络密度（dislocation network density）的角度提出了 Hall-Petch 关系式：

$$H = H_0 + K_H d^{-1/2}, \qquad\qquad d \geqslant d_c \qquad (2\text{-}23)$$

$$H = K_H \times 1/2\pi a \left[\ln(d/r_{eff})\right] d^{-1/2}, \quad d < d_c \qquad (2\text{-}24)$$

式中，H 为硬度；H_0 为大晶粒的硬度；d_c 相应于位错网络通过或截止的临界晶粒尺寸；a 为无量纲的常数；r_{eff} 为有效截止半径。

在纳米材料力学性质研究中，人们最感兴趣的是纳米陶瓷材料。通常陶瓷材料具有化学稳定性好、硬度高、耐高温等优点，但同时又存在脆性和无延展性以及无法机械加工等缺点，纳米陶瓷材料有望克服上述缺点。在纳米材料中，界面原子的比例显著增加，界面原子的高扩散与细晶粒意味着它将具有良好的韧性，在扩散蠕变过程中的应变率 $d\varepsilon/dt$ 可表示为：

$$d\varepsilon/dt = \sigma\Omega/(d^2 kT)(B_1 D_V + B_2 \Delta D_b/d) \qquad (2\text{-}25)$$

式中，σ 为应力；d 为晶粒尺寸；Ω 为原子体积；B_1、B_2 为常数；D_V、D_b 分别为晶粒内、晶界中的扩散系数；Δ 为晶界宽度。在低温条件下，以晶界扩散为主，$D_b \gg D_V$，上式可简化为：

$$d\varepsilon/dt = B_2 \sigma\Omega\Delta D_b/(d^3 kT) \qquad (2\text{-}26)$$

因此，纳米材料的扩散蠕变率随着晶粒尺寸 d 的减小而增大。人们采用 ^{67}Cu 作为放射性示踪原子，研究了纳米微晶铜、多晶铜和单晶铜原子的自扩散系数。实验结果表明，其室温值分别为 $2.6 \times 10^{-20}\,\text{m}^2/\text{s}$、$4.8 \times 10^{-33}\,\text{m}^2/\text{s}$ 和 $4 \times 10^{-40}\,\text{m}^2/\text{s}$，因此纳米微晶铜原子的自扩散系数比多晶或单晶铜原子约高 13～20 个数量级，扩散系数高导致应变率增大，超塑性显著。当原子扩散速率高于形变速率时，表现为塑性；反之，表现为脆性。在纳米 CaF_2、TiO_2 陶瓷中可观察到室温条件下的塑性形变。

不同类型的纳米材料，其力学性质显著不同。对金属、陶瓷等纳米材料，随着晶粒尺寸的变化，在形变过程中位错、晶界滑移的作用是有所不同的，其相对贡献与晶粒尺寸的依赖性可用图 2-19 表示。

陶瓷增韧与可机械加工性一直是陶瓷工业十分关注的重大问题，纳米陶瓷的超塑性为陶瓷工业的发展注入了新的活力。为了防止在形变过程中晶粒长大破坏纳米晶的微结构，通常需掺入稳定剂，使掺杂离子在界面偏聚从而产生对界面的钉扎作用。例如，纳米 ZrO_2（300～500nm）中添加 Y_2O_3 为稳定剂，使掺杂离子在界面偏聚从而产生对界的钉扎作用。又如，纳米 ZrO_2（300～500nm）中添加 Y_2O_3 为稳定剂，观察到超塑性高达 800%，纳米 Si_3N_4 中添加 20%SiC 所构成的复合陶瓷，1600℃温度下延伸率超过 150%。

20 世纪 80 年代兴起的纳米结构材料的研究，已由纯金属向多元合金以及纳米复合材料方向拓展。纳米复合材料通常定义为在多元复合组成中至少有一种固相处于纳米尺度范围内，例如轻质高强铝基纳米微晶材料是在铝基非晶态材料基础上发展起来的，如 Al-TM-R

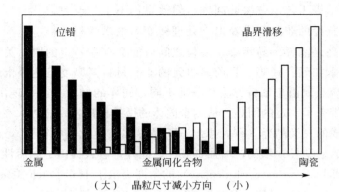

图 2-19　金属、陶瓷等纳米材料位错及晶界滑移对形变的相对贡献

系列，其中铝含量超过 80％；其余过渡金属（TM）占 2％～15％以及稀土金属 R（Y、Ce、Nd、Gd 等）占 2％～10％。又如，$Al_{87}Ni_{10}Ce_3$，通常制成非晶合金带，然后再经退火获得纳米微晶，α-Al 纳米晶粒脱溶析出，弥散于非晶态的基底中，其颗粒直径为 3～50nm。这种纳米材料具有十分优异的力学性质，在室温条件下其张力强度高达 1.6GPa，约为非晶材料的 1.5 倍，为通常脱溶硬化合金的 3 倍，即使在 300℃高温条件下，张力强度依然保持在 1GPa，高于通常最好合金的 20 倍。这种纳米微晶材料克服了非晶材料经退火后变脆的缺点，同时又具有较好的韧性。Al_2O_3 是一类应用广泛的陶瓷材料。为了改善其性能，可采用纳米 SiC 复合，Al_2O_3 原料可采用微米或超微粉体，SiC 则为小于 50nm 的粉体。例如，$Al_2O_3/5％SiC$，180℃热压后在 1300℃氩气氛中退火 2h，其断裂强度为 1540GPa；而参考的 Al_2O_3 仅为 560MPa。纳米陶瓷粉体与高分子材料的复合亦可显著地增进高分子材料的力学强度。石墨烯具有高强度和高延展性或弹性，试验结果表明需要施加 55N 的压力才能使 1μm 长的石墨烯断裂。

综上所述，纳米复合材料将成为十分重要的实用材料。对纳米的力学性能与微结构关系的研究，无论从基础研究或实际应用来说，都是十分重要的。

2.10　超微分散体的溶液性质

前已述及，我们所讨论的超微粉体的颗粒直径与胶体的颗粒直径范围大体一致。因此，超微粉体颗粒的溶液不是简单的悬浮液，而是具有胶体的某些性质。本节主要根据胶体化学的理论讨论超微颗粒在溶液中的运动（扩散、布朗运动和沉降）、吸附及流变性。有关其在溶液中的分散和团聚行为将在第 4 章中讨论。

2.10.1　超微颗粒在溶液中的运动

在由超微粉体颗粒作为溶质的溶液或悬浮液中，超微颗粒具有从高浓度区向低浓度区的扩散作用。同时，也有布朗运动。

假设超微分散体系中颗粒的扩散符合 Fick 第一扩散定律，则有：

$$dm/dt = -D \times (dc/dx) \times A \tag{2-27}$$

式中，dm/dt 为单位时间内通过截面 A 扩散的物质数量；dc/dx 为浓度梯度，即沿 x 方向微粒浓度随距离的变化率；比例常数 D 为扩散系数，D 越大，质点（微粒）的扩散能力越大。扩散系数 D 与质点在介质中运动时的阻力系数有关：

$$D = RT/(N_A f) \tag{2-28}$$

式中，N_A 为阿伏伽德罗常量；R 为气体常数。设微粒为球形，可据 Stokes 定律确定阻力系数 f：

$$f = 6\pi\eta r \tag{2-29}$$

式中，η 为介质的黏度；r 为质点（微粒）的半径。因此，有：

$$D = (RT/N_A) \times [1/(6\pi\eta r)]$$

此式常称为 Einstein 第一扩散式。由以上讨论可知，体系的浓度梯度越大，质点（微粒）扩散越快；就质点（微粒）而言，直径越小，扩散能力越强。

胶体中质点（微粒）之所以能自发地由浓度大的区域向浓度小的区域扩散，根本原因在于其存在化学位。质点（微粒）扩散的方式与布朗运动有关。

1827 年英国植物学家布朗（Brown）在显微镜下观察到悬浮在水中的花粉粒子处于不停地无规则的运动之中，后来发现其他微粒（如炭末和矿粉）也有这种现象。这种在一定时间内观察到的粒子不规则运动的现象或轨迹称为"布朗运动"。产生布朗运动的原因：悬浮在液体中的颗粒处在液体分子的包围之中，液体分子一直处于不停的运动状态，撞击着悬浮粒子。如果粒子相当大，则某一瞬间液体分子从各个方向对粒子的撞击可以彼此抵消；但对于类似于胶粒大小的超微粒子，此种撞击可能是不均衡的。这意味着在某一瞬间，粒子在某一方向得到的冲击或冲量要多些，因而粒子向某一方向运动；而在另一时刻，又从另一方向得到较多的冲量，因而又使粒子向另一方向运动。这样对于分散体系，就能观察到如图 2-20 所示的连续不规则的折线运动。

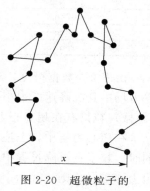

图 2-20 超微粒子的布朗运动

由于布朗运动的无规则性，就单个质点（微粒）而言，它们向各个方向运动的概率相等。但在浓度较高的区域，因单位体积内质点数较周围多，必然是"出多进少"，使浓度降低；而低浓度区域则相反，即表现为扩散。所以扩散是布朗运动的宏观表现，而布朗运动则是扩散的微观基础。

1905 年 Einstein 曾研究过布朗运动中，粒子的平均位移 X 与粒子半径 r、介质黏度 η、温度 T 和位移时间 t 之间的关系为：

$$X = [RT/N_A \times t/(3\pi\eta r)]^{1/2} \tag{2-30}$$

此式常称为"Einstein 布朗运动"公式。

在运动性质方面，胶体或超微粉体分散体系与分子分散体系有相似之处。其中的质点运动都服从同样的普遍规律——分子运动理论。

分散于液体介质中的超微颗粒，都受到方向相反的两种作用力，即重力和扩散力（由布朗运动引起）。如微粒的密度比介质大，微粒就会因重力作用而下沉，这种现象称为沉降。在重力作用下，介质中粒子所受的重力力为：

$$F_1 = V_0(\rho - \rho_0)g \tag{2-31}$$

式中，V_0 为粒子的体积。对于半径为 r 的球形粒子：

$$F_1 = (4/3) \times \pi r^3 (\rho - \rho_0)g \tag{2-32}$$

因为颗粒细，按 Stokes 定律，粒子沉降时所受的阻力为：

$$F_2 = 6\pi\eta rv \tag{2-33}$$

式中，v 为粒子的沉降速度。当 $F_1 = F_2$ 时，粒子以匀速下降，沉降速度为：

$$v = [2r^2(\rho - \rho_0)g]/(9\eta) \tag{2-34}$$

这就是球形质点在液体中的沉降公式。显而易见，在分散体系中其他条件相同时，v 与 r^2 成正比，即粒子越大，沉降越快；粒子越小，沉降越慢；如表 2-5 所示。对于大颗粒来说，重力占优势，分散体系或悬浮体沉降到容器底部成为沉淀。但是，扩散力能促进体系中微粒子浓度趋于均匀。当这两种作用力相等时，就达到平衡状态，称为"沉降平衡"。平衡时各水平面内微粒子浓度保持不变，但从容器底部向上会形成浓度梯度。这种情况正如地面上大气分布的情况一样，离地面越远，大气越稀薄，大气压越低。

表 2-5 球形金属粒子在水中的沉降速度（按 $\rho = 10\text{g/cm}^3$，$\rho_0 = 1\text{g/cm}^3$，$\eta = 1.15\text{mPa·s}$ 计算）

粒子半径	$v/(\text{cm/s})$	沉降 1cm 所需时间
10^{-3}cm	1.7×10^{-1}	5.9s
10^{-4}cm	1.7×10^{-3}	9.8s
100nm	1.7×10^{-5}	16h
10nm	1.7×10^{-7}	68h
1nm	1.7×10^{-9}	19d

由表 2-5 数据可见，对于超微粉体溶液或胶体溶液来说（其粒子大小在 1～100nm），在重力场中其沉降速度很小，说明重力沉降分析很难应用于超微粉体溶液或溶胶，溶液中的胶（超微）粒只有在超离心力场中才能以较显著的速度沉降出来。

在离心力场中，上述沉降公式仍可应用，只是用离心加速度 $\omega^2 x$ 代替重力加速度 g；同时，粒子在沉降过程中，x 会改变，v 也是一个变值，故须将 v 改成 $\mathrm{d}x/\mathrm{d}t$。当离心力和阻力相等时，则：

$$(4/3)\pi r^3(\rho - \rho_0)\omega^2 x = 6\pi\eta r \times (\mathrm{d}x/\mathrm{d}t) \tag{2-35}$$

于是，

$$\ln(x_2/x_1) = 2r^2[(\rho - \rho_0)\omega^2(t_2 - t_1)/(9\eta)] \tag{2-36}$$

式中，x_1 和 x_2 分别为离心时间 t_1 和 t_2 时界面和旋转轴之间的距离。

2.10.2 超微颗粒在溶液中的吸附

吸附是在相互接触的异相间产生的界面现象之一，它是在吸附剂液体或固体的界面或表面上极薄的接触层中吸附住吸附质的现象。吸附可以分为两种：一种是在吸附剂和吸附质之间靠范德瓦耳斯力这种比较弱的物理力而吸附的，称为物理吸附；另一种是通过化学键或者是具有相近能量层次的力而键合的吸附，叫作化学吸附。随吸附剂和吸附质种类的不同，可以有多种组合。

超微粉体的比表面积大，表面能高，单位质量超微粉体的吸附量大。以下仅就它们在溶液中的吸附行为，即吸附质分别为非电解质、电解质和大分子的三种情况进行简单论述。

（1）非电解质的吸附

由于非电解质是不带电的分子，所以基本上是以氢键、范德瓦耳斯力以及偶极子等较弱的静电引力而吸附于颗粒表面。其中氢键起的作用最大。例如，图 2-21 所示为在低 pH 值时乙醇、氨基酸、醚等吸附于超微二氧化硅颗粒表面的情形。乙醇、氨基酸、醚等分子的负电性原子之 π 电子通过与二氧化硅颗粒表面上的硅醇基（Si—OH）的氢原子形成氢键而被吸附。将二氧化硅加热脱水时，邻近的两个硅醇基去掉一个水分子的水，在二氧化硅表面形成硅氧键，其表面状态与脱水前的硅醇基相比，有很大的差别。所以，表面上的吸附物质也成为不同的吸附状态。例如，因加热而脱去一部分水的二氧化硅颗粒在甲基红的苯溶液中吸附甲基红时，与脱水前吸附甲基红的情形相比，吸附量明显减少。这表明甲基红是由硅醇基吸附的，而不是靠硅氧键吸附。对于水分子的吸附，也可以观察到同样的情况，即水分子也是通过二氧化硅表面的硅醇基水化而被吸附的。乙醇分子通过二氧化硅颗粒表面的 O 原子与乙醇 OH 基的氢原子之间形成氢键而被吸附，所以键合力较弱，属物理吸附。大分子的聚乙烯醚虽然同样也是以 O—H 氢键结合，但用于吸附的键的数量多，所以吸附力较强。

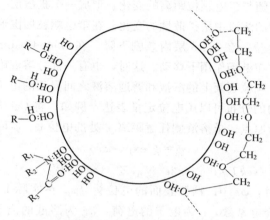

图 2-21　在低 pH 值时吸附于超微二氧化硅颗粒表面的乙醇、氨基酸、醚分子

因此，吸附不仅受颗粒表面状态影响，也受吸附质分子性质的影响；而且，即使吸附质相同，随溶剂的不同，其吸附量也会发生变化。例如，二氧化硅颗粒在苯及己烷溶液中吸附直链脂肪酸时，以己烷为溶剂的吸附量比以苯为溶剂的吸附量要大。这是因为在苯溶液中，脂肪酸通过氢键键合形成二聚物，所以在平衡状态时有形成氢键能力的单体减少了。在水溶液中吸附非电解质时，pH 值也是重要影响因素。pH 值高时，二氧化硅表面带负电，当水合离子接近该部位时，就妨碍在此形成氢键，图 2-22 示意了这一状况。该图表明，在带负电的部分，水合 Na 离子被吸附时，它妨碍聚乙烯醇、乙醇分子等在此附近吸附；当 pH 值变高，表面的负电荷增加时，这种倾向也增加。

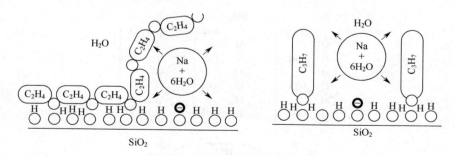

图 2-22　大平衡离子引起的分子吸附的障碍

（2）电解质的吸附

由于电解质在溶液中以离子的形式存在，所以它与非电解质不同，它的吸附主要受库仑

力支配。

在本质上，为了使颗粒表面上产生的电荷中和，溶液中必须要有相反的电荷。这种溶液中的相反电荷离子称为平衡离子。对于超微黏土颗粒，如膨润土、高岭土，表面电荷基本上总是负的，所以，一般是由碱金属或碱土金属阳离子来中和表面的负电荷。如果这种吸附离子是 Ca^{2+}，这种黏土通常就用 Ca-黏土来表示。Ca-黏土悬浮于水中时，Ca 离子向着离开表面的一定距离移动，形成所谓扩散离子层。这种扩散离子层可以分为两部分，内侧层很强地吸附于颗粒表面，称为 Stern 层。外侧层是较弱的吸附层，叫 Gouy-Chapmmann 层。Stern 层是固定层，由吸附的一部分平衡离子构成，中和一部分颗粒表面所带的电荷。其余大部分阳离子是通过颗粒表面所带电荷的引力，随与带电颗粒距离的变化，形成一个扩散层，即平衡离子浓度向阳离子数量和阴离子数量相同的溶液中呈扩散性的变化。在带电颗粒周围形成的这种双重离子层称为双电层。双电层内的电位，在 Stern 层内急剧下降，在 Gouy-Chapmmann 层内慢慢地减小。分散于溶液中的超微颗粒在电场作用下移动。这时，也有一部分溶液附着在颗粒表面上而随颗粒一起移动。这种吸附于颗粒表面上的溶液和普通溶液之间界面的电位差称为 ζ 电位。

平衡离子在双电层内的分布可以用电位定量表达。例如，将 Ca-黏土那样的超微颗粒考虑为电解质，以颗粒表面为原点，求溶液侧任意距离 x 处的电位 ψ。ψ 可以近似地表示为：

$$\psi = \psi_0 \exp(-\kappa x) \tag{2-37}$$

式中，$\kappa = \left[2e^2 n_0 Z^2 / (\epsilon kT)\right]^{1/2} = \left[2e^2 N_A cZ^2 / (\epsilon kT)\right]^{1/2}$

此外，假设 $x \to \infty$ 时，$\psi = 0$；颗粒表面的电位为 ψ_0。在实际上可以将实验测定的 ζ 电位作为 ψ_0。ϵ 为溶液的介电常数，e 为电子的电荷，n_0 为溶液的离子浓度，Z 为化合价，κ 为 Boltzmann 常数，N_A 为阿伏伽德罗常量，c 为强电解质的摩尔浓度（mol/cm³），T 为热力学温度。

式中，κ 表示指数函数 ψ 的形状，即双电层的扩散状态。所以，$1/\kappa$ 被叫作双电层的厚度。因 $1/\kappa$ 与 c 及 Z^2 成反比，因此，电解质的浓度越大，离子的化合价越高，则双电层厚度越小。

超微氧化物颗粒表面的情形也是同样的，通过平衡离子的量和种类决定双电层的厚度。二氧化硅、氧化锆以及二氧化钛等氧化物的表面在水溶液中情况如图 2-23 所示。随 pH 值的不同，可以带正、负电或为电中性。表面电荷为正的状态时，有效平衡离子是 Cl^-、NO_3^- 等较大的阴离子。表面电荷为负时，Na^+ 等碱金属离子以及 NH_4^+ 等是有效的平衡离子。

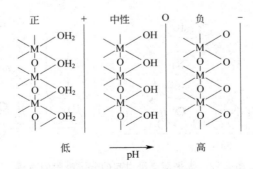

图 2-23　氧化物颗粒表面的带电状态随 pH 值的变化

（3）大分子的吸附

大分子有的是电解质，有的是非电解质。它们的吸附机理分别与前述电解质和非电解质基本相同。但是，大分子的每一个分子都具有许多可以键合的部分，而且由于分子较大，还存在空间障碍的特异性。所以，在此单列一项进行讨论。大分子的吸附也受吸附剂的表面状态和吸附质的性能等强烈影响。这一点在 PVA 与阳离子表面活性剂的共吸附中得到很好的证明。如图 2-24 所示，在 pH 值较低时，二氧化硅表面是硅醇基，通过这种硅醇基和 PVA 的 OH— 的氢键，PVA 以憎水基向外的形式覆盖二氧化硅的表面。阳离子表面活性剂的憎水基再与 PVA 的憎水基发生憎水性键合。在 pH 值较高时，二氧化硅表面带负电。为中和这些负电荷，阳离子表面活性剂形成胶束团，PVA 通过憎水性键合而被吸附。而在中性部位，二氧化硅表面带一部分负电，在这种带负电的部分，阳离子表面活性剂被吸附，而在剩余的硅醇基部分 PVA 被吸附。

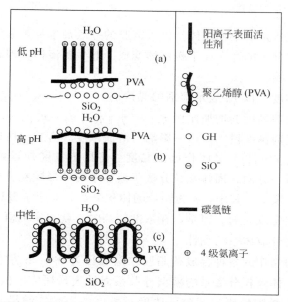

图 2-24　不同 pH 值时，聚乙烯醇（PVA）与阳离子表面活性剂在二氧化硅表面的共吸附

2.10.3　流变性

流变学是研究物质的流动与变形的科学。正如前面已讨论的那样，微粒随其粒度变小，逐步呈现出与原来固体不同的性质或行为。$1\mu m$ 以下颗粒在液体中分散的所谓颗粒分散体系或胶体的流变学在理论上和实际上都是非常有意义的研究对象。本节主要考虑胶体分散系的黏性，因为它是胶体分散系的流变性中最为重要的性能之一。

如图 2-25 所示，假如有两块相距 h 的平行平面，在其中间注满液体，将下平面固定，对上平面施加剪切力 τ，使之以速度 v 平行移动时，与上平面接触的液体以与平面相同的速度流动，而不与上平面相接触的液体则以小于 v 的速度流动。离上面越远，流速就越小，即形成一速度梯度。对于一般的流体，这一速度减小量遵循以下牛顿（Newton）定律：$\tau = u(\mathrm{d}v/\mathrm{d}h)$。式中，$u$ 为表示流体内摩擦的系数，称为黏度系数。

遵循上式的流体叫作牛顿流体。对于牛顿流体，其黏度 η 与黏度系数 u 相等。但是，有些流体不遵循上述定律，具有独特的流动行为，其黏度随剪切力或剪切速度的变化而变化。

图 2-26 所示为各种流体的流动特性。在图 2-26 中，曲线 a 为牛顿流体，剪切力与切变速度成正比；而曲线 b、c 中，剪切力与切变速度的关系为曲线，称为非牛顿流体。

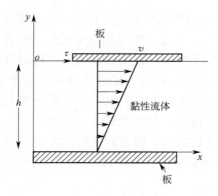

图 2-25　流体的黏性

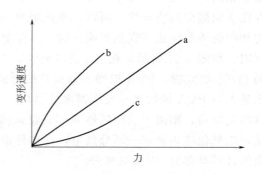

图 2-26　流体的流动行为

众所周知，溶胶通常是非牛顿流体。由于溶胶的分散剂本身是牛顿流体，所以，可以认为溶胶中的颗粒或者大分子的存在使牛顿流体变成了非牛顿流体。即超微颗粒或大分子对溶胶的黏性行为产生了影响。

以 η 表示溶液的黏度，以 η_0 表示溶剂的黏度时，一般将 $\eta_{rel}=\eta/\eta_0$ 叫作相对黏度。另外，溶液黏度相对于溶剂黏度的增加比例 $\eta_{sp}=(\eta-\eta_0)/\eta_0=\eta_{rel}-1$，叫作比黏度；它表述因加入溶质而引起的溶剂黏度增大。这一影响与溶质浓度 c 有关。所以单位浓度的黏度增加率 $\eta_{red}=\eta_{sp}/c=(\eta-\eta_0)/(\eta_0 c)$ 又叫作比浓黏度。将比浓黏度外延到浓度为 0 处而得的黏度值称为本征黏度。另一方面，固体颗粒分散于液体中的球形颗粒分散系的黏度可由爱因斯坦黏度公式 $\eta_{sp}=2.5\phi$ 表示。其中，ϕ 为颗粒的体积分数。对于金胶以及胶乳等许多颗粒分散体系，这一黏度公式是成立的。但是，在浓度较高时，就与实测值发生偏离。

（1）超微颗粒模型分散体系的黏性

因为由乳化聚合而制作的各种合成树脂胶粒是粒径为 $0.1\mu m$ 左右的单分散球形超微颗粒，所以，它们作为胶体颗粒分散系的模型分散系而被大量研究。F. L. Saunders 使用 $90\sim$ 870nm 的单分散聚苯乙烯胶粒研究了胶乳浓度对黏度的影响。结果表明，在胶乳浓度以体积分数表示为 25% 以下时，胶乳分散系为牛顿流体。而加入 25% 以上的乳胶使分散体系变为非牛顿流体。在牛顿流体范围内，比浓黏度与胶乳黏度的关系如图 2-27 所示。随着胶乳浓度增加，比浓黏度也增大。而且，即使在同一胶乳浓度，胶乳粒径越小，比浓黏度越大。胶乳浓度与体积分数和黏度的关系可由 Mooney 公式表示：

$$\eta_{rel}=\exp(\alpha_0\phi)/(1-\kappa\phi) \tag{2-38}$$

式中，η_{rel} 为相对黏度，ϕ 为体积分数，α_0 为形状因子，等于爱因斯坦常数（2.5），κ 为静电引力常数，约为 1.35。由图 2-27 可知胶乳粒径对黏度的影响。体积分数相同时，乳胶粒径越小，则黏度越大。也即，粒径越小，Mooney 公式中的静电引力常数 κ 越大。乳胶粒径越小，乳胶表面积增大，则乳胶的静电引力效应也增大。

此外，有关粒径分布对黏度的影响也进行了研究。具体是使用 $0.1\mu m$、$0.6\mu m$、$1.0\mu m$、$4.0\mu m$ 等不同粒径的聚甲基丙烯酸酯以各种比例混合，均匀分散于液态直链烷烃中，结果为黏度与下式一致。

$$\eta_{rel}=[\exp(\alpha_0\phi_1)/(1-\kappa_1\phi_1)]\times[\exp(\alpha_0\phi_2)/(1-\kappa_2\phi_2)]\cdots \tag{2-39}$$

这一结果表明，由不同粒径颗粒形成的分散体系的黏度是各粒径颗粒单纯分散体系的 Mooney 公式的乘积。

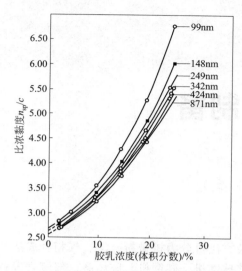

图 2-27 比浓黏度与单分散胶乳浓度和粒度的关系

（2）无机超微颗粒分散体系的黏性

在聚苯乙烯胶乳或聚甲基丙烯酸酯胶乳等接近于理想模型的分散体系中，上述公式可以较准确地描述分散体系的黏性行为。但是，对于无机颗粒，由于都在溶液中形成双电层，加之颗粒的形状也不规则，所以无机超微颗粒分散体系的黏性行为与上述模型分散体系有较大不同。以下重点介绍属于无机超微颗粒分散体系的高岭土分散体系和磁性颗粒分散体系的黏性行为。

高岭土分散体系的黏度-浓度曲线通常可分为三部分。在低浓度范围内为线性关系，其比例常数比理论的爱因斯坦公式中的 2.5 要大。在该浓度以上的区域为非线性关系。在这两个区域内可以观察到摇溶现象（触变性），这与颗粒表面的水被去掉有关。浓度更高时，分散体系就呈现扩溶现象。

磁流体处于磁场中时，由于磁力的作用，强磁性颗粒的运动受到限制，所以它呈现出比其他非磁性分散体系更加有趣的流变学特性。图 2-28 所示为磁流体的黏度与磁场强度的关系。图 2-28 中 A 曲线表示所加磁场与流体的流动方向平行时的情形，B 曲线表示所加磁场与流体的流动方向垂直时的情形。两种情形下磁流体的黏度都随着磁场强度增大而增大。只是所加磁场与流体流动方向平行时，效果更为明显。

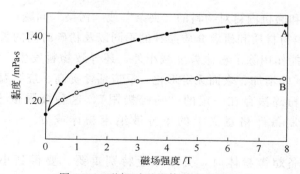

图 2-28 磁场对磁流体黏度的影响

A—在与流动方向平行的方向加磁场时；B—在与流动方向垂直的方向加磁场时

第**3**章

超微粉体制备

目前，超微粉体的制备方法可分为机械粉碎法、气相合成法和液相合成法。机械粉碎法包括旋转筒式球磨机、搅拌球磨机、砂磨机、胶体磨、气流磨等；气相合成法包括物理气相合成、化学气相合成等；液相合成法包括沉淀法、溶剂蒸发法、醇盐水解法、溶胶-凝胶法、水热合成法等。

3.1 机械粉碎法

3.1.1 概述

机械粉碎法是制备微米粉体和超细粉体的主要方法，同时也被用来制备超微粉体。目前用于制备超微粉体的设备主要是基于介质研磨、剪切和摩擦作用的所谓"高能球磨机"，包括改进的旋转筒式球磨机、搅拌球磨机、振动磨、砂磨机，基于剪切和摩擦作用的胶体磨以及基于高速气流冲击的"气流磨"。其中"高能球磨机"除用于制备超微粉体外，还利用粉碎过程的机械力化学进行多种粉体的"融合"、固相反应和复合粉体的合成或纳米晶相合金粉的制备。机械法制备超微粉体具有以下特点。

① 工艺简单、产量大、成本低。

② 产品的粒度范围较宽，一般要应用精细分级技术才能得到全部小于或 97% 小于 $1\mu m$ 的超微粉体。

③ 存在研磨介质和磨机内衬对物料的"夹杂"或"污染"问题；"夹杂"或"污染"的程度依所采用的磨机内衬材质和研磨介质品种的不同以及粉碎时间的长短而异。

④ 长时间的机械能作用除了粉体粒度减小外，还导致物料发生一定程度的机械力化学反应，如使粉体晶体缺陷增加、表面无定形化、反应活性提高、烧结温度降低等。

一般来说，机械粉碎法存在一定的"粉碎极限"，这种极限依不同粉碎设备和粉碎工艺而异，但要用其制备严格意义上的单分散纳米粉体或 $d_{50} \leqslant 0.1\mu m$ 的粉体是很困难的。

用机械粉碎法制备超微粉体时，分级作业特别重要。要得到小于 $1\mu m$ 的超微粉体必须进行精细分级。由于产品粒径微细，重力分级耗时太长，一般采用离心力场进行分级。

本节将在总结粉碎原理和分级原理的基础上，介绍主要机械粉碎工艺和粉碎设备。

3.1.2 机械粉碎法制备原理

3.1.2.1 粉碎原理

固体物料在粉碎机中因受到机械力的作用而被粉碎。这种机械粉碎作用一般可分为挤压、冲(打)击、剪切摩擦等（图 3-1）。在目前应用的粉碎设备中有些采用这几种作用力中的一种（如气流粉碎机），有些则采用两种以上的组合作用力（如球磨机、砂磨机、搅拌磨等）。在原料性质相同的条件下，粉碎产物的粒度大小和粒度分布与机械力的作用方式有很大关系。图 3-2 所示为采用不同作用力粉碎后的产物的粒度大小和粒度分布。由图可见，剪切摩擦力粉碎的产物粒度最细而且分布较窄，冲击粉碎的产物粒度分布最宽，挤压粉碎产物的粒度最粗。

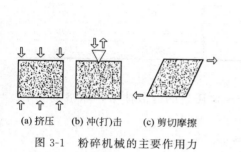

(a) 挤压　(b) 冲(打)击　(c) 剪切摩擦

图 3-1　粉碎机械的主要作用力

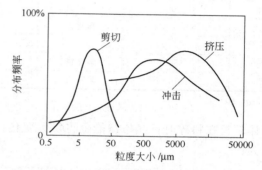

图 3-2　不同作用力粉碎后的产物的粒度大小和粒度分布

固体物料在机械力作用下的一般粉碎过程是：裂纹形成—裂纹扩展—断裂粉碎。当外力作用于固体颗粒时，首先形成裂纹，然后裂纹进一步扩展。当外力达到或超过颗粒的拉伸或剪切应力时，颗粒将被粉碎（图 3-3）。颗粒的临界粉碎应力与颗粒的弹性模量和表面能及晶格中原子之间的距离 r 有关，即：

$$\sigma = (E\gamma/r)^{1/2} \tag{3-1}$$

式中，E 为杨氏模量，部分固体物料的杨氏模量列于表 3-1。显然，物料的杨氏模量越大，颗粒的临界粉碎应力越大，即粉碎所需施加的外作用力越大；γ 为固体的比表面能，部分物料的比表面能列于表 3-2，由此可见，越是坚固难粉碎的物料，其比表面能越大，粉碎所需的临界粉碎应力越大。

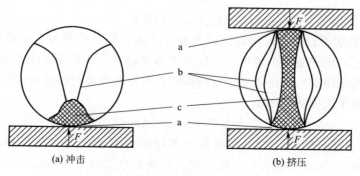

(a) 冲击　　　　　　　(b) 挤压

图 3-3　脆性球形颗粒的裂纹和断裂示意图

a—外力施加点；b—裂纹；c—被粉碎的细颗粒

表 3-1 部分固体物料的杨氏模量

物料名称	杨氏模量/MPa	物料名称	杨氏模量/MPa
铜	110700	$MgAl_2O_4$	235000
铝	69900	氧化锆	186000
α-铁	210700	玻璃	71500
铅	15700	尼龙-66	3600
石墨	30000	聚苯乙烯	7585
α-氧化铝	380000	橡胶	1
氧化镁	206000	—	—

表 3-2 部分物料的比表面能

物料名称	比表面能/(erg/cm²)	物料名称	比表面能/(erg/cm²)	物料名称	比表面能/(erg/cm²)
石膏	40	方解石	80	石灰石	120
高岭土	500~600	氧化铝	1900	云母	2400~2500
二氧化钛	650	滑石	60~70	石英	780
长石	360	氧化镁	1000	玻璃	1200
石墨	110	磷灰石	190	金刚石	11400

注：$1erg = 10^{-7} J$。

固体颗粒在粉碎时，晶格键能也将发生变化。对于单位质量的分散体系，晶格键能 E_k 可表示为：

$$E_k = n_i e_i + n_s e_s = (n - n_s) e_i + n_s e_s = n e_i - n_s (e_i - e_s) \tag{3-2}$$

式中，$n e_i = E_u$ 表示分散体系颗粒内部的键能或聚合能；$n_s (e_i - e_s) = \gamma A$ 表示分散体系的表面能，其中 γ 是比表面能，A 是表面积；$n = n_i + n_s$ 表示分散体系的总原子数（其中 i 表示颗粒内部的原子，s 表示颗粒表面的原子）。

将 E_u 及 γA 代入式（3-2），得：

$$E_k = E_u - \gamma A \tag{3-3}$$

在粉碎过程中，系统晶格键能的变化为：

$$\Delta E_k = \Delta E_u - \Delta(\gamma A) \tag{3-4}$$

固体物料的超微粉碎一般随着粉碎时间的延长，要经过以下三个阶段：

① 初始阶段。这时颗粒尺寸减小的速率较快，粉体的比表面积显著增大，颗粒之间的相互作用可以忽略。因此，颗粒内部键能的变化也可以忽略。系统晶格能的变化主要是表面能的增加，即：

$$\Delta E_k = -\Delta(\gamma A) \tag{3-5}$$

② 粉碎速率趋缓阶段。这时颗粒之间有相互作用，但其作用力主要是较弱的范德瓦耳斯力，因此，系统的比表面积仍然增加（虽然增加的速率较初始阶段有所减缓）。颗粒之间较弱且可逆的聚结作用虽然对比表面能有所影响，但颗粒内部的键能变化很小，系统晶格能的变化仍主要是源于表面能的增加，即：

$$\Delta E_k = -\Delta(\gamma A) \tag{3-6}$$

③ 团聚阶段。这时颗粒之间有较强甚至不可逆的相互作用（共结晶、机械化学反应等），颗粒内部的键能和表面能都将发生变化，系统晶格能的变化 $\Delta E_k = \Delta E_u - \Delta(\gamma A)$。从粉体粒度及其分布的变化上讲，在该阶段出现了所谓的"逆粉碎"现象：即一方面强烈的机械作用仍使部分颗粒被粉碎，粒度减小；另一方面超细和超微颗粒之间团聚使粉体的粒度变

粗，系统的分散度下降。当系统内这种现象达到平衡，即粉碎速度与团聚速度相等时，被粉碎物料的表观粒度将不再变化。当然这是一种动态平衡，通过添加合适的助磨剂或分散剂和及时分离出合格的超微粉体，可以使平衡向粉碎方向移动；否则，随着粉碎时间的延长，超微粉体的团聚越来越严重，被粉碎物料的表观粒度可能变大。

固体物料粉碎的难易程度还与其硬度有关，如图 3-4 所示，硬度越高的物料其粉碎时的阻力也越大，原因是硬度高的物料，其晶格能和表面能大，相应的其临界粉碎应力也大。此外，对于同一种物料，其粉碎的难易程度还与其粒度大小有关。如图 3-5 所示。随着被粉碎物料粒度的减小，颗粒的粉碎强度增加。因此，粉碎粒度越细，粉碎时的阻力越大。

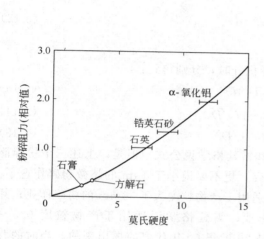

图 3-4　相对粉碎阻力与莫氏硬度之间的关系

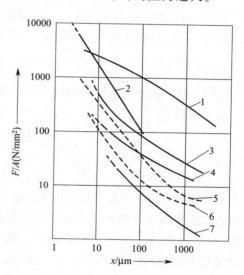

图 3-5　颗粒的粉碎强度与粒度的关系
1—玻璃球；2—碳化硼；3—水泥熟料；
4—大理石；5—石英；6—石灰石；7—烟煤

关于粉碎所需的能耗或能耗规律，19 世纪末和 20 世纪科技工作者进行了许多研究，其中最著名的是雷廷格（Rittinger）、基克（Kick）和邦德假说。

基于物料粉碎后，比表面积增加，而且粉碎比越大，产物粒度越细，新生的表面积和表面能越大，雷廷格提出了粉碎能耗与新生表面积成正比的"表面积假说"，即有：

$$E = K_1 \Delta S \tag{3-7}$$

式中，E 为粉碎能耗；ΔS 为粉碎前后所增加的表面积；K_1 为比例系数。

基克则基于物料粉碎前后粒度的变化，认为粉碎能耗与颗粒体积的变化成正比；并从一个颗粒每破碎一次粒度减小一半，每次的破碎能耗相等这一假说出发，得出：

$$E = K_2 \lg(D/d) \tag{3-8}$$

式中，K_2 为比例系数；D 和 d 分别为给料和产物的几何平均粒径。

对于同种物料，颗粒的比表面积与其粒径大小成反比，因此，实际上式（3-8）可表示为：

$$E \propto \lg(S/S_0) \tag{3-9}$$

式中，S 和 S_0 分别为粉碎后和粉碎前物料的比表面积。即基克的"体积假说"得出的结果是粉碎能耗与粉碎后和粉碎前物料比表面积比值的对数成正比。

1952 年，邦德在分析"表面积假说"和"体积假说"适用范围的基础上，从实验出发提出了所谓"裂纹扩展学说"，即粉碎发生之前，外力对颗粒所做的功聚集在颗粒内部的裂纹附近，使裂纹扩展形成裂缝，当裂缝发展到一定程度时颗粒即破碎。因此，粉碎能耗与裂纹长度成正比。而颗粒的裂纹长度既与颗粒的体积有关，也与颗粒的面积有关。粉碎能耗可假定正比于 $D^{2.5}$，即

$$E \propto (VS)^{1/2} \propto (D^3 D^2)^{1/2} \propto D^{2.5} \tag{3-10}$$

1957 年，R. L. Charles 提出了一个基于粒度减小的能耗微分式：

$$dE = -cx^{-n}dx \tag{3-11}$$

式中，dE 为颗粒粒度减小 dx 时的粉碎能耗；x 为颗粒粒度；c、n 为系数。

式（3-11）的积分式可表示为：

$$E = \int_D^d -cx^{-n}dx \tag{3-12}$$

式中，D、d 分别为颗粒粉碎前后的粒度。

当分别以 $n=1$、1.5、2 代入式（3-12）进行积分时，分别得到：

$$E_K = K_1 \lg(D/d) \tag{3-13}$$

$$E_B = K_2[1/(\sqrt{d} - 1/\sqrt{D})] \tag{3-14}$$

$$E_R = K_3(1/d - 1/D) \tag{3-15}$$

上述式（3-13）～式（3-15）分别为基克、邦德和雷廷格学说公式。但是，上述三个粉碎能耗学说不能适用于产物粒度 $10\mu m$ 以下的超细粉碎，更不要说小于 $1\mu m$ 的超微粉碎作业了。据芬兰 R. T. Hukky 等人的验证研究，基克学说适用于产物粒度大于 $50mm$ 的粉碎作业；邦德学说适用于产物粒度 $50 \sim 0.5mm$ 的粉碎作业；雷廷格学说适用于产物粒度 $0.5 \sim 0.075mm$ 的粉碎作业。这是因为这三个假说都是 20 世纪 50 年代之前提出来的，当时的背景是工业上还鲜有超微粉碎作业。

上述能耗学说不能适用于超微粉碎作业的另一个原因是，在超微粉碎作业中，外加的机械能不仅仅用于颗粒粒度的减小或比表面积的增大，还有颗粒因强烈和长时间机械力作用导致的机械化学变化（如位错、表面无定形化、晶格扰动和结构变化及形成新相等）以及机械传动、研磨介质之间的摩擦、振动等消耗。以下，我们对此作一些讨论。

一般对于 $n > 1$，积分式（3-12）可得：

$$E = c[(1/d^{n-1} - 1/D^{n-1})]/(n-1) = k(1/d^m - 1/D^m) \tag{3-16}$$

式中，$m = n-1$；$k = c/(n-1)$。m 与物料的性质、粉碎设备的类型、给料粒度及产品粒度等有关。研究表明，对于产物粒度全部小于 $10\mu m$ 的氧化铝粉体的湿式超细粉碎，m 值不仅与超细粉碎设备有关，还与浆料浓度及磨机转速等有关。表 3-3 所示是氧化铝粉体湿式超细粉碎时，不同类型磨机及研磨条件下的 m 值。

表 3-3　氧化铝超细粉碎时的 m 值

粉碎设备	料浆质量分数/%	磨机转速/(r/min)	m 值
旋转筒式球磨机	30	80	3.0
	40	80	2.5
搅拌球磨机	30	200	2.5
	40	200	2.0
	50	900	2.0

m 值还与被粉碎物料的硬度有关。用搅拌磨进行的试验研究得出，对于高技术陶瓷原料钛酸钡的超细粉碎（产品粒度全部小于 $10\mu m$），m 为 6～7。

但是，如将式（3-16）用于产品粒度全部小于 $1\mu m$ 的超微粉碎作业，m 将取何值？迄今为止尚未见到这方面的研究报道。

在粉碎过程中，当物料种类、给料粒度、粉碎设备、工艺参数及操作条件等一定时，粉碎能耗与产品粒度大小及粒度分布或比表面积有关。由于在一定的粉碎设备和粉碎条件下，被粉碎物料存在一"粉碎极限"（即粉碎速率和团聚速率达到平衡时的产物粒度），1954 年，田中达夫（Tanaka）从出现"粉碎极限"时物料的比表面积出发，提出了与能耗有关的极限比表面积理论，即：

$$dS/dE = K(S_\infty - S) \tag{3-17}$$

式中，E 为粉碎能耗；S 为粉体的比表面积；S_∞ 为极限（粉碎平衡时）比表面积；K 为系数。

对式（3-17）进行积分（从 S_0 到 S），得：

$$\ln[(S_\infty - S_0)/(S_\infty - S)] = KE \tag{3-18}$$

当 $S_\infty \gg S$ 时，可得：

$$S = S_\infty(1 - e^{-KE}) \tag{3-19}$$

式（3-19）显示粉碎过程中粉碎产物的比表面积随粉碎能的指数或幂函数变化；粉碎系数 K 与物料性质和粉碎条件有关。当 $S \to S_\infty$ 时，施加能量的粉碎作用减弱，因范德瓦尔斯力和表面晶格扰动导致的应力松弛使颗粒团聚加重。因此，存在一粒度减小和颗粒团聚的平衡点，该平衡点粉料的比表面积即为"极限比表面积"。某种物料的极限比表面积是该物料在一定粉碎条件下所能达到的最大比表面积。图 3-6 所示为田中能耗式所反映的粉碎能与粉料比表面积的关系。

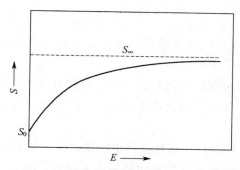

图 3-6　粉碎能与粉料比表面积的关系

物料在达到粉碎极限或极限比表面积 S_∞ 后，继续施加粉碎能，将使晶格应变增强。长时间的机械粉碎能作用将产生机械化学效应，导致物料的晶体结构和物理化学性质发生一定程度的变化。基于这些考虑，苏联学者列宾捷尔等人提出的能耗公式如下：

$$\eta_m E = ke\ln(S/S_0) + [ke + (\beta l + \gamma)S_\infty]\ln[(S_\infty - S_0)/(S_\infty - S)] \tag{3-20}$$

式中，η_m 为机械粉碎效率；E 为粉碎能耗；k 为与颗粒形状有关的参数；S 为粉碎产物的比表面积；S_0、S_∞ 为粉碎开始和达到粉碎平衡时粉体的比表面积；e、β 为比弹性变形能和塑性变形能；l 为物理化学变形层的厚度。

在粉碎设备一定的条件下，阻止或延缓微细颗粒在粉碎过程中的团聚就可以降低物料的粉碎极限或增大极限比表面积 S_∞。因此，在粉碎过程中，尤其是超细粉碎过程中强化分级（使合格的细粒及时分离以避免过磨）和使用分散剂（降低颗粒的表面能和体系黏度，避免微细颗粒的黏结）可以使物料粉碎得更细。

物料的粉碎极限除了与粉碎设备和粉碎条件有关外，还与物料的性质有关。不同的物料在相同的粉碎设备和粉碎条件下的粉碎极限不同。

3.1.2.2 分级原理

超微粉体的分级是根据不同粒度和形状的颗粒在分散介质（如空气或水）中所受的重力和介质阻力不同，因而具有不同的沉降末速来进行的。分级可以在重力场中进行，也可以在离心力场中进行。其基本原理是层流状态下的斯托克斯定律。

在重力场中，假设颗粒为球形，且在介质中自由沉降，其沉降末速（即颗粒所受重力与介质阻力平衡时的沉降速度）为：

$$v_0 = (\delta - \rho)gd^2/(18\eta) \tag{3-21}$$

在采用厘米、克、秒制时，式（3-21）可表示为：

$$v_0 = 54.5d^2(\delta - \rho)/\eta \quad (\text{cm/s}) \tag{3-22}$$

式中，v_0 为颗粒的沉降末速；δ 和 ρ 分别为物料及介质的密度；η 为介质的黏度；g 为重力加速度；d 为颗粒的直径。

由式（3-22）可见，在介质（如水或空气）中，温度一定的条件下，对于相同密度的颗粒，其沉降末速只与颗粒的直径有关。这样，便可以根据颗粒沉降末速的不同，实现按粒度大小的分级。这就是重力分级的原理。

实际的颗粒形状各异。一般来讲，不规则形状颗粒较同体积球形颗粒所受的介质阻力大，所以沉降末速小。因此，对于不规则形状颗粒要在沉降末速公式中引入形状系数进行修正，修正后的公式如下：

$$v_{0s} = P_s v_0 = P_s(\delta - \rho)gd^2/(18\eta) \tag{3-23}$$

式中，P_s 为形状修正系数，该系数可以查阅有关文献选取；v_{0s} 为形状不规则颗粒的重力沉降末速。

此外，上述各式是从自由沉降导出来的。实际的重力分级作业，由于颗粒很多及器壁效应，一般属于干涉沉降，干涉沉降的沉降末速 v_{0h} 可近似表示为：

$$v_{0h} = v_0(1-\lambda)^6 \tag{3-24}$$

式中，λ 为容积浓度，即单位体积悬浮体中固体颗粒占有的体积。

在离心力场中，由于离心加速度较重力加速度大得多，因此，相同粒径的颗粒在离心力场中的沉降速度快，沉降相同距离所需的时间较重力沉降大大缩短。微细颗粒在离心力场中的沉降速度为：

$$v_{0r} = (\delta - \rho)\omega^2 r d^2/(18\eta) \tag{3-25}$$

由式（3-25）可知，在介质（水或空气）中，温度一定的条件下，对于相同密度的颗粒，在离心加速度 $\omega^2 r$ 或离心分离因素 j（$j = \omega^2 r/g$，g 为重力加速度）相同时，其离心沉降速度只与颗粒的直径有关。这样，便可以根据离心沉降速度的不同，实现按颗粒大小的分级。这就是离心分级的原理。

与重力沉降一样，颗粒形状也影响其离心沉降速度。颗粒在介质中的运动阻力与其横切面积及表面积有关。非球形颗粒的阻力较大。因此，在计算颗粒的离心沉降速度时也要考虑形状系数或将非球形颗粒按下式换算为当量球体直径 d_e：

$$d_e = [6V/(\pi A)^{1/2}]^{1/2} \qquad (3\text{-}26)$$

式中，V 为颗粒的体积；A 为颗粒的表面积。

此外，当悬浮液固相浓度达到一定值后，会出现阻滞沉降现象，颗粒沉降速度较自由沉降速度计算值小，并随浓度的增加而迅速减小。因此，实际计算时要引进悬浮液浓度的修正系数。一般可取 $(1-\lambda)^{5.5}$ 作为悬浮液固相颗粒容积浓度的影响因素（λ 为悬浮液中固相颗粒的容积浓度）。

综合考察颗粒形状和悬浮液固相颗粒容积浓度的影响后，对于微细颗粒，离心力场中固体颗粒的沉降速度可按下式进行计算：

$$V_{0r} = (1-\lambda)^{5.5}(\delta-\rho)d_e^2\omega^2 r/(18\eta) \qquad (3\text{-}27)$$

式中，r 为颗粒的回转半径；ω 为转鼓角速度。

对于离心沉降分级，分级（割）粒径 d_T 是相当于转鼓一半的液池容积所能沉降下来的颗粒。对于柱形转鼓，分割此一半液池容积的半径 r_e 按下式计算：

$$\pi(r_2^2 - r_e^2) = \pi(r_e^2 - r_1^2) \qquad (3\text{-}28)$$

由式（3-28）可得：

$$r_e = [(r_2^2 + r_1^2)/2]^{1/2} \qquad (3\text{-}29)$$

式中，r_2 为转鼓半径；r_1 为液层表面与转鼓中心轴的距离。

这样，直径 d_T 或 d_{50} 的颗粒从 r_e 处沉降到鼓壁（$r=r_2$）所需的时间 t_1 应等于其在转鼓内的停留时间 t_2。

$$t_1 = g/(V_0\omega^2) \times \ln(r_2/r_1) \qquad (3\text{-}30)$$

$$t_2 = \pi L(r_2^2 - r_1^2)/Q = V/Q \qquad (3\text{-}31)$$

由 $t_1 = t_2$ 及 $V_0 = kd_T^2$，可得计算 d_T 或 d_{50} 的公式：

$$d_T = [gQ/(Vk\omega^2) \times \ln(r_2/r_1)]^{1/2} \qquad (3\text{-}32)$$

式中，Q 为离心机的处理量；V 为转鼓液池容积；$k=(\delta-\rho)g/(18\eta)$；$\omega$ 为转鼓角速度。

在一定的力场或介质中，当固体颗粒小到某一程度而不能被分离或分级时，称为沉降分离的极限，即悬浮于液体中的高度分散的超微固相颗粒能长时间在重力场甚至离心力场中保持悬浮状态而不沉降。根据胶体化学原理，这个现象可解释为由于超微粒子的布朗运动必然出现的扩散现象，即超微细颗粒能自发地从浓度高处向低处扩散。作用在高度分散的超微细颗粒上的重力或离心力被由浓度梯度所产生的"渗透"压力所平衡。这时，在某一瞬间经单位沉降面积所沉降的质量，等于由于浓度梯度向反方向扩散运动的质量。因此，可以采用布朗运动和扩散运动的原理来确定分离或分级极限颗粒的粒径。下面分析离心沉降分离的极限。

在扩散过程中，颗粒在时间 t 内的平均位移距离 h 和扩散系数 D 之间的关系为 $h^2 = 2D$；而扩散系数 $D = kt/(6\pi\eta d)$。设在时间 t 内，在离心力场中，颗粒以沉降速度 V 所沉降的距离为 $h=Vt$。因颗粒直径很小，速度 V 按斯托克斯公式（3-25）计算，于是可得：

$$h = 6kT/[\pi d^3(\delta-\rho)\omega^2 r] = 6kT/(\pi d^3\Delta\rho\omega^2 r) \qquad (3\text{-}33)$$

式中，k 为玻尔兹曼常数，$k=1.38\times10^{23}$J/K；T 为热力学温度；$\Delta\rho$ 为固体颗粒与溶液的密度差；ω 为转鼓角速度；r 为颗粒的回转半径。

要用式（3-33）计算颗粒的直径 d，关键是确定 h。如图 3-7 所示，设已沉降到鼓壁的两颗粒 O_1 和 O_2 间的微细颗粒 O_3，其最低点为 h_1。若其布朗运动的扩散距离为 h，当到达位置 h_2 时，则将从两颗粒间逸去而不沉降下来。按这种临界条件取 $d = 0.6d_0$，则从图 3-7 的几何关系可算得 $h = 0.293d$，将该 h 值代入（3-33）式，可得极限颗粒直径（d_L）的计算公式：

$$d_L = 1.6[kT/(\Delta\rho\omega^2 r)]^{1/4} = 1.6[kT/(\Delta\rho F_r g)]^{1/4} \qquad (3-34)$$

式中，F_r 为离心机的离心分离因素（$F_r = \omega^2 r/g$，g 为重力加速度）。

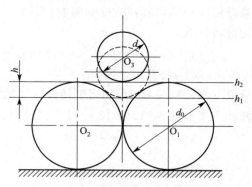

图 3-7　已沉降到鼓壁上的颗粒的位置

将玻尔兹曼常数 k 值和重力加速度 g 的值代入式（3-34），得：

$$d_L = 0.31[T/(\Delta\rho F_r)]^{1/4} \qquad (3-35)$$

由式（3-35）可见，离心沉降分离极限与颗粒和介质的密度差及离心机的离心分离因素有关。密度差 $\Delta\rho$ 越大，离心分离因素 F_r 越高，可分离或分级出的极限粒度越小。例如，当分离因素 $F_r = 3000$，$T = 300K$，$\Delta\rho = 1.0 \sim 6.0 g/cm^3$ 时，用式（3-35）算出 $d_L = 0.111 \sim 0.169\mu m$；当分离因素 $F_r = 8000$，其他条件一样时，用（3-35）式算出 $d_L = 0.087 \sim 0.136\mu m$。在实际生产中，用高速离心机来进行超微颗粒悬浮液的分离或分级时，根据待分离的最小颗粒直径来确定所必需的最小分离因素，进而选定机型。

应当指出，在推导上述公式时，未考虑颗粒的表面电性。实际上颗粒由于带电而产生的静电作用力对超微颗粒的沉降和扩散运动也将产生影响，从而影响离心沉降的分离极限。

3.1.3　超微粉碎设备

3.1.3.1　气流粉碎机

气流粉碎机或气流磨是一种利用高速气流（$300 \sim 500 m/s$）或过热蒸汽（$300 \sim 400℃$）的能量对固体物料进行超细和超微粉碎的设备。气流粉碎的产品具有粒度分布较窄、颗粒表面光滑、形状规则、纯度高、活性大等特点。

工业型气流磨自 20 世纪 40 年代问世以来，发展很快，机型已由最初的靶式、水平圆盘（扁平）式发展到循环管式、对喷式、流化床对喷式、塔靶式等类型和十余种规格。这些气流粉碎机可用于脆性物料的超微粉碎或超微粉体的解聚分散。以下介绍几种主要气流粉碎机的结构、工作原理与主要技术参数。

（1）水平圆盘式气流粉碎机

水平圆盘式气流磨，又称为扁平式气流粉碎机，是工业上应用最早的气流粉碎设备，国外商品名称为 Micronizer。如图 3-8 所示，这种气流粉碎机主要由进料系统、进气系统、粉碎-分级室及出料系统等组成。由座圈和上下盖用 C 型快卸夹头紧固，形成一个空间即为粉碎-分级室（靠近座圈内壁为粉碎区域，靠近中心管为分级区域）。工质（压缩空气、过热蒸气或其他惰性气体）由进料喷气口进入座圈外侧的配气管。工质在自身压强作用下，通过切向配置在座圈四周的数个喷嘴（超音速喷嘴或音速喷嘴）产生高速喷射流与进入碎室内的物料碰撞。一般在上、下盖及座圈内壁安装有不同材质制成的内衬以满足不同物料粉碎的需要。

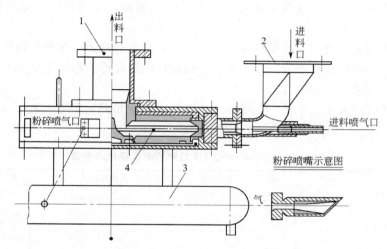

图 3-8　水平圆盘式气流粉碎机的结构

1—出料系统；2—进料系统；3—进气系统；4—粉碎-分级室

　　由料斗、加料喷嘴和文丘里管组成的加料喷射器作为加料装置。料斗中的物料被加料喷嘴射出来的喷气流引射到文丘里管，在文丘里管中物料和气流混合并增压后进入粉碎室。

　　已粉碎的物料被气流带到中心阻管处并越过阻管轴向进入中心排气管向上（或向下）进入捕集装置。

　　这种气流磨以冲击粉碎为主，并带有自分级功能。其外形与工作原理如图 3-9 所示。

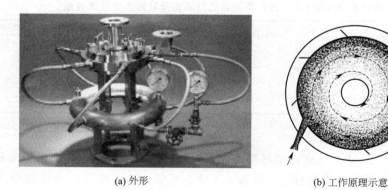

(a) 外形　　　　　　　　(b) 工作原理示意

图 3-9　圆盘式气流粉碎机的外形与工作原理示意

　　由于各喷嘴的倾角都是相等的，所以各喷气流的轴线切于一个假想的圆周，这个圆周称为分级圆。整个粉碎-分级室被分级圆分成两部分，分级圆外侧到座圈内侧之间为粉碎区，内侧到中心排气管之间为分级区。

在粉碎区内物料受到喷嘴出口处喷气流极高速度的冲击，具有一定速度的颗粒互相冲击碰撞，达到粉碎的目的。

相邻两喷气流之间的工质形成若干强烈旋转的小旋流，在小旋流中物料进行激烈的冲击、摩擦，达到粉碎的目的。

由于喷气流和小旋流的激烈运动，处于工质中的物料进行高度湍流运动，颗粒以不同的运动速度和运动方向以极高的碰撞概率互相碰撞而达到粉碎的目的。

还有部分颗粒与粉碎内壁发生碰撞，由于冲击和摩擦而被粉碎，这部分颗粒约占总量的 20%。

在粉碎机内的工质喷气流既是粉碎的动力，又是分级的动力。被粉碎物料由主旋流带入分级区以层流的形式运动而进行分级。大于分级粒径的颗粒返回粉碎区继续粉碎而小于分级粒径的颗粒随气流进入中心排气管排出机外。

QS、STJ 和 QYN（超音速）型圆盘式或扁平式气流粉碎机的主要技术参数见表 3-4～表 3-6。

表 3-4　QS 型圆盘式气流粉碎机的主要技术参数

型号	QS50	QS100	QS200	QS280	QS300	QS350	QS500	QS600
粉碎室直径/mm	50	100	200	280	300	350	500	600
粉碎压力/MPa	0.6～0.8							
空气耗量/(m³/min)	0.6～0.8	1～5	5～6	7～10	5～6	7.2～10.8	17～18	23
生产能力/(kg/h)	0.5～2	2～10	30～75	50～150	20～75	30～150	200～500	300～600
电机功率/kW	7.5	15	37	65～75	37	65～75	130	190

表 3-5　STJ 型扁平式气流粉碎机主要技术参数

型号	STJ-100	STJ-200	STJ-315	STJ-400	STJ-475	STJ-560	STJ-670	STJ-750
空气压力/(kgf/cm²)	6.5～12.0							
空气耗量/(m³/min)	1.2	2.7	5.2	7.7	10.6	17.5	30.7	41.4
需要动力/kW	11	22	37	55	75	125	180	255
处理量/(kg/h)	0.5～0.2	2.0～50	10～100	20～200	50～300	100～500	300～800	600～1200

注：1kgf/cm² = 98.0665kPa

表 3-6　QYN（超音速）型圆盘式气流粉碎机的主要技术参数

型号	QYN200	QYN4200	QYN600
生产能力/(kg/h)	30～100	100～300	300～600
空气耗量/(m³/min)	6	10	20
工质(空气)压力/MPa	0.7～0.8		
产品细度(d_{97})/μm	5～45		
装机功率/kW	45	75	160

（2）循环管式气流粉碎机

图 3-10 中（a）和（b）分别为循环管式气流粉碎机的结构及工作原理示意图和外形图。

循环管式气流粉碎机主要由机体、机盖、气体分配管、粉碎喷嘴、加料系统、连接不锈钢软管、接头、分级导叶、混合室、加料喷射器、文丘里管等组成。

压力气体通过加料喷射器产生的高速射流使加料混合室内形成负压，将粉体原料吸入混合室并被射流送入粉碎腔。

粉碎、分级主体为梯形截面的变直径、变曲率 O 形环道，在环道的下端有由数个喷嘴有角度地向环道内喷射高速射流的粉碎腔，在高速射流的作用下，使加料系统送入的颗粒产生激烈的碰撞、摩擦、剪切、压缩等作用，使粉碎过程在瞬间完成。被粉碎的粉体随气流在环道内流动，其中的粗颗粒在进入环道上端时由逐渐增大曲率的分级腔中的离心力和惯性力的作用而被分离，经下降管返回粉碎腔继续粉碎，细颗粒随气流与环道气流成 130°夹角逆向流出环道。

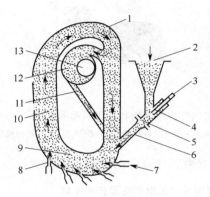 

(a) 结构及工作原理　　　　　　　　　(b) 外形

图 3-10　循环管式气流粉碎机的结构及工作原理与外形图

1——一级分级腔；2——进料口；3，7——压缩空气；4——加料喷射器；5——混合室；

6——文丘里管；8——粉碎喷嘴；9——粉碎腔；10——上升管；

11——回料通道；12——二次分级腔；13——产品出口

　　流出环道的气固二相流在排出粉碎机前以很高的速度进入一个蜗壳形分级室进行第二次分级，较粗的颗粒在离心力作用下分离出来，返回粉碎腔；细颗粒随气流通过分级室中心出料孔排出粉碎机进入捕集系统进行气固分离。

　　循环管式气流粉碎机的主要粉碎部位是加料喷射器和粉碎腔。

　　加料口下来的原料受到加料喷射器出来的高速气流冲击使粒子不断加速。由于粒子粗细不匀，造成在气流中运动速度不同，因而使粒子在混合室与前方粒子冲撞造成粉碎，这部分主要是对较大颗粒进行粉碎。

　　粉碎腔是整个粉碎机的主要粉碎部位。气流在喷射口以高的速度向粉碎腔喷射，使射流区域的粒子激烈碰撞造成粉碎。在两个喷嘴射流交叉处也对粉体冲击形成粉碎作用；此外旋涡中每一高速流周围产生低压区域，形成很强的旋涡，粉末在旋涡中相互激烈冲击、摩擦。

　　JOM 型循环式气流粉碎机主要技术参数见表 3-7。

表 3-7　JOM 型循环式气流粉碎机主要技术性能

型号	JOM-0101	JOM-0202	JOM-0304	JOM-0405	JOM-0608	JOM-0808
使用压力/(kgf/cm²)			6.5~12			
用气量/(m³/min)	1.0	2.6	7.6	16.1	26.4	35.0
需要动力/kW	11	22	55	125	150	220
产量/(kg/h)	0.5~20	2.0~20	20~200	150~500	200~700	400~1000

（3）对喷式气流磨

　　图 3-11 所示为 Trost Jet Mill 对喷式气流磨的结构及工作原理示意图。该型气流磨的粉碎部分采用对喷式气流粉碎机结构，分级部分则采用扁平式气流磨的结构。因此，它兼有对喷式和扁平式气流磨的特点。被粉碎的物料随气流上升到分级室 2，在这里气流形成主旋

流，夹带物料的两股加速气流在粉碎室内相向高速冲击、碰撞，粉碎后的物料向上进入分级区进行分级。粗颗粒处于分级室外围，在气流带动下，返回粉碎室 6 进一步粉碎。细颗粒经由产品出口 1 排出粉碎机进行气固分离，成为产品。

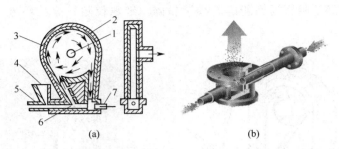

(a)   (b)

图 3-11　Trost Jet Mill 对喷式气流磨的结构和工作原理示意图

1—产品出口；2—分级室；3—衬里；4—料斗；5—加料喷嘴；6—粉碎室；7—粉碎喷嘴

表 3-8 是麦克罗杰特（Miro Jet）DT 型对喷式气流磨的主要技术参数。

表 3-8　Miro Jet DT 型对喷式气流磨的主要技术参数

型号	DT-20	DT-30	DT-40	DT-60	DT-80
空气耗量/(m³/min)	20	30	40	60	80
生产能力/(kg/h)	50~200	100~300	200~600	500~2500	1500~6000
质量/kg	700~1200	1500~2300	3000~4500	5000~8000	6000~12000
高度/m	3.5~6	4.5~6	4.5~8	6~12	8~15
产品粒度范围/μm	2~75	2~75	4~100	4~100	6~150

（4）流化床逆向喷射气流粉碎机

图 3-12 是两种不同给料方式的流化床逆向喷射气流粉碎机的结构及工作原理示意图。

工作时，物料通过星形阀给入料仓，螺旋加料器将物料送入粉碎室［或如图 3-12（b）所示直接给入粉碎室内］；压缩空气通过粉碎喷嘴激剧膨胀加速产生的超音速喷射流在粉碎室下部形成向心逆喷射流场，在压差的作用下使磨室底部的物料流态化；被加速的物料在多喷嘴的交汇点汇合，产生剧烈的冲击、碰撞、摩擦而粉碎［如图 3-12（c）所示］；经粉碎的物料随上升的气流一起运动至粉碎室上部的一定高度，粗颗粒在重力的作用下，沿粉碎室壁面回落到粉碎室下部，细粉随气流一起运动到上部的涡轮分级机，在高速涡轮所产生的流场内，粗颗粒在离心力作用下被抛向筒壁附近，并随失速粗粉一起回落到粉碎室下部再进行粉碎；而符合细度要求的超微粉则通过分级叶片，经排气管输送至旋风分离器作为产品收集；少量超微粉由袋式捕集器做进一步气固分离。净化空气由引风机排出机外。连接管可使料仓与粉碎室的压力保持一致。料仓上、下料位由精密料位传感器自动控制星形阀给料，粉碎室料位由分级机上动态电流变送器自动控制螺杆加料器进料速度，使粉碎始终处于最佳的状态。

涡轮分级机的转速由变频器控制。所以，产品的细度可在最大限度内任意调节；同时，在涡轮分级机传动结构上设计了特殊的气封装置，防止微粉进入轴承内磨损高速轴承。

与早期圆盘式、循环管式以及对喷式气流粉碎机相比，流化床式气流粉碎机具有以下特点：

① 因为给料和高能气流分开，且采用逆向对喷，颗粒以相互冲击和碰撞粉碎为主，避

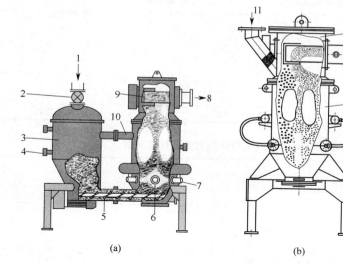
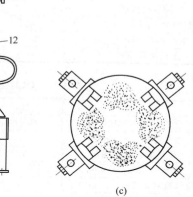

图 3-12　流化床逆向喷射气流粉碎机的结构[(a)、(b)]和工作原理[(c)]

1—进料口；2—星形阀；3—料仓；4—料位控制器；5—螺旋加料器；
6—粉碎室；7—喷嘴；8—出料口；9—分级机；10—连接管；
11—原料入口；12—粉碎室；13—产品出口；14—分级室

免了颗粒对粉碎室器壁及给料器（文丘里管）的磨损以及由此导致的被粉碎物料的污染，因此，流化床对喷式气流粉碎机除了可以粉碎传统气流粉碎机所能粉碎的物料外，还可用于高硬物料和高纯度物料的超细粉碎；

② 将传统的气流粉碎机的线、面冲击粉碎变为空间立体冲击粉碎，并利用对喷冲击所产生的高速射流，用于粉碎室的物料流动中，使粉碎室内产生类似于流化状态的气固粉碎和分级循环流动效果，提高了冲击粉碎效率和能量利用率；

③ 因为采用流化床式结构，粉碎室内被粉碎的物料在流化床上升过程中气流对其具有良好的分散作用，部分粗颗粒因为重力作用落回粉碎室，提高了分级机的效率，减轻了对分级机的磨损；

④ 内置精细分级装置，对粉碎后的物料进行强制分级，不仅可以调控产品细度和粒度分布，而且可以提高粉碎效率和降低单位产品能耗。

流化床型气流粉碎机的喷嘴有多种形式，如水平布置、倾角配置（对不易流化的物料较适用）等。

国产 LHL、QYF、QLD、QLM 型以及德国 AlPINE AFG 型对喷式气流粉碎机的主要技术参数见表 3-9～表 3-13。

表 3-9　LHL 型流化床对喷式气流粉碎机主要技术参数

型号	LHL-3	LHL-6	LHL-10	LHL-20	LHL-40	LHL-60	LHL-120
入料粒度/目	20～400						
产品细度(d_{97})/μm	2～150						
生产能力/(kg/h)	15～100	40～250	90～500	200～1100	500～2500	750～4000	1500～8000
空气耗量/(m³/min)	3	6	10	20	40	60	120
空气压力/MPa	≥0.8						
装机功率/kW	27.5	53	75	159	300	440	830

表 3-10　QYF 型流化床对喷式气流粉碎机主要技术参数

型号	QYF-200	QYF-400	QYF-600	QYF-720	QYF-800
工作压力/MPa	0.75～0.85	0.75～0.85	0.75～0.85	0.75～0.85	0.75～0.85
空气耗量/(m³/min)	6	10	20	40	60
进料粒度/目	100～325	100～325	100～325	100～325	100～325
粉碎细度(d_{97})/μm	3～15	3～15	4～15	4～15	4～15
生产能力/(kg/h)	50～200	80～380	200～500	400～1000	600～1500
装机功率/kW	57	88	176	349	518

表 3-11　QLD 型流化床对喷式气流粉碎机的主要技术参数

型号	QLD100	QLD350	QLD450	QLD680
粉碎压力/MPa	0.6～0.9	0.6～1.2	0.6～1.2	0.6～1.2
空气耗量/(m³/min)	2.2	8～12	16～22	33～44
生产能力/(kg/h)	2～10	20～250	50～500	120～1500
粉碎细度(d_{97})/μm	2.5～40	2～50	2～50	2～50
分级机最大转速/(r/min)	6000	8000	6000	4000
系统总功率/kW	20	65～90	132～160	300～335
设备质量/kg	150	270	530	1200

表 3-12　QLM 型流化床对喷式气流磨主要技术参数

型号		QLM-Ⅱ	QLM-Ⅲ	QLM-Ⅳ	QLM-Ⅴ
空气消耗量/(m³/h)		600	1200	2400	7200
生产能力对比系数 F/%		0.1	0.4	1	2.5
分级叶片	电机功率/kW	4	5.5	15	15×3
	最大转速/(r/min)	8000	6000	4000	4000
空压机	排气压力/MPa	0.8	0.8	0.8	0.8
	排气量/(m³/min)	10	20	40	120
	电机功率/kW	55	132	264	250×3
引风机装机功率/kW		4	7.5	18.5	45
系统总功率/kW		约 64.5	约 148	约 302.5	846

表 3-13　AFG 型对喷式气流粉碎机主要技术参数

型号	产品细度 d_{97}/μm	额定空气耗量/(m³/h)	粉碎喷嘴/个 AFG	粉碎喷嘴/个 AFG-R	分级器类型/轮数	分级电机功率/kW	分级轮转速/(r/min)
200/1	4～60	300	3	3	ATP100/1	3	11500
280/1	4～100	600	3	3	ATP140/1	4	8600
400/1	5～120	1200	3	4	ATP200/1	5.5	6000
400/4	4～100	1200	3	4	ATP100/4	12	11500
630/1	6～150	3000	4	5	ATP315/1	11	4000
710/1	7～150	4800	4	5	ATP400/1	15	3150
710/4	5～120	4800	4	5	ATP200/4	22	6000
800/1	8～150	8400	4	5	ATP500/1	30	2400
800/3	6～150	8400	4	5	ATP315/3	33	4000
1000/1	9～200	12000	4	5	ATP630/1	45	2000
1250/6	6～150	16800	4	5	ATP315/6	90	4000
1500/3	8～150	22500	4	5	ATP500/3	120	2400

　　(5) 旋冲（气旋）式气流粉碎机

　　图 3-13 所示是 LHC 型气旋式气流粉碎机的结构及工作原理与外形示意图。其工作过程如下：压缩空气经过冷却、过滤、干燥后，经喷嘴形成超音速气流射入旋转粉碎室，使物料

呈流态化。在旋转粉碎室内，被加速的物料在数个喷嘴的喷射气流交汇点汇合，产生剧烈的碰撞、摩擦、剪切而达到颗粒的超细粉碎。粉碎后的物料被上升的气流输送至叶轮分级区内，在分级轮离心力和风机抽力的作用下，实现粗细粉的分离，粗粉因自身的重力返回粉碎室继续粉碎，合格的细粉随气流进入旋风收集器。微细粉尘由袋式除尘器收集，净化的气体由引风机排出。

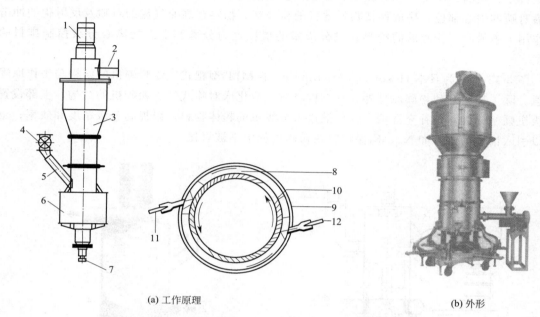

(a) 工作原理　　　　　　　　　　　　　　　　　(b) 外形

图 3-13　LHC 型气旋式气流粉碎机结构及工作原理与外形图

1—分级机电机；2—成品料出口；3—分级区；4—进料阀；5—进料管；6—粉碎区；7—压缩空气入口；
8—粉碎室；9—冲击面；10—冲击环；11，12—喷嘴

这种气流粉碎机粉碎的主要性能特点如下：配置自分流分级系统，产品粒度分布窄，且产品细度可调；进料粒度大，最大进料粒度可达 5mm；除超细粉碎外，兼具颗粒整形、解聚分散功能；对易燃、易爆、易氧化的物料可用惰性气体作介质实现闭路粉碎，且可实现惰性气体的循环使用，损耗低；可实现低温粉碎，适用于低熔点、热敏性物料的超细粉碎；磨损小，适用于高硬度、高纯度物料的超细粉碎。

LHC/Y 型气旋式气流粉碎机的主要技术参数见表 3-14。

表 3-14　LHC/Y 型气旋式气流粉碎机的主要技术参数

型号	LHC/Y-3	LHC/Y-6	LHC/Y-10	LHC/Y-20	LHC/Y-40	LHC/Y-60
入料粒度/mm	≤3	≤3	≤3	≤3	≤3	≤3
产品细度(d_{97})/μm	5～45	5～45	5～45	5～45	5～45	5～45
生产能力/(kg/h)	5～150	60～300	100～500	200～1500	600～3000	800～4500
空气耗量/(m³/min)	3	6	10	20	40	60
空气压力/MPa	0.8	0.8	0.8	0.8	0.8	0.8
装机功率/kW	30	59	85	165	310	450

（6）靶式气流粉碎机

靶式气流粉碎机又称为单喷式气流粉碎机，是最早问世的气流粉碎机。在这类气流粉碎机中，物料的粉碎方式是颗粒与固定板（靶）进行冲击碰撞。固定板（靶）一般用坚硬的耐

磨材料制造并可以拆卸和更换。早期的靶式气流粉碎机由于效率低、固定靶容易磨损以及产品粒度较粗且可控性差等原因，没有大规模应用，但近 20 年来，靶式气流粉碎机的结构有显著改进。

图 3-14 所示为 QD400 型塔靶式气流粉碎机的结构示意，它主要由给料机、喷射泵、塔靶及气室、喷嘴、反射靶、分级室、分级机、变频调速器及风机等构成。其中，塔靶置于多喷嘴对喷的中心部位，构成保持物料沸腾的粉碎室。物料在高速气流的对喷及反射靶的冲击力作用下被粉碎。粉碎后的物料经过分级室的惯性重力分离和上部的离心分级控制排料的细度。

图 3-15 所示为日本 Hosokawa Micron Co. 的 MJT 型靶式气流粉碎机的结构与工作原理示意。除了粉碎室和粉碎原理外，其结构吸取了流化床对喷式气流粉碎机的结构，上部设置分级机强制分级，并补充清洁空气分散进入分级机的粉体物料，以提高分级精度和效率；也可以引入惰性气体，如 N_2，确保物料在粉碎过程中不被氧化。

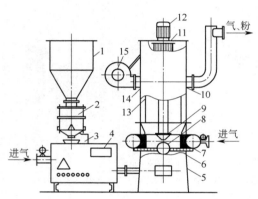

图 3-14　QD400 型塔靶式气流粉碎机的结构示意

1—料斗；2—给料机；3—喷射泵；4—激振控制仪；

5—机座；6—底衬；7—气包；8—塔靶；

9—反射靶；10—出料管；11—分级转子；

12—电机；13—内隔筒；14—沉降室；15—二次风机

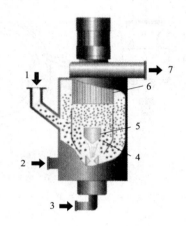

图 3-15　MJT 型靶式气流粉碎机的结构与工作原理示意

1—给料；2—喷射气流；3—粉碎气流；

4—塔靶；5—分级粗颗粒二次碰撞区；6—分级机；7—排料

QD400 型塔靶式气流粉碎机的主要技术参数见表 3-15。MJT-1 型塔靶式气流粉碎机的主要技术参数如下：压缩空气耗量 8m³/h；生产能力 30～80kg/h；分级机转速 7000r/min，功率 5.5kW；风机风量 20m³/h。

表 3-15　QD400 型塔靶式气流粉碎机的主要技术参数

技术参数	QD400	QD400×4
粉碎室直径/mm	400	400
空气耗量/(m³/min)	12	36
工作压力/MPa	0.6～0.7	0.7～0.75
供料压力/MPa	0.3～0.5	0.4～0.6
风量/(m³/min)	11～12	40
压力/MPa	0.7～0.8	0.8
装机功率/kW	75	138×2

3.1.3.2 搅拌研磨机

搅拌研磨机是指由一个静置的内填研磨介质的筒体和一个旋转搅拌器构成的一类超细研磨设备。

搅拌研磨机的筒体一般做成带冷却夹套的，研磨物料时，冷却夹套内可通入冷却水或其他冷却介质，以控制研磨时的温升。研磨筒内壁可根据不同研磨要求镶衬不同的材料或安装固定短轴（棒）和做成不同的形状，以增强研磨作用。

搅拌器是搅拌研磨机最重要的部件，主要有轴棒式、圆盘式、穿孔圆盘式、圆柱式、圆环式、螺旋式等。

连续研磨时或研磨后，研磨介质和研磨产品（料浆）要用分离装置分离。这种介质分离装置种类很多，目前常用的是圆筒筛，筛孔尺寸一般为 $50 \sim 1500 \mu m$。

搅拌研磨机主要通过搅拌器搅动研磨介质产生不规则运动，对物料施加撞击或冲击、剪切、摩擦等作用使物料粉碎。

超微粉碎时，搅拌研磨机一般使用粒径小于 3mm 的球形介质。研磨介质的直径对研磨效率和产品粒径有直接影响。此外，研磨介质的密度（材质）及硬度也是影响搅拌研磨机研磨效果的重要因素之一。常用的研磨介质有氧化铝、氧化锆或刚玉珠、钢球（珠）、锆珠、玻璃珠、天然砂等。

搅拌研磨机按搅拌器的不同可分为棒式搅拌磨、圆盘式搅拌磨、螺旋式搅拌磨、环隙式搅拌磨等；按工艺可分为干式搅拌研磨机和湿式搅拌研磨机；按作业方式可分为间歇式、循环式、连续式三种；以下主要介绍各类湿式搅拌球磨机，因为超微粉碎主要采用湿式搅拌磨。

（1）间歇式搅拌球磨机

图 3-16 所示为美国 UP 公司 S 型间歇式搅拌球磨机的外形及结构和工作原理示意。其结构包括电机、减速机、机架、搅拌轴、球磨桶、搅拌臂、配电系统、蜗轮副系统等部分。

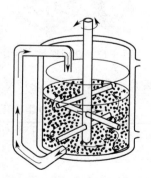

图 3-16　S 型间歇式搅拌球磨机的外形及结构和工作原理示意

工作原理：在主电机动力驱动下，搅拌轴带动搅拌臂高速运动迫使磨桶内的介质球与被磨物料做无规则运动；介质球和物料之间发生相互撞击、剪切和摩擦，从而实现对物料的超细研磨。其研磨作用主要发生在研磨介质与物料之间。

S 型间歇式搅拌球磨机的主要技术参数见表 3-16。

表 3-16 S 型间歇式搅拌球磨机的主要技术参数

型号	5-S	10-S	15-S	30-S	50-S	100-S	200-S	400-S
研磨缸容积/L	30	60	90	200	300	600	1200	2400
工作容积/L	15～19	26～34	38～45	87～95	128～140	265～285	530～568	1060～1136
功率/kW	2～4	3～5	3～7	7～15	11～18	15～30	30～55	55～110
高度/cm	185	200	210	230	250	270	310	375
占地(长×宽)/cm	86×158	132×107	132×104	155×110	188×127	208×142	224×183	275×203
机重/kg	600	800	800	1400	2800	4200	4000	5300

（2）循环式搅拌球磨机

图 3-17 所示为 UP 公司 Q 型循环式搅拌球磨机的结构与工作原理示意。这种搅拌磨主要由一个直径较小的研磨筒和一个容积较大的浆料循环罐组成。研磨筒实际上是一个小型搅拌磨，内填研磨介质并在上部装有隔离研磨介质及粗粒物料的筛网。研磨介质的充填量占研磨筒有效容积的 85％～90％。其工作过程是：浆料连续在研磨筒和循环罐内快速循环，直到产品细度合格。

循环式搅拌磨的特点是由于浆料连续、快速地通过旋转的研磨介质层和筛网，合格细粒级产品及时排出，避免了因过磨而导致的微细颗粒的团聚，研磨效率较高，且可获得窄粒级分布的研磨产品。循环罐具有混合和分散作用，可在循环罐内添加分散剂或助磨剂。此外，由于浆料每次在研磨筒内的滞留时间短，从循环罐内新泵入的浆料足以平衡研磨筒内的温升。因此，这种搅拌磨的磨筒不必冷却。

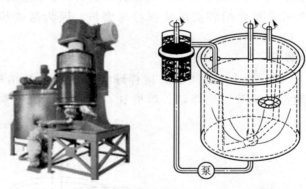

图 3-17 Q 型循环式搅拌球磨机的结构与工作原理示意

这种搅拌磨有实验室型及工业型多种规格。Q 型循环式搅拌磨主要技术参数见表 3-17。

表 3-17 Q 型循环式搅拌磨主要技术参数

型号	Q-2	Q-6	Q-15	Q-25	Q-50	Q-100
研磨筒容积/L	9.8	30	65	100	210	420
磨介量/L	8.3	28	56	95	190	380
预混缸容积(建议)/L	20～40	280	560	950	1900	3800
电机功率/kW	2.2～3.7	6～11	11～18	18～30	37～56	75～112
浆料循环速度/(L/min)	13	40	80	130	265	490
全高/cm	138	188	218	244	305	315
机台至卸料口高度/cm	—	82	94	110	135	150
占地(长×宽)/cm	66×27	84×117	94×135	105×153	127×178	160×199
机器质量/kg	360	820	1400	1800	2900	4500

（3）连续式搅拌球磨机

连续式搅拌球磨机根据结构形式可分为立式和卧式两种。

图 3-18 所示为 WPM 和 CYM 型立式湿法连续搅拌磨的结构示意图。与间歇式搅拌磨相比，其结构特点是研磨筒体高且在研磨筒内壁上安装有固定臂。其工作过程是，浆料从下部给料口泵压给入，在高速搅动的研磨介质的摩擦、剪切和冲击作用下，物料被粉碎。粉碎后的细粒浆料经过溢流口从上部出料口排出。物料在研磨室的停留时间通过给料速度来控制；给料速度越慢，停留时间越长，产品粒度就越细。

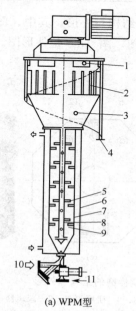

(a) WPM 型

1—溢流口；2—叶片；3—磨矿介质存放室；
4—成品浆料出口；5—研磨室；6—冷却夹套；
7—磨筒；8—搅拌轴；9—固定臂；10—给料口；
11—放料阀

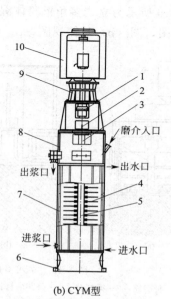

(b) CYM 型

1—联轴器；2—轴承座；3—主轴；
4—研磨盘；5—研磨室；6—底座；
7—筒体；8—出浆筒节；9—减速机；
10—电机

图 3-18　立式连续搅拌磨的结构示意

国产 CYM 型湿式连续搅拌磨的主要技术参数见表 3-18，德国阿肯图 RWM 型湿法超细搅拌磨主要技术参数表 3-19。

表 3-18　CYM 型湿式连续搅拌磨的主要技术参数

型号	CYM3500A	CYM3500B	CYM5000A	CYM5000B	CYM11000	CYM20000
筒体容积/L	3500	3500	5000	5000	11000	20000
研磨物料	重质碳酸钙	高岭土	重质碳酸钙	高岭土	高岭土	高岭土
入料粒度/目	325					
出料粒度（−2μm）/%	≥90					
成品浆料固含量/%	70～75	40～55	70～75	40～55	50～55	
浆料产量/（t/h）	1.8～2.2	1.6～2.6	3.0～4.0	2.2～4.2	8～12	16～24
装机功率/ kW	250	220	315	250	630	1120

表 3-19　RWM 型湿法超细搅拌磨主要技术参数

型号		800	1000	1500	2000	3000	4500	9000
磨筒容积/L		800	1000	1500	2000	3000	4500	9000
装机功率/kW		160	315	500	630	945	1250	2500
磨机高度/mm		5000	7500	8150	9300	10350	11550	14400
磨机长度/mm		1875	2150	2250	2400	2700	3150	3750
磨机质量/t		10.5	17.5	21.5	29.0	55.0	76.0	108.0
研磨介质充填量/kg		1600	2000	3000	4000	6000	9000	18000
产量/(t/h)	$D_{60} \leqslant 2\mu m$	1.8	3.5	5.6	7.1	10.6	14.0	28.0
	$D_{90} \leqslant 2\mu m$	1.1	2.1	3.3	4.2	6.3	8.3	16.6

图 3-19 所示为立式多角形筒体湿法连续搅拌磨的结构与外形。其中，图 3-19（a）是其结构剖视图，图（b）是侧视图，图（c）是研磨筒盖图，图（d）是外形图。

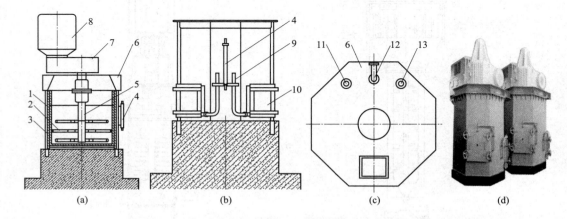

（a）　　　　　　　（b）　　　　　　　（c）　　　　　　　（d）

图 3-19　立式多角形筒体湿法连续搅拌磨的结构和外形
1—研磨筒；2—搅拌棒；3—研磨内衬；4—液位计；5—转轴；6—研磨筒盖；7—减速器；8—电动机；
9—溢流管；10—排料口；11—浆料进口；12—分散剂添加口；13—排气口

这种立式连续搅拌磨的结构特点是筒体"较矮"，但直径较大，且筒体的长径比小。因此，生产现场容易安装。该设备与前述高长径比搅拌磨相比，上部给料，中下部排料；筒体内部做成多角形（六边形或八边形），增加了颗粒被研磨的概率和研磨强度。磨机上部设有浆料进口、分散剂添加口和排气口；下部侧壁设有浆料出口和研磨介质排出口。被磨浆料依靠重力作用，从上到下经历研磨介质的强烈摩擦、剪切和碰撞冲击作用，被超细粉碎后的浆料从出口自流排出。由于浆料停留时间较短，一方面物料不容易过磨；另一方面，研磨过程温升较小，不容易出现黏胀，因而研磨效率较高。

国产 LHE 型、DCC5000L 湿法搅拌磨主要技术参数分别见表 3-20 和表 3-21。

表 3-20　LHE 型立式多角形筒体湿法连续搅拌磨主要技术参数

型号	LHE-1000	LHE-2000	LHE-3500	LHE-5000
有效容积/L	1100	2100	3800	5400
装机功率/kW	90	160～180	220～250	315～355
成品产量/(kg/h)[①]	400～1000	800～2500	1500～4000	3000～8000
浆料产品细度−2μm/%	60～95			

①重质碳酸钙，浆料浓度 70%～75%。

表 3-21 DCC5000L 湿法搅拌磨主要工艺参数

产品规格	$D_{60}{\leqslant}2\mu m$	$D_{90}{\leqslant}2\mu m$	$D_{95}{\leqslant}2\mu m$
浆料固含量/%	60～70	65～72	70～76
浆料产量/(t/h)	11.5～7.8	8.5～5.5	4.5～3.5
电耗/(kW·h/t 浆料)	≤30	≤130	≤185
介质损耗/(kg/t 浆料)	0.2～0.3	0.3～0.5	0.5～1.0
分散剂消耗/(kg/t 浆料)	3～5	5～8	5～15

图 3-20 所示为美国 UP 公司 DM 型卧式湿法连续搅拌磨的结构与工作原理示意。这种搅拌磨的结构特点，一是独特的盘式搅拌器消除了磨机在运转时的抖动并使研磨介质沿整个研磨室均匀分布，从而提高了研磨效率；二是采用动力介质分离筛消除了介质对筛的堵塞及筛面磨损。图 3-2 是 DM 型卧式搅拌磨的外形。

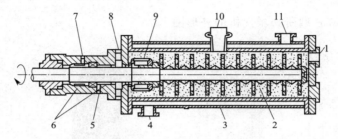

图 3-20 DM 型卧式湿法连续搅拌磨的结构与工作原理示意

1—给料口；2—搅拌器；3—筒体夹套；4—冷却水入口；5—密封液入口；6—机械密封件；
7—密封液出口；8—产品出口；9—旋转动力介质分离筛；10—介质入孔；11—冷却水出口

图 3-21 DM 型卧式搅拌磨的外形

DM 型卧式湿法连续搅拌磨的主要技术参数见表 3-22。

表 3-22 DM 型卧式湿法搅拌磨主要技术参数

机型	DM 2	DM 10	DM 20	DM 50	DM 120
总容积/L	2.7	12	22	60	144
标准功率/kW	3.7	11	22	55	92
产量/(L/h)	8～160	24～460	84～940	120～2380	200～4000
尺寸(长×宽×高)/mm	1186×574×112	1377×905×1594	1377×918×1594	1683×1237×1657	2423×1696×2168
机重/kg	310	807	1039	2338	5299

（4）研磨剥片机

研磨剥片机实际上是一种立式圆盘式搅拌磨或砂磨机，它主要由传动机构、剥片器（盘）、剥片筒、筛网部件、机身、电气系统、进料系统七大部分组成。矿浆经进料系统送入研磨剥片筒内，筒内设有一定量的剥片介质，传动机构带动剥片器（盘）高速旋转，通过剥片盘的强力搅拌及分散，使浆料中的固体颗粒被磨细。符合细度要求的粒子随浆液向上经筛网由出料口自由流出。

传动机构由电机、带轮部件、轴承装置、传动轴、上联轴器组成。

制片器（盘）由下联轴器、剥片轴、撑套、剥片盘等主要部件所组成。

剥片筒由筒身、进料口、放砂部件、筛网、筛网罩壳、出料斗等组成。筒身分内外两层，中间焊有导流板，内层用于储料，外层装有抱箍便于筒身定位固定，放砂部分采用柱塞式，使用时轻便灵活。

机身由机架部分，即传动箱、立柱、滚轮架等部件组成。机架部分主要用于安装传动机构，立柱主要支撑传动机构及固定筒身。

进料系统由气动隔膜泵直接将浆料输入料筒内。冷却管道分进水管道和出水管道，用于冷却水循环。

图 3-22 所示为 BP 型研磨剥片机的外形图。

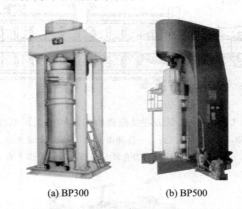

(a) BP300　　　　　　(b) BP500

图 3-22　BP 型研磨剥片机的外形图

国产研磨剥片机因生产厂家不同，型号较多；主要有 BP、MBP、MB、SM、SKP 等型号，但规格大体相同或相近。BP80、BP300、BP500 三种规格研磨剥片机的主要技术参数见表 3-23。

表 3-23　BP 型研磨剥片机主要技术性能参数

型号	电机/kW		主轴转速/(r/min)	容积/L
	主机	泵		
BP80	30	2.2	820	80
BP300	75	3	580	300
BP500	132	4	480	500

3.1.3.3　砂磨机

砂磨机是另一种形式的搅拌研磨机。因最初使用天然砂和玻璃珠作研磨介质而得名。砂磨机可分为敞开型和密闭型两类，每种又可分为立式和卧式两种，一般均为湿法生产。

（1）立式砂磨机

图 3-23 所示为国产 DCD 型高流量珠磨机和德国 DCP-SUPERFLOW 型立式砂磨机结构与工作原理及外形示意图。该机主要由筒体、转子、定子壳、研磨腔、出料以及冷却、动力装置等构成。

图 3-23　高流量立式砂/珠磨机结构与工作原理及外形示意图

1—转子；2—进料口；3—物料剪切研磨；4—研磨介质离心研磨；5—第一研磨腔；6—第二研磨腔；
7—外定子；8—内定子；9—冷却；10—出料口；11—泄珠口；12—出料筛网；13—研磨介质添加口

转子垂直放置在筒体内，筒体在顶部通过机械密封密闭。外部转子表面装有大量搅拌棒钉。上半部转子有槽状的开口。

定子壳由外定子、定子底壁和内定子组成，是完整的双层夹套。外层研磨腔内水平排列着定子棒钉，内定子的棒钉螺旋排列。内定子上方有一个保护筛网，与中央排料管连接。

研磨腔中转子及其外部、内部工作表面位于定子中间。研磨腔内充满直径为 0.2～1.5mm 的磨珠。研磨腔装满物料时，保护筛网始终在装料线的上方。

由于给料泵的压力，研磨后的物料在内层研磨腔上方因离心力与磨球分离后反方向进入研磨机中心。物料首先通过安装在内层定子上的筒状保护筛网，然后向下由中央排料管排出。

其工作原理和过程：磨珠在外层研磨腔转子与定子棒钉之间以及内层研磨腔的定子棒钉和内层转子表面之间流动。待研磨的物料从研磨机上端均匀地进入外层转子。物料首先向下流入外层研磨腔，经过该腔研磨后，磨珠由转子和定子棒钉运动产生的能量带动物料，然后沿轴向由定子下端流入内层研磨腔，内层转子和垂直螺旋状排列的定子棒钉对浆料继续进行强烈研磨和分散。

由于转子旋转的离心作用，充分混合的物料和磨珠经装在内层转子上的挡板通过定子棒钉，挡板和转子上的开口相邻。因密度和尺寸的差异，磨珠由于离心力的作用通过开口进入外层研磨腔的进口区域。新加入的物料带动磨珠向下流入研磨腔。如此，磨珠在内外层研磨腔之间实现循环。

整套排料管和保护筛网可以方便地从内层定子上拆下。由于保护筛网在磨珠进口的上方，没有必要在拆下筛网前放出磨珠。

这种砂磨机有从实验室到工业型的各种规格，产品细度可以达到 200～300nm。DCD 型高流量砂/珠磨机的主要技术参数见表 3-24。

表 3-24　DCD 型高流量砂/珠磨机的主要技术参数

型号	DCD12	DCD100	DCD200	DCD400	DCD800
主机功率/kW	5.5	22/30	45/55	90/110	250
研磨腔容积/L	1.2	10	17	30	79
产品流量/(L/h)	300	1200	3000	6000	12000

（2）卧式砂磨机

图 3-24 所示为实验室型 MINIZETA 卧式砂磨机的结构。研究表明该型砂磨机内物料的粉碎主要是由介质颗粒间的碰撞作用引发的。碰撞类型包括颗粒与筒壁的碰撞、颗粒与颗粒的碰撞以及颗粒与搅拌轴面的碰撞。以颗粒与颗粒之间的碰撞比例为最大，颗粒与筒体壁面碰撞所占的比例为最小。颗粒碰撞中法向碰撞作用力小于切向碰撞作用力，说明粉碎作用中摩擦粉碎作用占主要地位。磨机内，壁面附近和轴销附近处发生的粉碎作用主要由摩擦作用引起，该作用力随转速的增大而增大，随浓度的增大而减小。

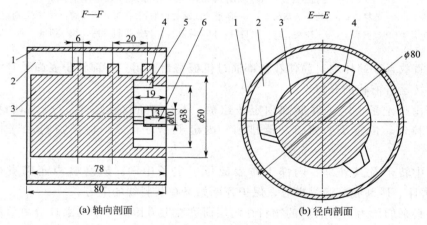

图 3-24　MINIZETA 卧式砂磨机结构

1—研磨腔壁；2—研磨腔；3—搅拌轴；4—搅拌轴销；5—物料循环孔；6—进料管

图 3-25 所示为 CDS 型卧式砂磨机的结构与工作原理示意及外形。该型卧式砂磨机主要由带冷却的夹层式筒体、转子和研磨盘、离心轮、出料滤网以及电机和控制系统等组成。其主要技术性能参数见表 3-25。

表 3-25　CDS 型卧式砂磨机的主要技术参数

型号	CDS-2	CDS-5	CDS-20	CDS-30	CDS-50/60	CDS-100	CDS-300	CDS-500
主机功率/kW	3.7	5.5/7.5	18.5/22	22/30	37/45	55/75	90/132	160/200
研磨筒容积/L	2	5	20	30	50/60	100	300	500
产品流量/(L/h)	5~20	10~100	50~250	100~500	200~1000	250~2500	>2000	>3000

图 3-26 所示为瑞驰拓维 HDM 型和 RKM-3000 大型卧盘式砂磨机的外形图。

HDM 型卧盘式砂磨机的生产方式可以连续、多批次和循环进行，产品细度可以达到 $1\mu m$ 以下，其主要技术参数见表 3-26。RKM-3000 大型卧盘式砂磨机的主要技术参数：筒体容积 3000L，电机功率 1120kW，进料粒度 $30\sim100\mu m$，产品粒度 $5\sim20\mu m$，磨机质量 26000kg。

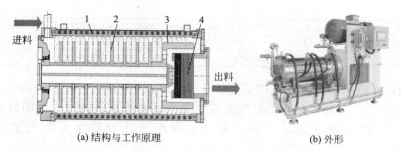

(a) 结构与工作原理　　　　　　　　(b) 外形

图 3-25　CDS 型卧式砂磨机的结构与工作原理示意及外形

1—带冷却的夹层式筒体；2—转子和研磨盘；3—离心轮；4—出料滤网

(a) HDM 型卧盘式砂磨机　　　　　　(b) RKM-3000d 大型卧盘式砂磨机

图 3-26　大型卧盘式砂磨机

表 3-26　HDM 型卧盘式砂磨机的主要技术参数

型号	HDM100	HDM200	HDM300	HDM500	HDM800	HDM1000	HDM1200
筒体容积/L	100	200	300	500	800	1000	1200
加工批量/L	500～3000			3000～10000		5000～15000	
装机功率/kW	55	75	90	160	200	315	355

德国耐驰和布勒公司的 LME 型卧盘式砂磨机和 PM Super Tex 卧盘式砂磨机的主要技术参数见表 3-27 和表 3-28。

表 3-27　LME 型卧盘式砂磨机的主要技术参数

型号	LME4	LME20	LME 50K	LME 100K	LME 200K	LME 300K	LME 500K	LME 1000K
筒体容积/L	4	22	59	122	227	310	560	1000
驱动功率/kW	4～5.5	18.5～24	37	55～75	75～90	90～130	160～200	315～355
转速/(r/min)	1200～2500	700～1600	800	650	500	560	350	340
长度/mm	950	1500	1900	2750	2950	3450	3350	6640
宽度/mm	410	600	800	1000	1000	1300	1500	1460
高度/mm	1600	1700	2000	2200	2200	2250	2700	2830
质量/kg	280	750	1500	3500	3700	4750	8100	12000

表 3-28　PM Super Tex 卧盘式砂磨机主要技术参数

型号	Super Tex15	Super Tex30	Super Tex60	Super Tex140	Super Tex270	Super Tex600	Super Tex1200
有效容积/L	15	22.5	51.5	122.5	232	526	1063
功率/kW	15	22～30	30～45	44～75	75～110	132～200	250～355
长度/mm	1370	1680	2110	2320	2720	3110	4000
宽度/mm	765	875	1115	1500	1750	1950	2240

型号	Super Tex15	Super Tex30	Super Tex60	Super Tex140	Super Tex270	Super Tex600	Super Tex1200
高度/mm	1595	1850	2000	1570	1720	2520	2715
质量/kg	1300	1350	1950	2500	3450	6500	9800

卧式密闭砂磨机的工艺配置方式主要有以下两种。

① 连续研磨工艺。加料泵将预分散的浆料送入砂磨机进行研磨；磨细后的物料经动态分离器排出。视产品细度要求不同，可以采用单台连续或多台串联连续研磨工艺，见图3-27(a)。

② 循环研磨工艺。加料泵将预分散的浆料送入砂磨机进行研磨，研磨后的物料经动态分离器分离后又返回物料循环筒，进行多次循环研磨。循环时间或次数视最终产品细度要求而定。该工艺适用于对产品细度要求高的情况，见图3-27（b）。

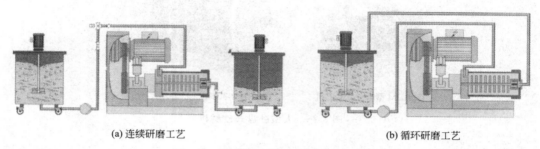

(a) 连续研磨工艺　　　　　　　　　　　　　(b) 循环研磨工艺

图 3-27　卧式密闭砂磨机的工艺配置

3.1.3.4 胶体磨

胶体磨（colloid mill）是利用一对固定磨体（定子）和高速旋转磨体（转子）的相对运动产生强烈的剪切、摩擦、冲击等作用力，使被处理的物料通过两磨体之间的间隙，在上述诸力及高频振动的作用下，被有效地粉碎和分散。

（1）胶体磨粉碎原理

在胶体磨的剪切力场中，颗粒有三种运动方式，即沿流体流动方向的平行移动、转动和垂直于流体方向的升举运动。

当两个颗粒旋转并相互接触时，相互之间出现能量交换和摩擦研磨作用。这种能量交换的大小取决于颗粒之间的相对运动速度，而不是颗粒的绝对运动速度。

如图3-28所示，颗粒旋转产生的升举力促使胶体磨中的所有颗粒向旋转体（转子）方向运动，从而增加了颗粒之间相互摩擦、研磨的机会。

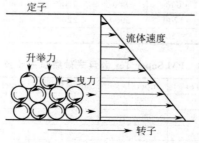

图 3-28　颗粒在旋转体（转子）附近的摩擦、研磨作用

设胶体磨转子的旋转角速度为 s，转子与定子之间的间隙宽度为 b。在稳态条件下，间隙内断面各点的剪切应力相等。如果胶体磨中的流体为牛顿流体，则在间隙内任何半径 r 处的剪切应力为：

$$G = (sr)/b \qquad (3-36)$$

在该剪切力场中旋转的球形颗粒的角速度为：

$$\Omega = (G/2)[1 - 0.0384(Re)^{3/2}] \qquad (3-37)$$

式中，Ω 为角速度；G 为剪切速度；Re 为雷诺数。该方程适用于雷诺数小于 1 的情况。颗粒在胶体磨中的旋转动能为：

$$E_R = (Md^2\Omega^2)/10 \qquad (3-38)$$

式中，M 为颗粒的质量；d 为颗粒的直径。

设颗粒的密度为 δ，则其旋转动能为：

$$E_R = (\pi\delta d^5\Omega^2)/60 \qquad (3-39)$$

由式（3-39）可见，颗粒的旋转动能与颗粒直径的 5 次方及旋转角速度的平方成正比。但旋转角速度随雷诺数的增大而下降，并随颗粒直径的增大而提高。因此，从颗粒之间相互摩擦研磨的角度，确保胶体磨有效研磨作用的关键是确保较小的雷诺数。由于雷诺数 $Re = Gd^2/\eta$（d 为颗粒的直径；η 为浆料的动力黏度），因此，提高浆料的黏度有助于增强颗粒之间的摩擦研磨作用。但是，随着浆料黏度的增大，磨机的产量将下降。因此，需要综合考虑间隙宽度、角速度和动力黏度，并采取优化的操作条件。研究认为，研磨效率最高的雷诺数范围是 0.1～1。在这一范围内所有颗粒以与 1/2 剪切速度相近的速度旋转并相互摩擦研磨。

促使颗粒向旋转体（转子）方向运动的升举力 F_1 可用下式计算：

$$F_1 = 1.615\eta dU_R(Re)^{1/2} \qquad (3-40)$$

式中，U_R 为切线方向的流体速度。

（2）JM 系列胶体磨

JM 系列胶体磨的外形如图 3-29 所示，其结构主要由定子、转子，刻度盘、电机、给料斗和排料口等构成。其定子、转子采用优质耐磨材料和特种工艺加工而成，定子、转子间隙可以进行微调；可根据物料性质，选择相应的定子、转子材质及齿形，并可根据物料加工要求，配置冷却或加热系统。

GNM 系列　　　　　　　　　　　　　　JM-130B

图 3-29　JM 系列胶体磨的外形

该胶体磨适用于悬浮液或湿式流体物料的精细加工、分散、乳化混合。

JM 系列胶体磨的型号及主要技术参数如表 3-29 所示。

表 3-29　JM 系列胶体磨的型号及主要技术参数

名称	型号	物料处理细度（单循环、多循环）/μm	产量（依物料性质变化）/(t/h)	电机功率/kW	电机转速/(r/min)	外形尺寸（长×宽×高）/mm	机器总重/kg	结构特点
立式	JM-130B	2~50	0.5~4	11	2930	550×550×1400	320	
	JM-80	2~50	0.07~0.5	4	2890	450×460×1330	190	
变速式	JMS-130	2~50	0.5~4	11	1750~5000	990×440×1050	420	配有冷却系统
	JMS-80	2~50	0.07~0.5	4	1600~5000	680×380×930	210	
	JMS-50	2~50	0.005~0.3	1.1	1750~5000	530×260×580	70	
	JMS-180	2~50	0.8~6	15	1600~5000	1350×550×1340	550	
	JMS-300	2~50	6~20	45	1750~2970	1350×600×1420	1600	
卧式	JMW-120	2~80	1~4	11	2930	1070×340×740	150	无冷却装置

（3）JTM 型胶体磨

JTM 系列胶体磨的结构如图 3-30 所示，主要由进料斗、盖盘、调节套、转齿、定齿、甩轮、出料斗、磨座、甩油盘、电机座、电机罩、接线盒罩、方向牌、刻度板、手柄等构成。图 3-30 中所示立式胶体磨，由特制长轴电机直接带动转齿，与由底座调节盘支承的定齿相对运动而工作。磨齿一般为高硬度、高耐磨性、耐酸碱材料，根据不同需要，可选择相应的磨头以达到要求的加工效果。

该胶体磨依靠一对锥形的转齿和定齿做相对运动使物料受到强大剪切、摩擦、离心力和高频振动作用，达到粉碎、乳化、均质和分散物料的目的。

常用机型 JTM50、JTMF71、JTM85 等系列胶体磨的主要技术参数见表 3-30。

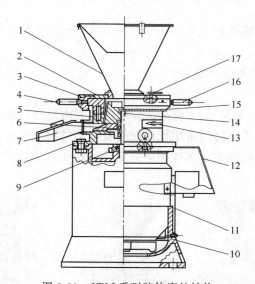

图 3-30　JTM 系列胶体磨的结构

1—进料斗；2—盖盘；3—调节套；4—转齿；5—定齿；6—甩轮；7—出料斗；
8—磨座；9—甩油盘；10—电机座；11—电机罩；12—接线盒罩；
13—方向牌；14—指针；15—刻度板；16—手柄；17—管接头

表 3-30　JTM 系列胶体磨的主要技术参数

型号	电机功率/kW	工作转速/(r/min)	电源电压/V	生产能力/(kg/h)	产品细度[①]/μm	质量/kg
JTM50AB	1	8000	220	50~150	5~20	35
JTM50D	1	8000	220	50~150	5~20	80

续表

型号	电机功率/kW	工作转速/(r/min)	电源电压/V	生产能力/(kg/h)	产品细度[①]/μm	质量/kg
JTMF71	4	4500	380	300~1000	5~20	80
JTM85D	5.5	2960	380	300~1000	5~20	150
JTM85D1	5.5	2960	380	200~800	1~5	150
JTM85DA	5.5	3000	380	300~500	5~20	150
JTM85K	5.5	3000	380	300~1200	5~20	150
JTM120B	3.0	2960	380	10~30	1~5	130
JTM120C	11.0	2960	380	300~1200	5~20	265
JTM132	5.5/7.5/11	2960	380	300~1000	5~20	150

①以浸泡的黄豆为参照物料。

3.1.3.5　高压均质机

高压均质机是利用高压射流压力下跌时的穴蚀效应，使物料因高速冲击、爆裂和剪切等作用而被粉碎。高压均质机既有粉碎作用，也有均质作用。其工作原理是通过高压装置加压，使浆料处于高压之中并产生均化。当矿浆到达细小的出口时，便以数百米每秒的线速度挤出，喷射在特制的靶体上。由于矿浆挤出时的相互摩擦剪切力、浆体挤出后压力突然降低所产生的穴蚀效应以及矿浆喷射在特制的靶体上所产生的强大冲击力，使颗粒物料沿层间解离或缺陷处爆裂，达到超微粉碎之目的。

高压均质机的结构和工作原理如图 3-31 所示。其主要由泵体、压力显示器、进料口、支撑脚、机身、出料口、润滑油压表、一级工作调节手柄、二级工作阀调节手柄等构成。机器的均质系统分别由一级阀和二级阀组成双级均质系统，两者的均质压力可以在其额定的压力范围内任意选择，两者可同时使用也可单独使用。均质阀的结构有平型和 W 型两种，平型阀能承受高压冲击，耐磨性好。W 型阀是一种能在一级阀件内产生多次均质过程结构的阀，可提高均质效果。泵体阀的结构分球形和碟形两种，球形耐高压。如图 3-31（b）所示，物料的粉碎和分散是在均质阀里进行的。物料在高压下进入调节间隙的阀件时，获得极高的流速（200~300m/s），从而在均质阀里形成一个巨大的压力下跌，在空穴效应、湍流和剪切的多种作用下将物料加工成微细的分散液。

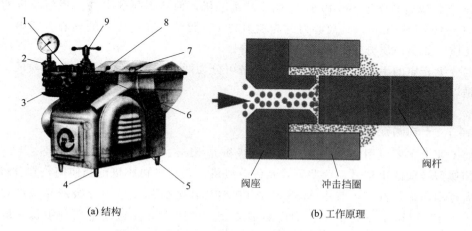

(a) 结构　　　　　　　　　　　　(b) 工作原理

图 3-31　高压均质机的结构和工作原理示意图

1—泵体；2—压力显示器；3—进料口；4—支撑脚；5—机身；6—出料口；
7—润滑油压表；8——级工作调节手柄；9—二级工作阀调节手柄

国产高压均质机主要有 CYB、JJ 和 JJZ 等机型。表 3-31 为国产 CYB 系列高压均质机的主要技术参数。

表 3-31　CYB 系列高压均质机的规格及主要技术参数

| 流量/(L/h) | | | | | | | | 功率/kW | 类型 |
100MPa	80MPa	60MPa	40MPa	30MPa	25MPa	20MPa	15MPa		
12		30						1.1	实验型
40		60		120				3.0	
		120		250				4.0	
		400	600	800	1000			7.5	
300	400	500	750	1000	1500	1500		11	生产型
		1000	1500	2000	2500			15	
	800	1000	1500	2000	25000	3000		22	
		1500	2000	3000	4000			30	
1500	2000	3000	4000	5000	6000	8000		45/37	
	3000	4500	6000	7000	9000	10000		55	
	4000	6000	8000	10000	12000	15000		75	
	5000	7500	10000	12000	15000	18000		90	
	6000	9000	12000	14000	18000	22000		110	
	7000	10000	14000	16000	20000	25000		132	
	8000	12000	16000	20000	24000	30000		160	

3.1.4　超微分级设备

就目前技术而言，以空气作为分级介质的机械分级机很难实现 97% 小于 $1\mu m$ 的超微粉体的分级，但可以达到平均粒径小于 $1\mu m$ 的分级要求，已有部分干法精细分级设备可以实现 97% 小于 $2\mu m$ 的分级；以水或其他液体作为分级介质的离心力场分级技术可以实现小于 $1\mu m$ 的超微粉体的分离和分级。

目前工业上用于超微粉体分级的设备主要是基于离心力场的卧式螺旋离心机和碟片式离心机。离心分离因素一般为 $1000 \sim 10000$，即离心加速度约为重力加速度的 $1000 \sim 10000$ 倍。1924 年，瑞典科学家 Svedberg 发明了超离心机，使转速显著提高。超离心机的转速可达 $100000 \sim 160000 r/min$，其离心力约为重力的 100 万倍。在这样大的离心力场中，胶粒和高分子物质（如蛋白质分子）都可以较快沉降。

根据分级介质的不同，超微粉体分级设备可分为两大类：一是以空气为介质的干式分级机；二是以水为介质的湿式分级机。

3.1.4.1　干式涡旋气流分级机

目前工业上主要应用的干式超微粉体分级机是 MSS、ATP、NEA、LHB、TTC、TFS 型及其相似型号或改进型号。这些干式精细分级机可与超细粉碎机配套使用，其分级粒径可以在较大范围内进行调节，其中 MSS 和 ATP 型及其类似分级机的分级产品细度 d_{97} 可达 $3 \sim 5\mu m$，TTC 型和 TFS 型分级机的产品细度 d_{97} 可达 $2\mu m$。这些干式分级机一般采用旋转涡轮式，只有个别机型采用射流式。

图 3-32 所示为 ATP 型上部给料和下部给料两种单分级轮的结构与工作原理示意及外形。其结构主要由分级轮、给料阀、排料阀、气流入口等部分构成。上给料式装置中，物料通过给料阀 5 给入分级室，在分级轮旋转产生的离心力及分级气流的黏滞力作用下进行分

级，分级后的微细物料从上部出口排出。在下给料式装置中，原料与分级气流一起从下部 3（气流入口）给入。这种分级机便于与以空气输送产品的超微粉碎机（如气流磨）配套。

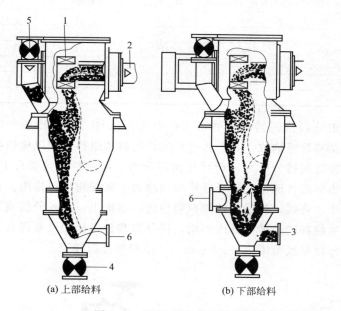

(a) 上部给料　　　　　　　(b) 下部给料　　　　　　　(c) 外形

图 3-32　ATP 单轮分级机的结构与工作原理示意及外形

1—分级轮；2—微细产品出口；3—气流（或气流与物料一起）入口；4—粗粒物料出口；5—给料阀；6—气流入口

图 3-33 所示为 ATP 多轮超微细分级机。其结构特点是在分级室顶部设置了多个相同直径的分级轮。由于这一特点，与同样规格的单分级轮相比，多分级轮的处理能力显著提高。

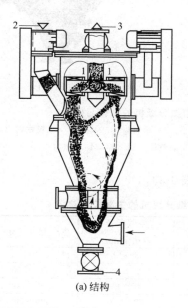

(a) 结构　　　　　　　　　　(b) 外形

图 3-33　ATP 多轮分级机的结构图及外形图

1—分级轮；2—给料阀；3—细产品出口；4—粗粒物料出口

德国 ALPINE 公司生产的 ATP-NG 型精细分级机主要技术参数见表 3-32。

表 3-32　ATP-NG 型精细分级机主要技术参数

型号	产品细度	处理能力	分级轮			电机功率
ATP-NG	$d_{97}/\mu m$	/(kg/h)	最大转速/(r/min)	直径/mm	数量/个	/kW
315	3～10	100～600	5600	315	1	18.5
500	3.5～10	约1400	2800	500	1	30
315/3	4～10	300～1700	5600	315	3	3×18.5
315/6	4～10	600～3400	5600	315	6	6×18.5
500/3	3.5～10	约4200	2800	500	3	3×30
500/4	3.5～10	约5600	2800	500	4	4×30

图 3-34 为日本 MSS 型精细分级机的结构与外形。它主要由机身、分级转子、分级叶片、调隙锥、进风管、进料和排料管等构成。其工作过程为：物料从给料管被风机抽吸到分级室内，在分级转子和分级叶片之间被分散并进行反复循环分级，粗颗粒沿筒壁自上而下，由下面的粗粉出口处排出；细粉体随气流穿过转子叶片的间隙由上部细粉出口排出。在调隙锥处，由于二次空气的风筛作用，将混入粗粉中的细粒物料进一步析出，送入分级室进一步分级。三次空气可强化分级机对物料的分散和分级作用，使分散和分级作用反复进行。其特点是分级粒度较 MS 型更细，分级粒度范围为 2～20μm，产品粒度分布较窄。

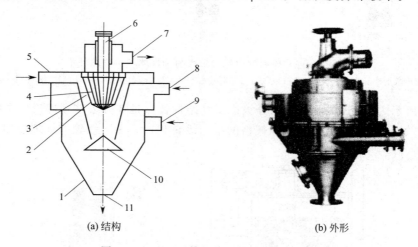

(a) 结构　　　　　　　　　　(b) 外形

图 3-34　MSS 型精细分级机的结构与外形

1—下部机体；2—风扇叶片；3—分级室；4—分级转子；5—给料管；6—轴；7—细粒物料出口；8—三次风入口；
9—二次气流入口；10—调隙锥；11—粗粒物料出口

MSS 型精细分级机的主要技术参数见表 3-33。

表 3-33　MSS 型精细分级机的主要技术参数

型号	电机功率/kW	最大转子转速/(r/min)	空气耗量/(m³/min)	生产能力/(kg/h)	外形尺寸(D/H)/mm
MSS-1	5.5	8000	8～12	30～100	600/1200
MSS-2	7.5	4000	20～30	70～250	800/1600
MSS-3	15.0	3200	40～60	150～400	1100/2200
MSS-4	30.0	2300	80～100	300～800	1400/2800

其他干式涡旋气流分级机还有德国 ALPINE 公司的 TTC 型，目前 TTC200、TTC315 的成品细度 d_{97} 可达到 2μm，TTC500 可以达到 3μm；德国阿肯图公司的 TFS 型，主要技术参数见表 3-34；潍坊正远公司的 LHC 型、昆山密友的 WFJ 型技术参数分别见表 3-35、

表 3-36。

表 3-34　TFS 型精细分级机主要技术参数

型号	TFS360	TFS510/2	TFS25	TFS720	TFS720/2	TFS1020
风量/(m³/h)	7500	15000	24000	30000	48000	60000
入料速率/(kg/h)	≤4000	≤7500	≤12000	≤15000	≤24000	≤30000
转子转速/(r/min)	≤6000	≤4500	≤4500	≤4000	≤4000	≤2600
主机功率/kW	75	160	200	250	315	400
分级细度 d_{97}/μm	2～20	2～20	2～50	4～50	4～50	4～50

表 3-35　LHC 型精细分级机主要技术参数

型号	LHC20	LHC40	LHC80	LHC160	LHC320	LHC630	LHC1250
主机功率/kW	3～4	5.5～7.5	11～15	18.5～22	30～37	37～45	75～90
处理能力/(kg/h)	0.15～0.75	0.3～1.5	0.6～3	1.5～6	3～12	6～25	10～50
分级细度 d_{97}/μm	2～150						

表 3-36　WFJ 型精细分级机主要技术参数

型号	WFJ-260	WFJ-400	WFJ-600	WFJ-800	WFJ-1000	WFJ-1500
分级粒径 d_{97}/μm	2～15	2～15	2～15	2～15	2～15	2～15
处理量/(kg/h)	50～200	300～1000	500～1500	1000～3000	2000～6000	6000～8000
转子功率/kW	3.0	5.5	7.5	11×3	15×3	11×6

3.1.4.2　射流分级机

射流分级机，又称静态分级或惯性分级机，它有别于前述带有转动部件（如涡轮）的气流分级机，其主体内没有任何可动部件。其原理源自柯安达（Coanda）效应，即弯射流偏转原理。最早发明射流分级机的是德国 Karlsruhe 大学的 Rumpf，Clausthal 大学的 Leschonsk。随后这种射流分级机在日本被进一步研发应用，中国企业在引进技术的基础上研发的智能气流控制射流分级机已经在抛光粉及其他特种精细粉体材料生产中得到应用。

射流分级机构与工作原理、外形与系统配置如图 3-35 所示。其结构与工作原理如图 3-35（a）所示，微粉物料在高压气体的作用下被打散后进入射流分级机本体，在柯安达效应的作用下，细颗粒紧贴柯安达块，中颗粒在中间部位，大颗粒远离柯安达块。这样微粉颗粒被瞬间分成细、中、粗三级。然后被下游的收料器分别回收。射流分级机一般与旋风分离器和/或过滤收料器、引风机等组成一套分级系统，图 3-35（c）为分级系统配置图。

这种分级机的主要结构特点是：①无转动部件，结构简单，拆卸清洗和更换方便；②两把分级刀可以根据需要围绕刀轴旋转，从而可以方便调整分级机粗、中、细粉的产量和其相应的粒度；③容易采用全陶瓷内衬，分级过程不污染物料。

其主要性能特点是：①可分级球状、片状及不规则形状的颗粒，也可对不同密度的颗粒进行分级，且因采用高压气体在原料喷料管中对粉体进行了预分散处理，适用于超细、黏性物料的精细分级；②精准的大颗粒剔除功能，顶点切割准确，分级产品的粒度 d_{97} 可达 3～30μm，产品粒度无级可调，特别适用于对大颗粒含量要求极严的特种功能粉体产品的分级；③分级过程稳定，大、小型号分级机的分级精度一致且容易保持。

3.1.4.3　卧式螺旋离心分级机

用于超微粉体分离或分级的卧式螺旋离心分级机的离心分离因数一般为 1000～4000。图 3-36 所示为 LW（WL）型螺旋卸料沉降离心机的结构与工作原理。

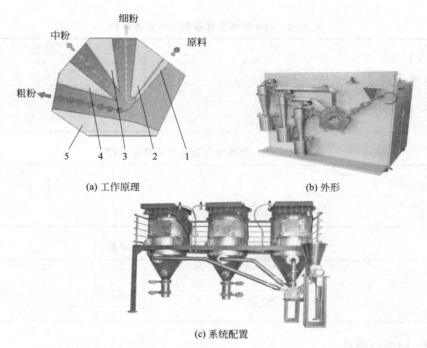

(a) 工作原理　　　　　　　　　　　　　　(b) 外形

(c) 系统配置

图 3-35　射流分级机结构与工作原理、外形与系统配置

1—喷料管；2—柯安达块；3—细分级刀；4—中分级刀；5—对冲挡板

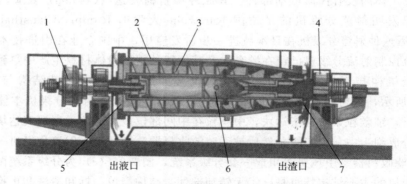

图 3-36　LW（WL）型螺旋卸料沉降离心机的结构与工作原理

1—差速器；2—转鼓；3—螺旋推料器；4—机座；5—排渣机；6—进料仓；7—溢流孔

　　该系列卧式螺旋离心机主要由柱-锥型转鼓、螺旋推料器、行星差速器、外壳和机座等零件组成。转鼓通过主轴承水平安装在机座上，并通过连接盘与差速器外壳连接。螺旋推料器通过轴承同心安装在转鼓里，并通过外在键与差速器输出轴内在键相连。

　　转鼓主要由连接盘、甩油环、主轴承、左轴颈、左轴套、转鼓锥段、拦液板、密封环、右轴颈、右轴套、皮带轮、骨架式油封、压板、左调整环、右调整环、大端密封套、O 形密封圈、小端密封套、压注油杯、刮刀等零件组成，并用标准紧固件将它们连接成一个圆柱-圆锥形筒体。

　　螺旋部件主要由花键轴、球轴承、向心推力球轴承、螺旋推料器身、螺旋右轴颈等零件构成，并用标准紧固件将它们连成一体。该部件的主体是螺旋推料器身，它的主要作用有：

接受、分布和加速悬浮液；推运沉渣和顺利排除澄清液。螺旋筒体上缠绕的螺旋叶片既可以左旋，也可以右旋。螺旋叶片一般垂直于转鼓母线设置。整个螺旋部件通过花键轴和右轴颈上的轴承分别支承在设置于转鼓左、右轴颈上的轴承座内。它通过差速器输出轴（低速级行星架盖）和花键轴带动，与转鼓同向旋转，但其转速略低于转鼓（即滞后）。

　　差速器是卧式离心机上最复杂、最精密的部件。卧式离心机整机的可靠性主要取决于差速器。差速器的作用是保证螺旋部件与转鼓部件之间具有稳定的转速差，从而使离心机能顺利排渣，进行正常工作。

　　机座主要由整体式铸造机座、左轴承左端盖、左轴承右端盖、进油管、回油管、左轴承压盖、右轴承压盖、右轴承左端盖、右轴承右端盖、进料管托架、压盖、内标式玻璃温度计（左右轴承压盖上各安装一支，图中未画出）构成，并用标准紧固件连成一体。此外，机座通过弹性基础放置在 8 个橡胶减振垫上，以便吸收部分离心机在工作过程中产生的振动，从而有效地保证离心机附近的机器设备正常运转和建筑物的安全，延长机器的使用寿命。

　　卧式离心机的主电机除了提供分离所需功率外，还要通过差速器向螺旋提供推渣功率。差速器规格的大小是根据推渣功率、推渣扭矩来设计或选用的。当推送的沉渣量超过差速器的极限能力，或者硬物落入转鼓内卡住螺旋时，就可能导致差速器或者由转鼓、螺旋和差速器构成的旋转运动系统中薄弱零件的破坏。为了保护差速器和这些薄弱零件免受可能的过载和损坏，在卧式离心机上一般都设有专门的过载保护装置。卧式离心机的过载保护装置有机械-电气式、机械-液压式、电控-机械式与电气式等类型。

　　进料管是用来将待处理的悬浮液引入卧式离心机内进行处理的部件。进料管的进料端设有两个安装位置，因此伸入转鼓的长度尺寸（即加料位置）有两个。此外在进料端附近还设有一个支管，用来与洗水管接通，以便在停机时冲洗机器内部。进料管的出料端端部被一圆板堵住，在圆板后面的两侧开有扁长形出料口，这样便于将悬浮液加到螺旋上指定的料仓之内。

　　卧式离心机的机壳具有保护操作工人的人身安全和使固相和液相分别排出离心机外两种功能。机壳部件主要由出料罩、上机壳、下机壳、出料内罩、海绵密封条和橡胶密封垫等组成。上、下机壳的剖分面处于通过转鼓旋转轴心线的水平面上。在剖分面上垫有橡胶密封垫，以便液体和固体不向机外泄漏。出料罩和上机壳均安装在下机壳的平面上。在出料罩和上机壳之间的半圆周长衬上有海绵密封条，以便密封离心机分离过程中由于转鼓出渣头搅动沉渣而产生的粉尘。出料罩和上机壳是两个独立的零件，一旦出料罩内部被沉渣淤塞，可拆开清理。对于黏性大的物料，在下机壳上围绕着转鼓出渣头的地方安装了一个出料内罩，可利用刮刀强行将沉渣卸出。为了防止澄清液流入出料罩之内，在上机壳和出料罩的内腔设有半环形隔板，与设置在转鼓上的圆环一起构成迷宫式密封。出料罩和上机壳上均设有吊耳，便于拆卸时使用。

　　润滑站又称供油站，它使离心机左、右轴承座内的主轴承得到冷却和强制润滑，保证主轴承能够长期可靠地运转。润滑站主要由电动机、油箱以及一系列液压元件组成。

　　图 3-37 所示为中外合作生产的 D 型卧式螺旋卸料沉降离心机。该型离心机主要由进料口、转鼓、螺旋推料器、挡料板、差速器、扭矩调节器、减振垫、机座、布料器、积液槽等部件构成，是一种结构紧凑、运转连续、运行平稳、分离因数较高、分级粒度较细的离心机。该型卧式螺旋卸料沉降离心机的另一个特点是电气部分用微机控制，可直接、自动在显示屏上显示转鼓转速、差速转速等主要技术参数，且能一机多用（并流型和逆流型复合在一起）。

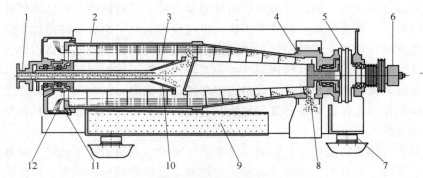

图 3-37　D 型卧式螺旋卸料沉降离心机的结构及工作原理

1—进料口；2—转鼓；3—螺旋推料器；4—挡料板；5—差速器；6—扭矩调节器；7—减振垫；
8—沉渣；9—机座；10—布料器；11—积液槽；12—分离液出口

　　转鼓由转鼓轴颈、出液台、转鼓体（柱锥复合体）及挡渣板组成。转鼓轴颈通过轴承支承在机座上，转鼓小端与差速器外壳刚性连接。转鼓由电机通过三角皮带带动差速器外壳而获得动力做高速旋转。出液头上均布 4 个澄清液的溢流孔，可根据需要通过更换溢流板获得不同的溢流直径。转鼓小端有 4 个径向分布的出渣口，挡渣板安装在出渣口附近。

　　螺旋推料器是在一空心柱锥体上焊接螺旋叶片制成的。螺旋大端靠螺旋大端轴颈支承在转鼓大端螺旋轴颈上，螺旋小端靠花键轴支承在差速器上。

　　机座是支承所有零部件的重要部件。本机采用的是焊接机座，两轴承座安装在机座两端，转鼓、差速器通过轴承分别支承在左右轴承座上，电机安装在机座右端的正上方。

　　该机的差速器为 K-H-V 摆线差速器，差速比为 59。差速器设置在转鼓头与机座右端轴承座之间。

　　该机的扭矩限制器为带弹性扭矩限制器，其作用是当离心机在异常情况下，螺旋的推料扭矩超过其设定值时，弹性环自身被破坏，扭矩限制器发出报警信号，并自动切断电源，以保护离心机的安全。

　　WL 型和 D 型卧式螺旋卸料沉降离心机的主要技术参数分别见表 3-37 和表 3-38。

表 3-37　WL 型卧式螺旋卸料沉降离心机的主要技术参数

型号	转鼓参数				电机功率 /kW	外形尺寸 （长×宽×高）/mm	设备质量/kg
	直径/mm	长度/mm	转速/(r/min)	分离因素			
WL-200A	200	600	4300	2070	7.5	1630×950×500	800
WL-350BX	350	875	3500	2400	11	1890×820×540	1000
WL-350C	350	650	3500	2400	7.5	1660×1400×540	680
WL-350SA	350	650	1900	710	11	1660×1400×540	680
WL-450	450	1030	2500	1570	37/11	2670×2000×840	3000
WL-600	600	900	2100	1470	37	3400×2500×1550	3300

表 3-38　D 型卧式螺旋卸料沉降离心机的主要技术参数

序号	型号规格	技术参数					电机功率/kW	质量/kg
		直径/mm	长径比	转速/(r/min)	分离因数	流场类型		
D₁	D1L	180	2.7	6000	3630	并流	7.5	250
D₂	D2LP	260	3.7	4500	2945	复合	15	940
	D2LE	260	3.7	4500	2945	并流	15	
	D2LC	260	3.7	2945	15	逆流	15	

续表

序号	型号规格	技术参数					电机功率/kW	质量/kg
		直径/mm	长径比	转速/(r/min)	分离因数	流场类型		
D₃	D3NP	340	2.7	3600	2465	复合	22	1330
	D3NE	340	2.7	3600	2465	并流	22	
	D3NC	340	2.7	3600	2465	逆流	22	
	D3LP	340	3.7	3600	2465	复合	22	1900
	D3LE	340	3.7	3600	2465	并流	22	
	D3LC	340	3.7	3600	2465	逆流	22	
	D3LCHP	340	3.7	3600	2465	逆流压榨	22	
	D3LLCHP	340	4.7	3600	2465	逆流压榨	30	
	D3LLC	340	4.7	3600	2465	逆流	30	
D₄	D4NP	430	2.7	3000	2165	复合	30	1925
	D4NE	430	2.7	3000	2165	并流	30	
	D4NC	430	2.7	3000	2165	逆流	30	
	D4LP	430	3.7	3000	2165	复合	30	2750
	D4LE	430	3.7	3000	2165	并流	30	
	D4LC	430	3.7	3000	2165	逆流	30	
	D4L3Ph	430	3.7	3000	2165	三相	30	
D₅	D5NC	520	2.7	2700	2120	逆流	45	3300
	D5MCHP	520	3.2	3200	2980	逆流压榨	55/15	
	D5LCHP	520	3.7	3200	2980	逆流压榨	55/15	4600

3.1.4.4　碟式离心沉降分级机

　　用于超微粉体分级与分离的碟式离心机的离心分离因数最高可达 10000 以上。图 3-38 所示为一种碟式分级机的结构和工作原理图。图 3-39 为碟片沉降式离心机的结构和工作原理图。碟式分级机与图 3-39 所示的碟片沉降式离心机相比，外形相似，但内部结构明显不同。传统的碟式离心机转鼓内充满了多层薄片，薄片上有许多小孔，上部只有一个溢料口，而该机转鼓内只有 1～2 层碟片，碟片上无小孔，机身上部有两个出料口（双出料口），即向心泵出料口和边侧溢流出料口。

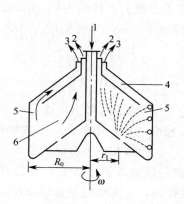

图 3-38　碟式分级机的结构和工作原理图

1—进料口；2—向心泵出口；3—边侧溢流出料口；
4—碟式结构；5—粒子运动轨迹；6—流体运动方向

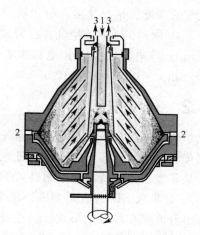

图 3-39　DHC 型碟片沉降式分离机工作原理

1—进料管；2—出渣口；3—液相出口

碟式分级机分级时，含固体颗粒的悬浮液从进料口 1 沿中心管向下运动，进入下腔，在旋转产生的离心力作用下，从半径 r_1 的底部进料孔，均匀地以稳定速度进入以角速度为 ω 高速旋转的转鼓内。它的运动具有两个分量，即径向分速度和轴向分速度。大颗粒因质量大，所受到的离心力大，且受布朗运动的影响小，可在较短时间内获得较大的离心加速度而率先到达转鼓内壁边缘沉降。而小颗粒在离心力场中虽然径向运动能力也得到了加强，但加速慢，受黏滞阻力和布朗运动的影响较大，到达转鼓内壁边缘所需的时间长，这样当悬浮液中的相同密度的颗粒群沿轴向运动到转鼓上出料口时，粒子在转鼓内运动的最终结果是：到达转鼓内壁边缘的大颗粒因附壁而发生沉降，在分离腔内液体中的其他颗粒，则按粒径的大小从转鼓边缘到轴心依次分布。由于受颗粒间的相互碰撞、牵引及流场扰动等因素的影响，颗粒的这种径向分布并非是绝对严格的。一部分小颗粒也会被大颗粒夹带至边壁附近。因此，该分级机采用了双出料口的出料方式，以便最大地提高超微粒子的回收率。在转鼓的上端中心，采用向心泵出料，使该区域内的小颗粒随液流直接排出。沿边壁向上运动的液流，由于大、小颗粒混杂，不能直接排出。所以，该处采用了碟式结构，强制液流通过碟式结构从溢流口排出。碟式结构可使液层变薄，缩短颗粒的沉降路径，加速大颗粒的沉降，确保流出液中无大颗粒。操作过程中可通过调节向心泵的出料范围和调整碟片间隙来控制分级产品的粒径。大颗粒沉积于转鼓内壁，被定期排出。

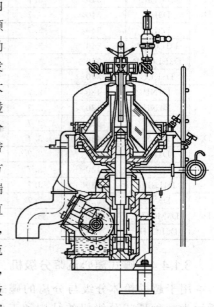

图 3-40　DHC 型碟片沉降式
分离机的结构

这种碟式离心分级机必须以水作为介质，而且必须将超细或超微粉体均匀分散于水中制成悬浮液。影响其分级效果的主要因素有：物料的特性、设备结构与操作条件，如悬浮液中固体颗粒的浓度、给料速度、分级机的转速等。

图 3-40 所示的 DHC 型碟片沉降式分离机的主要技术参数为：转鼓内径 510mm；转速 4450r/min；分离因数 5500；电机功率 18.5kW；电机转速 r/min；整机质量 1500kg；外形尺寸 1805mm×1400mm×1120mm。

3.2　化学法

化学法是一种自下而上的技术路线，它的出发点是分子/原子或离子，通过外部环境的改变或化学反应的进行，使溶质从过饱和的分散相（气相或液相）中析出，形成固体颗粒。化学法是超微粉体，特别是纳米颗粒的主要制备技术之一。超微和纳米粉体的制备已成为近 20 年来一个非常活跃的研究领域。化学法制备颗粒对设备的要求不是太高，且较容易实现对颗粒组分或颗粒纯度、形貌、粒径分布或比表面积的控制，是大规模制备超微粉体，特别是纳米粉体的主要方法之一。化学制备颗粒的方法可分为气相法和液相法。气相法主要有物理气相合成、化学气相合成和燃烧气相合成等；液相法主要有化学沉淀法、溶胶-凝胶法（Sol-Gel）、微乳液法、溶剂蒸发法、醇盐水解法、水/溶剂热合成法、非水溶液合成法等。以下分别介绍这些制备方法的原理、方法、工艺与装置。

3.2.1　气相合成

3.2.1.1　概述

超微粉体的气相合成形式上很像人的吸烟过程，烟丝经加热气化为烟雾，烟雾通过气流输送，其中的超微粉末或经冷凝后生成的超微颗粒就会沉积或"收集"在人体肺部。因此，气相合成法的原理就是把所欲制备成超微粉体的相关物料通过加热蒸发或气相化学反应后高度分散，然后再将冷却凝结成的超微颗粒收集成为超微粉体，过程的实质是一种典型的物理气相"输运"或化学气相"输运"反应，或两者的结合。显然，气相合成法采用了具有不同蒸气压的出发原料和气相环境、不同的热源，乃至于不同的加热程序，特别是需要考虑到加热气化过程究竟是一种简单蒸发-冷凝过程的加热程序，还是同时伴有不同物料之间或物料与环境气相之间的化学反应过程，所以气相合成法就是变化繁多的一类方法。其特征是，既可制备超微粒子或纳米粒子，也可制备超微粒子膜或纳米薄膜。它们的生成条件容易控制，即使气相过饱和度大，成核后分散度仍较高，具有凝聚小、粒径分布窄、平均粒径和颗粒形貌容易调节等特点。有时适当改变气氛，还能对所得粒子进行表面改性。因此，气相合成原则上只要恰当地选择反应条件、反应体系、反应器类型和反应动力学参数，即能合成任何单质或化合物的粒径可调的高纯度超微粉末，特别是由于气氛控制方便、出发原料的制备简单（对其纯度要求可以不高，挥发性原料的精制也比较容易），易获得高纯度产物，被广泛用来制备金属、金属氧化物和其他如氮化物、碳化物、硼化物等一系列难以用其他方法合成的非氧化物超微粉末。除实验室研究以外，许多工艺已应用或具有工业应用价值，例如，TiO_2早期工业化的氯化法合成是历史上最典型而又最有成效的超微粉末化学气相合成反应之一，至今仍具有重要意义。虽然一般的真空蒸发-冷凝等方法，因反应器类型、加热方式、产物收集等多种原因，合成量不大，仍仅适用于实验室或小规模生产。但随着技术的进步，一些方法已经能够获得每小时千克级以上产率的纳米金属或化合物超微粉体。表 3-39 列出了气相合成超微粉体的一些例子。

表 3-39　超微粉体气相合成实例

气相体系	反应温度（或加热方式）/℃	超微粉体
氧化物或氯氧化物＋二氧化氮	约 400	Nb_2O_5，MoO_3，WO_3，B_2O_3，V_2O_5
	175～500	Al_2O_3＋氯氧化铝
氯化物＋氧	600～1700	SiO_2，ZnO，Cr_2O_3，Al_2O_3（γ-或 δ-），ZrO_2（四方或单斜晶体），Fe_2O_3（α-，η，γ-或 δ-），TiO_2（金红石型或锐钛型）
氧化物或氯氧化物＋氧	等离子体	α-Cr_2O_3，δ-Al_2O_3，Cr_2O_3-Al_2O_3 固溶体，TiO_2
氧化物或氯化物＋氢	800～900	Mo，W
氯化物＋氢＋甲烷	等离子体	TaC，TiC，NbC，SiC
挥发性氧化物＋氨		BN
挥发性卤化物＋氨	600～2000	AlN，Si_3N_4，BN，Zr_3N_4，TiN，ZrN，VN
氯化物＋氢（氮气存在下）	约 3000	TaN
挥发性氟化物＋氢	氢-氧焰	W，Mo，W-Mo 合金，W-Re 合金
二氧化硅＋碳	电弧（约 1400）	SiC
挥发性卤化物＋水	火焰	SiO_2，Al_2O_3
金属醇盐蒸气热分解	320～450	SiO_2，Al_2O_3，HfO_2，ThO_2，Y_2O_3，Dy_2O_3，Yb_2O_3，ZrO_2（立方晶体）

气相体系	反应温度(或加热方式)/℃	超微粉体
烷基金属燃烧		Al_2O_3
卤化物或氧化物+甲烷	1200~1400 或等离子体	SiC,TiC,Mo_2C,NbC,WC
惰性气体蒸发法	石墨加热器	Al,Mg,Zn,Sn
	激光或电子束	SiO_2,Al_2O_3,MgO
	高频感应(1800~2000)	Fe,铁磁合金,磁性金属
	等离子体	Fe, Fe-Al, Nb-Al, Nb-Si, V-Si, Nb-Ge, CrSi, Mo-Si, W-C, Ta, Ti, Ni, Co, Al, Cu
反应性气体蒸发法	等离子体	$ZrC,MgO,TiC,B_4C,TaC,SiC,WC,TiN,ZrN,Si_3N_4,$ $W_2N,Hg_3N_2,BN,AlN,SiAlON,ZnO,GaN$
熔融蒸发法	等离子体等	$C, Al, Li, Ni, Fe, W, Mo, SiO_2, Al_2O_3, Fe_2O_3, ThO_2,$ $MnO_2,Nb_2O_3,NiO,Y_2O_3,UO_2.$ $MoO_3, ZrO_2, MgO, WO_3, TbC, TiC, B_4C, UC, TaC, SiC,$ $LiAl(SiO_3)_2, SiO_2 \cdot Al_2O_3 \cdot Fe_2O_3, MnO, SiO_2, Fe \cdot Si,$ $FeO \cdot Cr_2O_3, B_4C \cdot SiC, UC \cdot NbC, Y_2Er_2CeU_2$ (Ta, $Nb)_4O_{15} \cdot xH_2O, UC \cdot 2.25ThC, (Zn,Mn,Cu,Fe)O$
甲硅烷为主的体系	激光诱导	$Si,SiC,SiCB,Si_3N_4$
羰基化合物为主的体系	激光诱导	$Fe,Cr,Mo,W,FeF_2,FeSi_2$
挥发性化合物	激光诱导	B,B_4C,TiB,TiO_2

3.2.1.2 气相合成原理

超微粉体气相合成时，不论采用何种具体的方法，都会涉及气相粒子成核、晶核长大、凝聚等一系列粒子生长的基本过程。

（1）气相合成超微粉体生成条件

纯粹物理气相合成与化学反应基本无关，只是简单的蒸发-冷凝过程。化学气相合成涉及形成超微粉体化学反应自由能变化，图 3-41 所示为下述不同类型气相反应自由能随温度变化的趋势。

① $SiCl_4 + O_2 \longrightarrow SiO_2 + 2Cl_2$

② $TiCl_4 + O_2 \longrightarrow TiO_2$（锐钛矿 A）

③ $TiCl_4 + O_2 \longrightarrow TiO_2$（金红石 R）$+ 2Cl_2$

④ $TiCl_4 + 2H_2O \longrightarrow TiO_2$（锐钛矿 A）$+ 4HCl$

⑤ $AlBr_3 + 3/4O_2 \longrightarrow 1/2Al_2O_3 + 3/2Br_2$

⑥ $AlCl_3 + 3/4O_2 \longrightarrow 1/2Al_2O_3 + 3/2Cl_2$

⑦ $FeCl_3 + 3/4O_2 \longrightarrow 1/2Fe_2O_3 + 3/2Cl_2$

⑧ $ZrCl_4 + O_2 \longrightarrow ZrO_2 + 2Cl_2$

⑨ $SiCl_4 + 2H_2 + 4/6N_2 \longrightarrow 1/3Si_3N_4 + 4HCl$

⑩ $SiCl_4 + 4/3NH_3 \longrightarrow 1/3Si_3N_4 + 4HCl$

⑪ $TiCl_4 + 1/2N_2 + 2H_2 \longrightarrow TiN + 4HCl$

⑫ $TiCl_4 + NH_3 + 1/2H_2 \longrightarrow TiN + 4HCl$

⑬ $VCl_4 + NH_3 + 1/2H_2 \longrightarrow VN + 4HCl$

⑭ $TiCl_4 + CH_4 \longrightarrow TiC + 4HCl$

归纳起来大体可分成三类：自由能变化小的⑨、⑪等反应体系，自由能变化大的①、⑤、⑥、⑩和⑫等体系以及自由能处于上面两种变化之间的②或③等体系。其中自由能变化小的体系虽能获得在异质物种上生长的单晶，但很难得到它们的超微粉体产物，而自由能变化大的体系却很容易获得各自相应的超微粉体反应产物，中间类型体系是否能获得则取决于反应气体组成的影响。同种反应体系，如果反应条件不同，生成超微粉体反应的情况也不同。一个超微粉体合成的具体反应：

$$a\,A(g)+b\,B(g)\longrightarrow c\,C(s)+d\,D(g) \tag{3-41}$$

当用 p 表示蒸气压时，其过饱和比 R_S 为：

$$R_S=[(p_A^a \cdot p_B^b/p_D^d)_{反应时}]/[(p_A^a \cdot p_B^b/p_D^d)_{平衡时}]=K[(p_A^a \cdot p_B^b/p_D^d)_{反应时}]$$

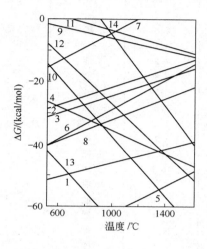

图 3-41　不同类型气相反应自由能
随温度的变化 （1kcal=4.1868kJ）

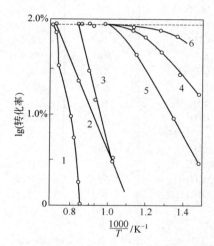

图 3-42　金属卤化物和氧反应转化率与温度的关系
1—SiCl₄；2,3—AlCl₃；4—AlBr₃；5—TiCl₄；6—FeCl₃

显然，过饱和度平衡常数 K 越小，越不利于超微粉体的合成。表 3-40 列出了当原料源浓度为 1mol/L 时，某些反应体系平衡常数 K_P 对超微粉体形成的影响。同种反应体系，只要改变反应条件以增加 K 值，就有利于超微粉反应的进行。顺便指出，有时原来不能实现的反应，在改用等离子体加热后也能制备出超微粉，此时除涉及一般气相反应外，还与等离子体化学有关。此外，图 3-42 还显示出数种金属卤化物和氧反应转化率与温度的关系。就氯化物、溴化物的反应而言，自由能变化与转化率有平行关系；但仅就氯化物体系而言，反而是自由能变化越大，转化率越小。

表 3-40　某些反应体系中平衡常数 K_P 对超微粉体形成的影响

气相反应体系	生成物	平衡常数/K_P			粉体生成状况	
		1000℃	1400℃	1500℃	≤1500℃	等离子体
SiC₄-O₂	SiO₂	10.7	7.0		能	
TiCl₄-O₂	TiO₂(A)	4.6	2.5		能	
TiCl₄-H₂O	TiO₂(A)	5.5	5.2		能	
AlCl₃-O₂	Al₂O₃	7.8	4.2		能	
FeCl₃-O₂	Fe₂O₃	2.5	0.3		能	
FeCl₂-O₂	Fe₂O₃	5.0	1.3		能	
ZrCl₄-O₂	ZrO₂	8.1	4.7		能	
NiCl₂-O₂	NiO	0.2			不能	

气相反应体系	生成物	平衡常数/K_P			粉体生成状况	
		1000℃	1400℃	1500℃	≤1500℃	等离子体
$CoCl_2$-O_2	CoO	约0.7			不能	
$SnCl_4$-O_2	SnO_2	1.0			不能	
SiC_4-H_2-N_2	Si_3N_4	1.1		1.4	不能	
SiC_4-NH_3	Si_3N_4	6.3		7.5	能	
SiH_4-NH_3	Si_3N_4	15.7		13.5	能	
$SiCl_4$-CH_4	SiC	1.3		4.7	不能	不能
CH_3SiCl_3	SiC	4.5		(6.3)	不能	不能
SiH_4-CH_4	SiC	10.7		10.7	能	
$(CH_3)Si$	SiC	11.1		10.8	能	
$TiCl_4$-H_2-N_2	TiN	0.7		1.2	不能	
$TiCl_4$-NH_3-H_2	TiN	4.5		5.8	能	能
$TiCl_4$-CH_4	TiC	0.7		4.1	不能	
TiI_4-CH_4	TiC	0.8		4.2	能	
TiI_4-C_2H_2-H_2	TiC	1.6		3.8	能	
$ZrCl_4$-H_2-N_2	ZrN	约2.7		～1.2	不能	
$ZrCl_4$-NH_3-H_2	ZrN	1.2		3.3	能	
$ZrCl_4$-CH_4	ZrC	约3.3		1.2	不能	
$NbCl_4$-NH_3-H_2	NbN	8.9		8.1	能	
$NbCl_4$-H_2-N_2	NbN	4.3		3.7	能	
$MoCl_5$-CH_4-H_2	Mo_2C	19.7		18.1	能	
MoO_3-CH_4-H_2	Mo_2C	11.0		(8.0)	能	
WCl_6-CH_4-H_2	WC	22.5		22.0	能	
SiH_4	Si	6.0		5.9	能	
WCl_6-H_2	W	15.5		15.5	能	
MoO_3-H_2	Mo	10.0		5.7	能	
$NbCl_5$-H_2	Nb	约0.7		1.6	能	

（2）气相合成中的粒子成核

气相合成中超微粉体生成的关键在于是否能在均匀气相中自发成核。如果不涉及反应器内壁对成核的影响，体系内显然没有任何其他外来表面存在，那么从相变角度考虑，该过程有点像晶体生长时从熔体或液相中自发结晶成核。在气相情况下，有两种不同的成核方式：第一种成核方式，直接从气相中生成固相核，或先从气相中生成液滴核然后再从中结晶，金属镁粒子气相成核的透射电镜（TEM）研究表明，固相核一开始就是六方片状或棒状；第二种成核方式，起初为液球滴，结晶时出现平整晶面，再逐渐显示为立方形，其中间阶段和最终阶段处于一定的平衡，即 Wulff 平衡多面体状态。通过电弧放电、金属蒸发最终制得的球形粒子如 γ-Al_2O_3、TiO_2、SiO_2，包括单质硅等超微粒子，基本成核过程大体上类似于金属镁粒子的液滴成核，从气相凝结而成。可以想象，化合物结晶过程本身自然要比单质复杂得多，直接从气相到固相成核应该比较困难。因此，从化学气相合成体系出发，首先从气相中均匀出现大量液滴核是合理的。实际上，液滴核在过饱和蒸气中的形成分几个阶段，初始生成一些原子或分子簇团作为胚胎，然后胚胎长大或聚集成液核，直至液滴。以 TiO_2 超微粉的化学气相合成为例，取金红石在碳共存下的氯化产物四氯化钛为原料，先进行氧化分解：

$$TiCl_4(g)+O_2(g)\longrightarrow TiO_2(g)+2Cl_2(g) \tag{3-42}$$

均匀自发成核过程为：

$$TiCl_4(g) + O_2(g) \longrightarrow TiO_2(g) + 2Cl_2(g) \tag{3-43}$$

$$i\,TiO_2(g) \longrightarrow (TiO_2)_i(l) \longrightarrow (TiO_2)_i(s) \tag{3-44}$$

也即：蒸气分子 A→A_n 分子小簇团（胚胎）→具有临界半径的簇团（液核）→液滴，其中前两个过程是可逆的，微粒形成速率取决于临界半径簇团的形成速率，即首先涉及胚胎的形成速率。倘若体系没有能使上述过程进行的外来表面存在，整个过程需要表面自由能 ΔG，所以胚胎形成速率$=ZA\exp(-\Delta G/RT)$。式中，Z 为频率因子，包含蒸气分子碰撞胚胎表面积 A 上的概率，与该面积的分子碰撞次数 Z 有关。TiO_2 成核过程的研究表明，当用蒸气的液滴核化理论计算临界簇的大小时，只需若干 TiO_2 分子便可形成稳定的团簇晶核。这里，ΔG 主要由两项组成，即 $\Delta G = \Delta G_S + \Delta G_V$，其中 ΔG_S 和 ΔG_V 分别为伴随液滴生成的界面自由能和体积自由能，假设液滴为半径 r 的球，则

$$\Delta G = 4\pi r^2 \sigma + (4/3)\pi r^3 \Delta G'_V \tag{3-45}$$

式中，σ 和 $\Delta G'_V$ 分别为液滴球单位表面积的界面能和从蒸气液化出单位体积液滴球的自由能变化。前者显然为正，后者相当于单个原子从蒸气相转变成液滴相的相变驱动力 Δg 与单个原子体积 Ω 之比。由于体系从气相过饱和亚稳态转变成液滴凝聚相将要释放出亚稳相比稳定相高的那一部分吉布斯自由能，所以 ΔG_V 应为负值。这样，上式第二项 $4/3 \times \pi r^3 \Delta G_V$ 实际是形成液滴球前后蒸气液化自由能的变化 $4/3 \times \pi r^3(2\sigma/r)$。由此可以看出 ΔG、ΔG_S 和 ΔG_V 随液滴球半径 r 的变化趋势（图 3-43），并可估算成核半径大小。定义 $\Delta G(r)$ 曲线极大值 ΔG_C 所对应的液滴球半径为临界晶核半径 $r_c = \Delta G_C/(4\pi\sigma)^{1/2} = 2M\sigma/(\rho\Delta g)$，而 $\Delta G(r)$ 为零时所对应的液滴球半径为晶粒临界半径 $r_0 = 3M\sigma/(\rho\Delta g)$。式中，$M$ 和 ρ 分别为产物相对分子质量和液滴球密度。此处，ΔG_C 实际上就是临界晶核所对应的成核功，如果把临界晶核半径 r_e 代入式 (3-45)，即可求得 $\Delta G_C(r_C)$ 相当于临界晶核界面能的 1/3。这意味着在形成临界晶核时，所释放的体积自由能仅可补偿界面自由能增高的 2/3，还有 1/3 的界面自由能必须从体系能量涨落中求得补偿。显然，这份能量也就是过饱和气相体系自发液滴成核的关键。鉴于液滴球很小，其球面率很大，液体曲率和蒸气压的 Kelvin 关系为：

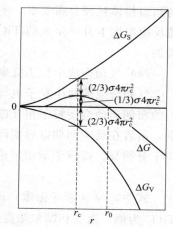

图 3-43　液滴球半径 r 与自由能的关系

$$\ln(p_r/p_0) = 2M\sigma/(RT\rho r) \tag{3-46}$$

式中，R 为气体常数；p_r/p_0 为温度 T 时半径为 r 的液滴和大块液体（或水平液面）蒸气压之比，液滴越小，相应的蒸气压越大。显然，$\ln(p_r/p_0)$ 也相当于过溶解度或过饱和比，直接理解为该气相体系的 p/p_0 比（体系实际蒸气压 p 大于该温度下的平衡蒸气压 p_0），由此得到 $r = 16\pi\sigma^3 M^2/3[RT\rho\ln(p/p_0)]^2$。因此，当 r 不到晶核临界半径 r_c 时，液滴球会蒸发消失；或者说，平衡状态（$p/p_0=1$）就意味着自发生长液滴核的概率为零；反之继续长大。所以，只要适当控制整个反应体系的过饱和度就有可能最终控制超微粒子的成核过程。核的生长速率应为：

$$v = K\exp[-\Delta G_C/(RT)] = K\exp\{-[16\pi\sigma^3 M^2]/[3R^3T^3\rho^2\ln(p/p_0)^2]\} \tag{3-47}$$

简单计算表明，过饱和比 p/p_0 显著影响核的生长速率。例如，室温附近，当 p/p_0 分

别为 4、5 和 6 时，核生长速率的数量级分别为 10^{-10}、$10^{-0.7}$ 和 $10^{4.2}$。还要指出，这里讨论的是液滴晶核，当其中转变有固相核时，只需要进一步考虑引入熔化熵 ΔS 对 ΔG_C 的影响而已，并不从根本上影响式(3-47) 的有效性。

（3）气相合成中粒子生长及粒径控制

不管气相合成体系以何种方式成核，只要成核，核就通过碰撞继续长大为初级粒子。因此，合成中最重要的是产物粒径控制，其途径是通过物料平衡或通过反应条件控制成核速率进而控制产物粒径。当气相反应平衡常数很大时，反应速率很大，由此可根据物料平衡估算生成粒子的尺寸，即

$$(4/3)\pi r^3 N = C_0 M/\rho$$

式中，N 为每立方厘米所生长的粒子数；C_0 为气相金属源浓度，mol/cm^3；ρ 和 M 分别为生成物密度和相对分子质量。所以，

$$D = 2r = [6C_0 M/(\rho \pi N)]^{1/3}$$

这表明粒子大小可通过原料源浓度加以控制。随着反应进行，气相过饱和度急剧降低，核成长速率就会大于均匀成核速率，晶核和晶粒的析出反应必将优先于均相成核反应。因此，从均相成核一开始，由于过饱和度变化，超微粉体反应就受自身控制，致使气相体系中的超微粉体粒径分布变窄。不过，不同体系粒径的控制情况有所不同，例如 $MXn-O^2$ 体系，随反应温度上升，生成的 TiO_2、Al_2O_3 和 ZrO_2 的粒径逐渐减小，而 Fe_2O_3 的粒径却逐渐增加。

（4）气相合成中粒子凝聚

气相合成的初生粒子也就是数纳米左右。由于全部粒子在整个体系中处于浮游状态，它们的布朗运动会使粒子相互碰撞凝聚。显然，这种粒子间凝聚与初生粒子长大的概念有所区别，前者在反应初期以后实际是颗粒间的合并，下面的预测能定性说明粒子相互碰撞凝聚效应十分明显。按分子运动理论，其碰撞频率：

$$f = 4(\pi kT/m)^{1/2} \times d_p^2 N^2 \tag{3-48}$$

式中，N 为粒子浓度；m 和 d_p 分别为粒子的质量和粒径；k 为玻尔兹曼常数。以合成 TiO_2 为例，当气相摩尔浓度为 1% 时，为获得均匀的粒径为 $100nm$ 的粒子，则全部粒子通过互相碰撞完成这一过程需要 $0.53s$；如果要制得 $10nm$ 的粒子，则只需要 $1.7 \times 10^{-3}s$。实际影响因素当然复杂得多，不过粒子相互碰撞凝聚应该是粒子后期长大的主要原因。

综合比较上述气相合成中化学反应、成核、粒子生长和凝聚四个基本过程，它们与温度的依赖关系是不同的，其中碰撞频率与温度的关系较小，高温对气相合成十分有利，短时间内即可迅速完成反应、成核、初期粒子生长和原料分子消失等一系列过程而可完全忽略碰撞问题。只是在后期阶段，碰撞凝聚才起支配地位。为简单起见，假设构成气相源的全部原料分子都是单分子，那么可以形象地估计，完全按初期粒子生长方式长成 $10nm$ 粒子所需要的时间远远大于按碰撞凝聚长成 $10nm$ 粒子所需要的时间。这种估计的具体计算比较复杂。为简单起见，假定初期反应（即经过 $10^{-6}s$ 反应时间）以后，体系中全部粒子均为等径球，粒子无孔，也无电荷影响，则碰撞频率虽为式(3-48) 所示，但每次碰撞并不一定实际引起凝聚长大，须定义一个凝聚因子 S_f，由此模型即可给出粒子浓度 N、比表面积 S 和粒径 d_p 表述式分别为：

$$N = Z(S_f T^{1/2} C^{1/6} t)^{-5/6} \tag{3-49}$$

$$S=Z'(S_f T^{1/2} Ct)^{-2/5} \tag{3-50}$$

$$d_p=Z''(S_f T^{1/2} Ct)^{2/5} \tag{3-51}$$

式中，Z，Z' 和 Z'' 为分别取决于粒子密度、相对分子质量、阿伏伽德罗常量；C 为构成气相中每单位体积的单分子数，正比于原料浓度；t 为反应滞留时间。由四氯化钛制备 TiO_2 微粉的实验显示，粒径 d_p 与四氯化钛入口浓度成直线关系，直线斜率为 0.34，接近 2/5。同样，由四氯化硅制备 SiO_2 微粉的实验表明，随着滞留时间的增加，SiO_2 粒子的比表面积 S 减少，即 S 正比于 $t^{-2/5}$，与预测一致，此时 S_f 为 0.004 即每 250 次碰撞中只有 1 次引起有效凝聚。所以，当在熔点温度以上反应时，具有几纳米的液滴合并可能性不大。另外，由于碰撞凝聚，粒子的黏度对其长大应有影响。总之，上述模型表明，粒子经初期生长后，粒子粒径随着滞留时间的增加经碰撞凝聚均衡长大，其他化学反应速率并不影响这种凝聚机制。

（5）气相合成中的粒子形貌控制和表面改性

气相合成所生的粒子形貌取决于颗粒是多晶（包括多孔质结晶、非晶、多孔质非晶等）还是单晶。前者一般为球形，后者由于涉及各向异性生长，通常难以生成。不过对于由高温电弧放电加热制得的粒子如 γ-Al_2O_3、TiO_2、SiO_2，甚至是单质硅等超细粒子，其金属烟雾的冷却速率影响粒子的形貌，当冷却速率高于 104℃/s，粒子为球形；冷却速率低，粒子就具有多面体外形。对于化学气相合成反应，即平衡常数小的反应体系来说，选择恰当的反应条件有可能造成各向异性生长。如当过饱和度大时，快速成核的晶粒一开始就处于"单晶形貌"，显露出不同晶面，从而有足够的时间使不同晶面有不同的生长速率。有时对同一种微粉产物采用不同的反应体系，可以获得不同形貌的粒子。即使简单的反应性气体蒸发，也能通过反应条件实现粒子形貌控制。此外，如果向气相反应体系提供额外的超微粒子晶核，也有可能实现单晶粒子形貌控制，许多化合物的晶须生长就是这样实现的。

气相合成的超微粒子还可以方便地通过适当气相条件的变化来进行表面改性。例如，把 γ-Al_2O_3 粒子于烷烃气氛中或由分压分别为 1.33kPa 的苯蒸气和 39kPa 的氩组成的混合气氛中处理，其表面会涂上一层石墨，在后者气氛下于 1000℃ 处理 30min，石墨涂层厚为 5nm，从而改变 γ-Al_2O_3 的绝缘体性质，粒子涂层导电，造成电学性质变化。类似的涂层也已用于修饰 TiO_2、SiO_2 和 Fe_2O_3 等。在 TiO_2 的情况下，1100℃ 热处理还可生成 TiC 中空球粒子，因为氧化物会被涂层碳所还原。超微金属镍和铁也可用同样方法在 400～500℃ 热处理中进行改性，低于 400℃ 涂层为无定形碳；高于 500℃，铁粒子表层或整个粒子会变成渗碳铁。物理气相合成也可以制备具有表面修饰的粒子，目前已知有多种金属粒子被修饰在纳米碳笼中。典型的例子是一般采用直流电弧放电制备被包裹在超富勒笼中的二氧化铈纳米晶粉体。该法把二氧化铈和石墨胶泥以质量比 0.3∶1 混合并压入内径 1nm、外径 6nm、长 8nm 的碳管空心中，经 120℃ 处理 3h 后，相继再在真空 400℃ 和 1200℃ 分别处理 70h 和 1h，然后把上述棒状物作正极，在 40V、30A 和 80kPa 氦分压条件下进行直流电弧放电，在碳负极所得炭质沉积物中用硫酸除去残余的二氧化铈后，即可获得不怕空气、水或硫酸的稳定产物，而一般的二氧化铈在同样条件下是不稳定的。化学气相沉积（CVD）过程也能把金属镍修饰在碳纳米管中。显然，各种气相反应的巧妙结合会使超微粒子或粉体得到更好的表面改性，甚至形成各种复合或复相超微粉体材料。

3.2.1.3　物理气相合成

原则上，任何固态物质的蒸发-冷凝过程都会形成超微粒子。鉴于加热源、周围气相环境（真空或惰性气体）和收集产物的方式不同，具体工艺方法很多，但不涉及严格意义的化学反应，所以为称物理气相合成。其本质是把所要制备的超微粉体的源材料在真空或低压气体（如氮和氩、氦、氖等惰性气体）中加热蒸发，产生的烟雾状超微粒子就会冷凝在容器的一定部位。只要加热和捕集装置合适，就可制备纯度、粒度、晶形较好和成核均匀的金属和少数难熔氧化物（当源材料为相应氧化物时）超微粉体，其粒径分布窄，粒子尺寸能够有效控制，并能实现粒子表面改性和制备复合粒子。近年来，物理气相合成已可规模化制取纳米级超微粉体，最小可达 10nm 以下。如果在蒸发的同时引入化学反应，像反应性气体蒸发（即通过蒸气与周围环境气氛的简单反应获得相应产物），那么，包括金属、合金和化合物在内的几乎所有物质的超微粒子都能用该方法获得。即使那些通常在空气中不稳定或易燃的超微粒子如金属铁，也能获得其稳定的形态。各种形式的物理气相合成日益成为制备功能陶瓷超微粉体材料的重要方法之一。但本书将物理气相合成仅限于简单的蒸发-冷凝，而把与此相关的反应性气体蒸发归于化学气相合成。

（1）蒸发-冷凝法中的几个基本问题

① 蒸发速率。当金属源蒸发到固相与气相呈平衡状态时，可根据气体分子运动理论计算蒸发分子数 I，即：

$$I = p_E (2\pi m k T)^{-1/2} = N p_E (2\pi M R T)^{-1/2} \tag{3-52}$$

式中，m、M 和 N 分别为蒸发分子质量、相对分子质量和阿伏伽德罗常量；p_E 为平衡蒸气压。由此可换算成蒸发速率：

$$J_E = I/N = p_E (2\pi M R T)^{-1/2}$$

或：

$$J_e = J_E M = p_E M (2\pi M R T)^{-1/2}$$

平衡蒸气压：

$$p_E = J_e (2\pi R T/M)^{1/2} = 2285 J_e (T/M)^{1/2}$$

由于真空蒸发不能达到平衡蒸气压，无法满足上述平衡条件，显然蒸发速率 J_V 小于平衡蒸发速率 J_E。当周围气氛和初始表面条件不同时，蒸发速率也有所不同。实际上 J_E 就是最大蒸发速率。

② 金属烟焰。物理气相合成的基础是气相蒸发。与蜡烛火焰类似，金属蒸发事实上也形成金属烟焰。虽然由于具体源材料和其他工艺条件不同，金属烟焰的实际形状会有所区别，但一般都有气相区、内层和外层三个区带，这就造成蒸发室内的温度梯度分布，离源越近，梯度越大。假定典型的温度梯度为 400℃/cm，则冷却速率有可能在 $10^4 \sim 5 \times 10^5$℃/s 之间变化，因此相应各区收集的粒子尺寸和形貌各不相同。如在惰性气氛氦中形成的金属镁烟焰，由其中心向外，粒子形状分别为小圆球和六角状粒子混合（心部）、稍大的圆球粒子（内层）、较大的六角状粒子（中间层）、棒状或片状粒子（外层）。不过，即使同一金属烟焰内层，不同工艺条件下的粒子形貌和平均粒径也有所不同，如随着蒸发温度的提高，不但内层粒子的平均粒径有较大提高，而且粒径分布增宽。因此，恰当选择金属烟焰的形成条件有可能调整产物的形貌、粒径分布和平均粒径。

③ 粒径和粒子生长机制。超微粒子必将通过金属烟焰气相区内气相原子碰撞吸附引起成核和生长。显然，最终的平均粒径 $D_平$ 与所用的气相环境、气体压力、原料形态和蒸发源温度等多种因素直接相关。蒸发源温度和环境气体压力增加，粒径分布范围会变得更宽。实际上，气相环境和气体压力 p 决定了气体分子的自由程。

$$L = kT / (2^{1/2} \pi d^2 p)$$

式中，k 和 d 分别为玻尔兹曼常数和气体分子的直径。

当超微粒子分别为金属或氧化物时，$D_{平}$ 与源物质的蒸气压 p 的关系有所不同。当由相应金属制备 $\gamma\text{-}MnO_2$、SnO_2 和 CuO 时（实际为化学气相合成反应），其 $D_{平} = k_1 p^{1/2}$ （式中，k_1 是与气体种类、所蒸发的原料和蒸发温度有关的常数）。这样，当前两个因素相同时，可通过调节蒸发源温度来控制蒸发时的蒸气压，从而调节平均粒径 $D_{平}$；对金属超微粉体的情况，则 $D_{平} = k_2 p^{1/3}$。

当粒子的生长过程基本上受碰撞长大机制支配时，球形粒子的粒径 D 分布可由高斯分布表示：

$$f_{LN}(D) = 1 / [(2\pi)^{1/2} \ln\delta] \exp[-(\ln D - \ln D_{平})^2 / (2\ln^2 \delta)] \tag{3-53}$$

式中，$f_{LN}(D)$ 为对数正态分布函数，即尺寸小于 D 的所有粒子与体系全部粒子总数的比；$D_{平}$ 和 δ 分别为统计平均粒径和几何标准偏差。

则小于某粒径 D 的超微粒子总数为：

$$f_{LN}(D) = (1/2) + (1/2) \exp[\ln(D/D_{平}) / (2^{1/2} \ln\delta)] \tag{3-54}$$

这种 $f_{LN}(D)$ 和 D 的关系称为对数概率图。由惰性气体蒸发法制备 Sn 金属超微粒子所得的对数概率图是一条直线，由此可以推测，当核超过临界直径后的继续生长的确是粒子之间的互相碰撞。这样，$D_{平}$ 就是当 $f_{LN}(D)$ 为 50% 时的 D 值，δ 为当 $f_{LN}(D)$ 为 84.13% 时的 $D/D_{平}$ 值。

另外，粒径大小与粒子形态也有关系，几纳米的粒径不一定是球形颗粒，也不一定是晶状。

还要指出，考虑到由于金属烟焰气相区外温度太低同时又不存在过饱和气相，因此曾经预料在那里不会有粒子的进一步生长。然而通过电镜原位考察证明，气相区外的粒子生长也十分显著，其机制就是上面已经讨论过的粒子碰撞凝聚，即小粒子之间类似于烧结反应合并长大。

（2）真空蒸发-冷凝法

通常把源材料真空蒸发后的蒸气冷凝在某种固体表面，虽然所得粒子尺寸分布较窄，粒子之间互相也能分离，但缺点是难以收集散布在这种表面的粒子。一种改进方法是让真空蒸发后的蒸气冷凝在动态油液面上，由此可以较方便地收集超微粉体产物，图 3-44 所示为两种典型动态油面真空蒸发装置。图 3-44(a) 蒸发源上方有 1 个可不断添加油料而又能旋转的圆盘，制备时，夹带有冷凝为超微粒子的油料自动被收集在周围环形容器中，最后通过真空蒸馏浓缩产物。此法的优点是可以通过调节圆盘转速控制产物粒径，如 Ag、Au、Pd、Cu、Fe、Ni 和 Co 的粒径在 3～8nm 之间变化，Ag 的最小粒径可达 2nm，不过蒸馏会增大产物粒子尺寸。图 3-44(b) 真空室壁通过旋转从其底部油池均匀覆盖一层油膜，由此可方便地获得悬浮有铁、钴和镍的铁磁液体；其优点还在于可通过向油料添加表面活性剂尽可能减少粒子凝聚，所得粒子的粒径分布窄，平均约 2nm。一个能使超微粒子方便收集的真空蒸发-冷凝法方案与图 3-45(a) 类似，不过转盘不用油而改用液氮冷却。制备时，金属和有机溶剂同时分别从不同的源区蒸向转盘，使金属和有机溶剂交替沉积；如此，金属很快嵌入凝固的溶剂中，再通过真空干燥收集超微粉体。该法不必用油，真空干燥可在低温下进行，可防止粒子进一步长大；同时，由于不存在沉积原子的散射，有可能通过装置的改进实现连续、规模化制备。

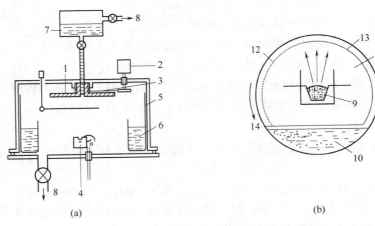

(a)　　　　　　　　　　　　　(b)

图 3-44　两种典型动态油液面真空蒸发装置

1—转盘；2—电动机；3—带轮；4,9—蒸发源；5—容器；6—油和粉体混合物；7—油；
8—真空泵；10—液体；11—真空；12—微粒；13—液膜；14—旋转方向

（3）惰性气体蒸发-冷凝法

该法所蒸发出来的气体金属粒子不断与环境中的惰性气体原子发生碰撞，既降低了动能又得到了冷却，本身成为浮游状态，从而有可能通过互相碰撞成核长大。惰性气体压力越

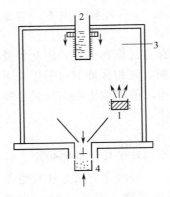

图 3-45　惰性气体蒸发-
冷凝装置示意

1—蒸发源；2—液氮
冷却的冷阱；3—惰性气体室；
4—粉料收集和压结装置

大，离加热源越近，处于浮游状态的原子也越多，成核概率大，生长相对较快。当颗粒长到一定程度后就会沉积到特定的容器壁上，由于此时不再发生运动，粒子不再继续长大，这就有可能制备相对较小的超微粒子。早期相关的装置很多，一般采用电或石墨加热器，在充有几百帕氩的压力下可制备 10 nm 左右的 Al、Mg、Zn、Sn、Cr、Fe、Co、Ni 等金属粉体。图 3-45 为一种产物粉体可以原位压结的改进装置示意。待蒸发金属如铁经电加热的器皿中蒸发后，进入压力约为 1kPa 的气氛中，经碰撞、成核、长大，最后凝结在直立指状冷阱上，形成一种结构松散的粉状晶粒集合体，然后将体系抽至真空，可用移动的特种刮刀将粉末刮入收集器或进入挤压装置压成块状纳米材料。如果考虑开始蒸发出来的金属原子有可能与体系中少量氧、氮等反应性杂质气体形成氧化物或氮化物，则可在反应一段时间后，利用体系自备的一种可分离的冷阱作清洗装置，将初期反应的不纯物除去，然后再正式开始制备，就能获得杂质总量较

低的高纯产物。应该注意的是惰性气体中的氧含量对产物粒子的粒径和形貌有重要影响，需要严格控制。该法同时使用多个蒸发源蒸发两种或两种以上的金属时可获得纳米级合金超微粉，特点是不必考虑各组分之间的性质差异。

（4）蒸发-冷凝法的加热方式

蒸发-冷凝中蒸发源的加热方式通常采用电阻加热。此外，还有电弧放电、等离子体、高频感应、激光、电子束等加热方式，有的已发展成为工业化规模，其中等离子体、高频感应、激光蒸发-冷凝尤具特色，发展较快。

电弧放电加热在蒸发-冷凝法中十分普遍，在惰性气氛中制备多种超微金属粉体时电弧电极对采用所要制备的金属-金属（或钨）对。图 3-46 所示为一种电弧放电蒸发制备 γ-Fe 超微粉的装置，由直流放电烟雾发生器、加热炉和转鼓等组成。一般气体蒸发装置所制备的铁几乎都是 α-Fe，其中含有的极少量 γ-Fe 很难被分离。该装置能直接将由

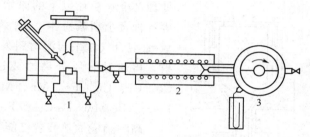

图 3-46　金属超微粉电弧蒸发制备及其淬火装置示意
1—电弧放电室；2—加热炉；3—转鼓

电弧放电室 1 放电产生的烟雾引入加热炉 2 中。由于该处温度正好处于 γ-Fe 热力学稳定区（911～1393℃），烟雾中的 α-Fe 就转变为 γ-Fe，然后再相继通过漏斗形导管进入低压室并吹向用液氮冷却的转鼓 3 表面，最后被淬火为 γ-Fe 而收集。这种粒子的平均粒径比烟雾发生室中 α-Fe 大，粒子的边角圆滑，失去粒子链型结构，也无铁磁性。

等离子体加热分为熔融蒸发、粉末蒸发和活性氢等离子体电弧蒸发三种。熔融蒸发实际上是一种早期使用的等离子体加热方式，有等离子体直流电弧、等离子体火焰或等离子体喷射等多种形式。粉末蒸发-冷凝法是等离子体加热的主要方法，适合于工业规模连续生产。该方法是向惰性气体如氩、氦、氮放电产生的等离子体中输入固体粉末粒子，并使获得的超高温蒸气通过激冷装置在非平衡过程中凝聚；如将几种不同的固体粒子同时输入，则可制得合金或化合物超微粉。显然，这种方法的关键在于输入粒子在等离子体中的行为以及能否被蒸发。实验显示，在 10kW 氩等离子体中从线圈的间隙向中心方向以 4m/s 的初速度输入球状粉体粒子，20μm 粒径的硅和铌可以被完全蒸发。但 40μm 的硅却不能完全蒸发，其原因主要是热导率与等离子体的热导成正比，而与粒子直径成反比。为了蒸发更大的粉体粒子，必须提高等离子体的热导率，所以现在一般采用氢-氩混合气体。随着热导率的增加，热转移也越有效，同时由于氢的混入，导致等离子体区周围为还原气氛，这就有益于获得高纯度的金属超微粉体。图 3-47 为超微粒子制备过程中高频等离子反应器装置。两种装置都可以

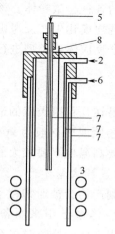 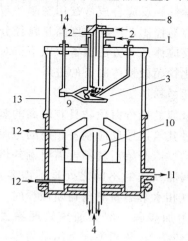

图 3-47　高频等离子体反应器装置
1—试料＋载气；2—工作气体；3—感应线圈；4—等离子体；5—电弧喷射；6—冷却用气体；7—石英管；8—点火用钨棒；9—水冷石英管；10—水冷铜制冷凝球；11—出气口；12—冷却水；13—玻璃室；14—气体出口

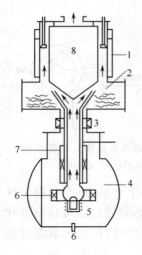

图 3-48 高频感应
装置示意

1—液氮；2—收集室；
3—阀门；4—蒸发室；
5—蒸发源；6—氩气供应；
7—电磁线圈；8—沉积室

处理 $25\mu m$ 粒径以下的原始粉末，制备 Fe 或 Nb-Al、Nb-Si 和 V-Si 等各种合金超微粉体。活性氢等离子体电弧蒸发法一般利用钨电极在氢-氩混合气氛中与源材料发生电弧熔融反应，产生超微粒子烟雾喷射，再通过旋风分离器或过滤器收集产物，由此可制取 Ag、Al、Co、Cr、Cu、Fe、Mn、Mo、Ni、Pd、Sc、Si、Ta、Ti、V、W、Fe-Si、Fe-Mn、Fe-Cu 和 Fe-Ni 等金属或合金超微粉体。

高频感应加热装置已能生产千克级的高质量铁和铁磁合金超微粉体（磁记录材料）。如图 3-48 所示的装置高 4.5m，直径 1.5m，蒸发温度 1800～2000℃，所用氧化锆坩埚直径 180mm、高 130mm，氩气从腔体底部导入，金属烟雾通过一根导管向上喷射，绕着烟雾的路径装有螺旋线圈以便获得几乎平行的粒子链，从而改善最终粉体的磁性。粒子沉积在沉积室的冷壁后再进入收集室，残余气体从顶部逸出，典型沉积速率为 300g/h。每当产物沉积量达 5kg 时，关闭管道阀门，并引入少量氧气以使粉体表面慢慢地有一些氧化，这对稳定粉体防止自燃十分必要。

激光加热所得产品颗粒表面清洁，粒度均匀，除制备金属和合金超微粉体外，特别适合于在惰性气氛中蒸发如 SiO_2、MgO、Al_2O_3 等难熔材料。早期使用二氧化碳激光束，后来又使用 Nd-YAG（YAG 为钇铝石榴石）脉冲激光器，它的 $1.06\mu m$ 波长更易为金属或合金所吸收，但效率还有待提高。

3.2.1.4 化学气相反应合成

化学气相反应合成包括一定温度下的热分解合成（也称气相燃烧法）或其他化学反应，多数采用高挥发性金属卤化物、羰基化合物、烃化物、有机金属化合物和氧氯化合物、金属醇盐作为原料，有时还涉及使用氧、氢、氨、氮、甲烷等一系列进行氧化还原反应的反应性气体，因此化学气相反应合成常被用来制备包括金属在内的各种超微粉体。该法所用设备简单，反应条件容易控制，产物纯度高且粒径分布窄，已实现规模化生产。考虑到同一产物可以采用不同的反应体系和方法制备，以下将对典型产物结合反应体系类型进行简单讨论，并特别介绍非氧化物超微粉体制备的进展。

（1）金属超微粉体

有些高价金属的低价卤化物具有较高的蒸气压，很容易在几百摄氏度的适当温度下被蒸发，从而可通过其氢还原反应制备相应的金属超微粉，其还原温度一般为 900℃ 左右。由于反应放热，一旦反应开始后就不再需要额外供热，它既不要高温也不要较大的能源功率。此法与一般的金属蒸发法的不同之处是不需要真空室，可以连续大量生产，因而生产成本较低；缺点是与气相水解制备氧化物超微粉时一样，氯化氢副产物会被产物粒子表面吸附，必须通过适当的附加步骤，例如加热处理除去。类似的反应体系已用来制备高纯 W、Mo、Ag、Cu、Fe、Co、Ni 及相关合金超微粉体，其中铁当使用不同的原料时可获得球形、针形或纺锤形产物。有的还原反应，不必另外加入氢气，如在聚乙烯醇存在下由液相共沉淀铁（二价和三价）的氢氧化物作前驱体于氮气中热分解，250℃ 即能获得粒径为 20nm 的金属 α-Fe 粒子，700℃ 是 α-Fe 和 Fe_3O_4 的粒子混合物。

（2）氧化物超微粉体

反应体系的通式为：

$$MX_n(g)+(n/4)O_2(g)\longrightarrow MO_{n/2}(s)+(n/2)X_2(g) \tag{3-55}$$

$$MX_n(g)+(n/2)H_2O(g)\longrightarrow MO_{n/2}(s)+nHX(g) \tag{3-56}$$

其中 $H_2O(g)$ 除直接采用水蒸气外，还可应用附加反应，如：

$$CO_2+H_2\longrightarrow CO+H_2O$$

或

$$2H_2+O_2\longrightarrow 2H_2O$$

所产生的水蒸气。此时体系虽有氢，但对整个反应体系来说只是提供水蒸气而不是主要起还原作用。由于水解反应速率较氧化分解速率快，可制得粒径更小的超微粉体。

TiO_2 制备是化学气相反应合成制备的典型例子之一，主要采用 $TiCl_4\text{-}O_2$、$TiCl_4\text{-}H_2O$、$TiCl_4\text{-}H_2O\text{-}H_2$、$TiCl_4\text{-}CO_2\text{-}H_2$ 四个反应体系。$TiCl_4\text{-}O_2$ 体系的反应温度在 $400\sim900℃$ 之间，$800℃$ 以上时转化率达 100%，可获得 $0.1\mu m$ 以下到几微米的单晶颗粒，一般为锐钛矿型；$0.1\mu m$ 以下为球形，$0.1\mu m$ 以上为正方、四方或扁平的四角双锥体；$900℃$ 以上相变为金红石型。如以金红石生产率计，则按上述反应体系顺序递增，有氢存在的水解体系，$1000℃$ 下可得转化率 100% 的 $0.1\mu m$ 以下的金红石型超微粉体。这是由于氢除了主要提供水蒸气外，还对初始所得锐钛矿颗粒起轻度还原作用造成颗粒结构缺陷，从而加速从锐钛矿到金红石的相变速率。一般从 $TiCl_4\text{-}H_2O\text{-}H_2$ 体系得到直径 $0.1\mu m$、近于球形的单晶粒子；而 $TiCl_4\text{-}CO_2\text{-}H_2$ 体系却能得到平均粒径在 $1\mu m$ 以下、沿平行于（001）晶面生长的六角或四角薄片状单晶，如果颗粒直径在 $0.1\mu m$ 以下，则粒子近于球形。

SiO_2 和 Al_2O_3 超微粉体可分别采用 $SiCl_4\text{-}O_2$ 和 $AlCl_3$ 或 $AlBr_3\text{-}O_2$ 氧化反应体系来制备，前者在 $1000℃$ 以上即能获得粒径 $0.02\mu m$ 左右的非晶超微粉体，后者粒径在 $0.3\mu m$ 以下。此外，也可采用金属直接氧化来制备。原料经可燃气体夹带与氧气混合在燃烧器燃烧形成烟焰，所得烟雾粒子经过滤收集为产物。

Fe_2O_3 超微粉体一般采用 $FeCl_3$ 或 $FeCl_3\text{-}O_2$ 两个氧化反应体系来制备，反应温度分别为 $600\sim900℃$ 和 $700\sim1000℃$。前者可获得 $1\mu m$ 以下的 $\alpha\text{-}$、$\varepsilon\text{-}$、$\gamma\text{-}$ 等型态的 Fe_2O_3 超微粉体，后者为 η 和 $\alpha\text{-}$型，两个反应体系都是随反应温度增加，颗粒的粒径增加。

其他氧化物，如采用 $ZrCl_4\text{-}O_2$ 气相反应体系容易制得 $0.1\mu m$ 以下的 ZrO_2 超微粉体，当粒径达 $0.02\mu m$ 时一般为介稳的四方相。醇盐 $Zr(OR)_4$ 热分解仅在 $325\sim450℃$ 之间就能获得立方 ZrO_2 超微粉，也可用于制备 ZrO_2、Y_2O_3 和其他氧化物超微粉体。

（3）氮化物超微粉体

Si_3N_4 超微粉体可采用 $Si\text{-}N_2$ 直接化合反应和 $SiO_2\text{-}C\text{-}N_2$ 还原反应体系进行制备。$SiH_4\text{-}NH_3$ 和 $SiCl_4\text{-}NH_3$ 两个反应体系可分别在较低温度下进行，其特点是它们在气相反应阶段都不能获得最终的超微粉体产物。当用四氯化硅作初始反应物时，由于金属氯化物和氨分别为盐和碱，极易形成加合物。因此，初始反应即气相反应阶段在 $1000\sim1500℃$ 之间仅生成 $0.1\mu m$ 以下含有过剩氮和氢的非晶加合物颗粒，然后再在 $1400℃$ 左右热处理才会分解得到 Si_3N_4 产物；$SiH_4\text{-}NH_3$ 体系的反应过程与此相似，不过气相反应温度较低（$500\sim900℃$），热处理温度较高（$1250\sim1500℃$）。实际上采用金属卤化物和氨反应体系的超微粉体生成过程都有上述特征，一般在气相反应后，要把中间产物输送到高温段分解以获得最后产物粉体。

通过 TiH_4-NH_3 反应体系在 700～1500℃ 温度范围内可生成 TiN 超微粉体,其特点是颗粒生成过程及其形状因反应体系的不同温度 T_m 而有所区别。当 T_m 低于 250℃ 时,类似于 SiH_4-NH_3 体系,气相反应只生成 $TiCl_4$ 和 NH_3 的加合物颗粒,它在 500℃ 以上高温段热分解为 TiN,粒子为多孔性球状多晶颗粒,粒径分布较宽,在 0.01～0.4μm 之间,而且很难通过反应条件加以调节;当 T_m 高于 600℃ 时,TiN 才是正常的气相反应成核,各向异性生长,粒子呈单晶状,能通过反应条件变化控制粒径在 0.1μm 以下。对于 ZrN 和 VN,常采用相应的金属氯化物和氨反应体系,前者类似于 Si_3N_4 和 TiN,有两种生长机制。当温度大于 700℃ 时生成加合物,反应温度在 1000℃ 以上为气相生长,而 VCl_4-NH_3 反应体系在 400～600℃ 之间即可进行气相生长。

(4) 碳化物超微粉体

通常分别采用 $(CH_3)_4Si$、SiH_4-CH_4 两个反应体系制备粒径为 0.01～0.15μm 的 β-SiC 超微粉体。实际上两者都涉及热分解反应。前者为聚合热分解过程,有机硅先在 700℃ 以上聚合成液态或固态,再于 900℃ 以上热分解为球形多晶颗粒;后一反应体系中,SiH_4 先于 700℃ 以上分解生成单晶颗粒,然后在 CH_4 气氛中于 1000～1400℃ 温度范围内碳化成 SiC。由于碳化是通过 SiC 层向硅的外侧扩散进行的,所以生成空心球状 SiC。其他相关的反应体系,如 SiH_4-C_2H_4-H_2 体系的热化学气相反应也能获得粒径分布较窄的高纯实心 SiC 超微粉体。该体系在 1150～1300℃ 温度范围内,粉体富硅;当温度超过 1350℃ 时粉末富碳。在 1350℃,$[C_2H_4]/[SiH]=1.2$,0.02MPa 时,可制备出 11nm 纯 β-SiC 超微粉体,含量高达 97.8%,氧含量为 1.3%;游离硅的存在使粉体粒径增大。电弧法制备的 SiC 超微粉体,虽然粒径分布很宽(几十纳米至几百纳米),但装置简单、操作方便;还可能生成一种 Si 和 β-SiC 混合生长粒子,为圆形 Si 和多边形 SiC 的混合生长粒子。

为制备 WC 和 Mo_2C 超微粉体,一般采用还原反应体系如 WCl_6-CH_4-H_2 和 $MoCl_4$(MoO_3)-CH_4-H_2 体系。不管是钨还是钼,反应过程都随反应温度不同而有很大差别。前者当混合温度低(约 400℃)时,与 SiC 类似,碳化物生成机制为钨颗粒生成及碳化两个阶段,1400℃ 时获得 WC 超微粉体;当六氯化钨与氢混合温度一开始就大于 1000℃ 时,直接为气相成核生长。钼的情况类似。在这两种情况下,都可以通过反应条件,如混合方法、反应温度、反应物浓度等控制获得平均粒径 0.05～0.3μm 的超微粉体,它们在较低的温度下就具有很好的烧结性能。相比较,直接气相反应由于起始温度较高,产品的粒径较大。

其他如 TiI_4-CH_4-H_2 反应体系在 1200～1300℃ 温度范围内可制得 0.01～0.2μm 的 TiC 超微粉体。当采用等离子体加热,则可以从金属氯化物-甲烷体系获得一般难以获得的 TiC、TaC、NbC 等超微粉体。

(5) 化学气相反应合成超微粉体的进展

鉴于化学反应的多样性和具体技术工艺的组合性,超微粉体的气相化学反应合成显然具有发展前景。以下结合热分解和喷雾热解气相反应合成以及气相燃烧合成的某些实例来讨论化学气相合成的进展。

众所周知,由铁、钴、镍羰基化合物热分解所得产物均是高催化活性的金属超微粉体。原则上兼有气相副产物的热分解反应都能被用来制备各种金属和化合物超微粉体。硅烷气相热分解能获得纳米团簇微粒。最值得注意的是醇盐热分解制备氧化物超微粉体,如丙醇盐热分解可制备 TiO_2 超微粉体:

$$Ti(C_3H_7O)_4 \longrightarrow TiO_2 + 4C_3H_6 + 2H_2O$$

　　产物为球形，平均粒径 $0.1 \sim 0.5 \mu m$，比表面积可达 $300 m^2/g$。当采用 $Ti(C_4H_9)_4$ 时，可以通过反应条件控制，分别获得无定形、锐钛矿型、金红石型三种晶型的 TiO_2。这种醇盐热分解涉及一大类反应，具有普遍意义，特别是元素周期表中除为数不多的元素外，都能成为不同形式的醇盐，有的还能生成复合醇盐，几乎都能从中获得超微粉体，有的还是复合氧化物超微粉体。喷雾冷冻干燥前驱体的热分解也是常用的制备氧化物超微粉体和复合氧化物超微粉体的重要方法之一。如果在合成工艺的适当阶段巧妙地应用热分解反应，可获得较理想的制备效果。例如，使吸附在 KBr 晶体颗粒表面的有机前驱体 $Ni(C_9H_6ON)_2 \cdot 2H_2O$ 于 $300°C$ 热分解，可获得 $5 \sim 11 nm$ 的金属镍超微粉体。值得注意的是，许多研究已成功地将热分解反应与气溶胶技术结合制备复相纳米超微粉体。这表明，气相反应与溶胶-凝胶或其他技术的结合可能是复合超微粉体或复相体系制备的有效方法之一。如将溶解在适当有机溶剂中的二甲基镓-二甲基胺二聚体 $[(CH_3)_2GaNPh_2]_2$ 溶液，通过毛细作用吸附在用超临界干燥制备、密度为 $0.18 \sim 0.36 g/cm^3$ 的 SiO_2 气溶胶上做成前驱物，待溶剂挥发后，前驱物于氮气中 $200°C$ 热分解，并在氨气流中 $600°C$ 退火 $12 \sim 24h$，产物为被镶嵌在气溶胶孔道中的六方 GaN 纳米晶，粒径 $10 \sim 40 nm$，平均 $20 nm$。当 $AgNO_3$ 在溶胶-凝胶法制备的 SiO_2 孔道中发生热分解，则可得分散在 SiO_2 中的 3nm 银纳米超微粉体。类似的还有 $5 \sim 13 nm$ 晶状 GaAs 和 InAs/纳米孔道玻璃、金属锗纳米晶/Y 型分子筛笼等复相体系。前者将液相 $(CH_3)_3Ga$ 或 $(CH_3)_3In$ 事先浸在纳米孔道玻璃中再与 AsH_3 反应，先是发生反应 $n(CH_3)_3Ga + nAsH_3 \longrightarrow [(CH_3)_2GaAsH_2]_n + n(CH_3)H$，生成淡黄色固体，$150°C$ 热处理随过量 AsH_3 逸去，粒子变黑。

　　从 20 世纪 60 年代以来，基于喷雾干燥原理，将喷雾与热分解结合起来，发展了一种可以广泛应用的喷雾热解法，即所谓的 SD 法，主要过程包括雾化、雾化液滴的干燥、热分解和晶化。在高温反应中雾化液滴的干燥、热分解两个过程几乎同时进行，它们在不同的反应条件下，会产生各种物理化学变化，最后的产物可能是晶形的，也可能是无定形的。该法反应时间短、产物组成可以精确调整，粒子组分均匀，容易通过控制不同的操作条件，如合理的选择溶剂、反应温度、喷雾速度等来制得各种不同形态和性能的超微粉体。由于方法本身包含物料的热分解，所以材料制备过程的反应温度较低，特别适合于获得晶状复合氧化物超微粉体。近 10 多年来，喷雾热解法已发展成为制备无机超微粉体的重要方法之一。其主要的反应类型有：雾化喷雾干燥和干燥粒子热分解分别进行的两段法；在高温反应区雾化干燥和热分解依次进行的连续法；雾化液滴直接参与气相化学反应的直接法。与此同时，也发展了许多反应装置。所得粉体，如 Ag、ZrO_2、ZrO_2（CaO）、Pb（Zr、Ti）O_3、$MnFe_2O_4$、β-Al_2O_3、$LaMnO_3$ 和 $LaCoO_3$ 系列化合物、铁氧体等，在催化剂、半导体材料、磁性材料和其他功能陶瓷材料领域有广泛的应用前景。

　　气相燃烧合成方法通常被用于球形或者类球形颗粒材料的制备。近年来，由于对火焰燃烧过程的深入研究和对燃烧过程控制手段的增多，通过燃烧合成相继制备了多种不同形貌和结构的颗粒材料。Teleki 等人制备了球形度完好的 TiO_2 颗粒材料；Grass 等人制备了立方形的 BaF_2 颗粒材料；Madler 等人制备了 CeO_2 的多面体结构颗粒材料；Height 等人制备了短棒形的 ZnO 颗粒材料。此外，如 SnO_2 纳米线、纳米棒，Al_2O_3 纳米晶须，还有碳纳米管等多种特殊的一维纳米结构都已经通过气相燃烧法进行了合成。

　　传统的气相燃烧法只能用于单一组分的金属氧化物颗粒的制备，近年来，由于喷雾燃烧方法的发展，制备了越来越多的复杂组分颗粒材料。如 Stark 等人制备了混合均匀的 Ce-ZrO$_2$ 复合颗粒；Li 等人利用气相氧化反应研究了 Al 掺杂的 TiO$_2$ 形貌和晶体结构的变化；Strobel 等人利用金属前驱体高温下的还原反应制备了 Pd 均匀分散在 Al$_2$O$_3$ 颗粒表面的复合颗粒；Strobel 利用成一定角度的双喷嘴燃烧反应器，用一步法制备了 BaCO$_3$-Al$_2$O$_3$ 均匀混合的颗粒材料；Tani 先将油相前驱体分散在水相中形成乳液，然后利用喷雾燃烧法制备了薄壁的 Al$_2$O$_3$ 空心颗粒；Hu 利用多重射流燃烧反应器，将 SiCl$_4$ 和 TiCl$_4$ 同时由中心管加入，制备了 TiO$_2$ 均匀分散于 SiO$_2$ 中的弥散相颗粒材料；Teleki 等人利用气相燃烧法也得到了类似的分散相颗粒；Hu 等人通过改变前驱体的进料位置，制备了具有典型核壳结构的 SiO$_2$-TiO$_2$ 复合颗粒；Schulz 通过气相包覆法制备得到了 SiO$_2$-CeO$_2$ 的核壳型颗粒；Hu 利用高速射流中的节流冷却效应制备了直径为 200～300nm 的 Al$_2$O$_3$ 空心颗粒，其中存在直径仅为 10～15nm，壁厚为 5nm 的空心颗粒，这种小粒径的空心颗粒是其他液相法很难制备的；Liu 利用同样的方法制备得到了具有壳中球结构的 TiO$_2$ 颗粒。

3.2.1.5 气相合成中的加热方式

加热方式对气相合成有重要影响。原则上对于在蒸发-冷凝法中所用的各种加热方式，特别是等离子体、微波、高频感应、激光、直流或交流电弧加热等都能用于气相合成，尤其以等离子体加热使用特别普遍。

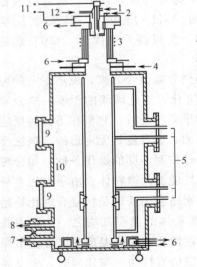

图 3-49　混合等离子体
反应器结构示意

1—氩；2—四氯化硅+氩；3—高频感应线圈；4—氨+氢；5—热电偶；6—冷却水；7—出气口；8—连接真空泵；9—观察窗；10—派来克斯玻璃管；11—直流电源；12—氢+氩

最初，等离子体用于难熔材料 SiC、Si$_3$N$_4$ 的合成并不成功，因为反应物的喷入会严重干扰等离子体并降低体系温度。通过混合物等离子体（射频等离子体与电弧喷射的叠加）流场和温度分布研究，发展了一种制备 Si$_3$N$_4$ 或 SiC 超微粉体的混合等离子体反应器（图 3-49），输入功率为 5kW 直流电弧喷射和 15kW、5MHz 高频感应，四氯化硅由载气氩一起送入电弧区，氨或由氢稀释的甲烷被注入混合等离子体尾焰区。这样，反应管内壁沉积有产物，其中的副产物氯化铵通过真空炉 527℃ 热处理而被除去，所得非晶 Si$_3$N$_4$ 为纯白色，粒径 0～30nm，纯度高，产量为每小时几十克。如果是 SiC，则为 β-SiC 晶粒。类似装置也可以用于蒸发粗粉原料来制备金属铁、钴、镍和钛超微粉体，射频功率 100kW。

反应性气体蒸发法，原则上是将金属源的真空或惰性气体蒸发法与反应性气体相结合。因此，类似于物理气相合成的所有加热方式也适用于反应性气体蒸发法，常用的是电弧放电加热装置。使用这种装置制备单质硅，则在其产物为 20～200nm 的球形颗粒外层覆盖有 1nm 厚度的 SiO$_2$ 而获得复合粒子；用等离子体可制备高活性的 AlN 和 Si$_3$N$_4$ 超微粉体。采用直流等离子电弧，通过金属 Ga-NH$_3$-N$_2$ 体系反应性气体蒸发法，合成了对发展新型光电子器件有重要意义的纳米级活性 GaN 超微粉体，粒径为 20～200nm 的具有六方铅锌矿晶型结构的小单晶或多晶。过去，在 GaN 超微粉体的类似合成过程中，熔体镓表面会由于生成一层 GaN 覆盖物而妨碍进一步反应。该法的特点是使用氨-氮混合气，以氮影响氨分解平衡，既稳定氢等离子体，又补充反应引起的氮不足，使熔体镓表面部分 GaN 产物被活性氢重新还原成熔体镓，维持不断喷发镓团簇，使气相合成 GaN 超微粉体继续进行。图 3-50 是一种在原有方法基础上改进的典型惰性气体蒸发-化学气相反应装置，基本原理为金属粒子与有机气相反应，后者起碳化、分离和收集三重作用。整个装置由蒸发室、涂有氧化铝的钨坩埚、喷嘴、电源、油扩散泵、丙酮源、金属粒子-丙酮混合器和粒子收集器组成。

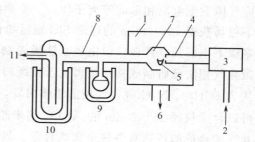

图 3-50　典型惰性气体蒸发-化学
气相反应联合装置

1—蒸发室；2—氩载气；3—质量流量计；
4—喷嘴；5—坩埚；6—高真空系统；
7—烟道；8—混合器；9—冰水浴冷却的丙酮；
10—液氮冷却的粒子收集器；11—载气出口

此外，值得注意的还有采用强脉冲光-离子束产生的剥蚀等离子体合成 5～25nm Al_2O_3 超微粉体，所用实验装置如图 3-51 所示。其中，光-离子束（LIB）由具有特定几何会聚构型的磁绝缘离子二极管（MID）产生，阳极附有聚乙烯片作闸板，质子为主要离子物种，一旦电流通过阴极即产生横向磁场以阻止阴极发射电子到达阳极。为达到光-离子束的几何会聚，阴阳极都为球形，间隙 10mm、厚 $2\mu m$ 的聚酯薄膜放在光-离子束发生器与铝靶之间，工作时 MID 环境压力约为 0.0133Pa，二极管电压、电流分别约为 1.1MV 和 80kA，脉冲宽度约为 70ns，靶周围的离子电流密度约为 $0.5kA/cm^2$，产物被收集在靶四周惰性壁或粘接在筛网上。当靶室氧压为 133Pa 时，产物粉体是金属铝，随氧压增加到 1330Pa，就有 $\gamma\text{-}Al_2O_3$ 出现；如进一步在 800℃ 退火，产物全是 $\gamma\text{-}Al_2O_3$；退火温度提高到 1000℃ 或 1100℃ 以上，$\gamma\text{-}Al_2O_3$ 粒子相继分别转变为 $\delta\text{-}Al_2O_3$ 和 $\alpha\text{-}Al_2O_3$。

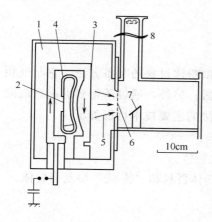

图 3-51　强脉冲光-离子束剥蚀
等离子体合成示意图

1—光-离子束发射器；2—阳极；3—阴极；
4—闸板；5—离子束；6—聚酯薄膜；
7—金属铝靶和收集器；8—筛网

近 10 多年来，激光加热或诱导气相合成随着激光技术的发展引人注目。一方面是由于各种不同功率（连续或脉冲）和不同波长的激光器（其中包括二氧化碳、Nd-YAG 红外激光器和超紫外准分子激光器）已经商品化，气相反应装置系统并不复杂而反应物体系又可调，便于制备组分和结构（如量子点和量子阱）复杂的产物。另一方面激光作为加热源，其特点是高功率、定向快速，加热和冷却速率很高，瞬间即能完成气相反应体系内反应物的能量吸收和传递。当反应物的吸收带与激光波长重合或相近时，反应物可有效地吸收激光能量产生可控气相反应；当两者不一致时，也可通过引入六氟化硫（SF_6）等光增减剂方式增强反应物的吸收，整个反应过程的成核、长大和终止十分迅速。此外，反应体系选择范围较宽，原则上任何成分固体材料都可能被制成超微粉体。具体制备方法分为激光蒸发反应和激光诱导气相合成两种。前者类似于采用激光束作加热方式的蒸发-冷凝法，同时使不同的环境气氛与蒸发的金属发生反应；后者按光与反应物作用机理不同又有激光气相热解、激光电离、红外多光子吸收分解和红外激光增敏等四种类型。显然，激光诱导除起加热作用外，实际上还使反应气体发生电离和形成等离子体。一个典型例子是采用硅甲烷和乙炔反应气体在氩缓冲气氛下很易获得 $10\sim18$nm 的球形 SiC 超微粉体。又如常规 γ-Fe 稳定范围在 $900\sim1400℃$ 之间，室温下不能独立存在，但由羰基铁激光制备却可获得粒径 10 nm 且室温下稳定的 γ-Fe。用激光气相法已研制成功产量可达千克级的 Si_3N_4 超微粉体，有潜力发展成为工业规模生产。从 $Al(CH_3)_3$-N_2O 混合气相前驱体出发，采用乙烯作增敏剂，通过二氧化碳激光（1.2kW）可以合成粒径 $15\sim20$nm 的 Al_2O_3 纳米粉体。类似方法也可以制备硅基纳米材料。其他激光气相合成的产物有各种金属或合金、氧化物或复合氧化物、碳化物、硼化物或硼碳化物以及复相微粒，如 $SiCB$、Si_3N_4/SiC 等。该法今后有可能结合激光诱导与超声雾化制备复合纳米陶瓷。例如，采用二氯甲基硅烷氨解产物硅氮烷 $H_3Si(NHSiH_2)_n$-$NHSiH_3$ 作反应物，通过超声雾化喷雾分散为气悬体，当进入激光反应区后迅速蒸发，发生等离子体反应并快速凝聚为约 60nm 的 Si_3N_4/SiC 复相粒子。当这种新技术直接与高温加工技术结合，即上述产生的 Si_3N_4/SiC 纳米复相粒子直接聚集在激光加热衬底上被烧结为纳米陶瓷。由于所有分步反应过程均由激光在同一个装置中几乎同步完成，特别是中间产物粒子不需要额外分散成型，从而简化了复合纳米陶瓷的制备过程，具有工业应用前景。

3.2.2 液相合成

3.2.2.1 技术特征与类型

液相合成法是目前实验室和工业上应用最为广泛的超微粉体材料的制备方法，它与气相法和机械物理法比较，可以在反应过程中采用多种精制手段；另外，通过所得到的超微沉淀物，容易制取各种反应活性好的超微粉体材料。液相合成法的主要技术特征如下。

① 可以精确控制化学组成。

② 容易添加微量有效成分，制成多种成分均一的超微粉体。

③ 容易进行表面改性或处理，制备表面活性好的超微粉体材料和"核-壳"型复合粉体。

④ 容易控制颗粒的形状和粒度。

⑤ 工业化生产成本较低。

液相合成法制备超微粉体材料可以简单地分为物理法和化学法两大类。

（1）物理法

它是将溶解度高的盐的水溶液雾化成小液滴，使液滴中盐类呈球状迅速析出。如通过加热干燥使水分迅速蒸发，或者采用冷冻干燥使水生成冰，再使其在低温下减压升华成气体脱水，最后将这些微细的粉末盐类加热分解，得到氧化物超微粉体材料。

（2）化学法

它是使溶液通过加水分解或离子反应生成沉淀物，如氢氧化物、草酸盐、碳酸盐、氧化物、氮化物等，种类很多。将沉淀物过滤、洗涤、干燥和加热分解，即可制成超微粉体材料。液相合成法制备超微粉体材料的方法分如图 3-52 所示。

3.2.2.2 沉淀法

沉淀法是液相合成金属氧化物超微粉体最常用的方法之一。沉淀法制备颗粒的基本过程是在溶液中添加沉淀剂（或引发沉淀剂的生成）与溶解在水中的物质发生沉淀反应，反应生

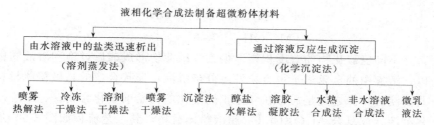

图 3-52 液相化学合成法制备超微粉体材料的方法

成不溶于水的氢氧化物、碳酸盐、硫酸盐、乙酸盐等目标产物的前驱体，再将该前驱体（沉淀物）过滤、洗涤、干燥和加热分解，得到最终所需的超微粉体产品。根据最终产物的性质，也可以不进行热分解工序。沉淀法合成颗粒的过程，一般包括成核、生长、凝并和团聚等步骤。沉淀反应具有以下特征。

① 沉淀反应的产物一般都是在较高过饱和状态的条件下形成的、难以溶解的物质，沉淀物的生成在很大程度上受到溶液 pH 值的影响。

② 成核过程是整个沉淀反应的关键步骤。

③ 反应产物熟化和团聚过程在很大程度上影响颗粒的尺寸和形貌。

④ 由化学反应导致的过饱和状态是诱导沉淀反应的必要条件。

因此，任何影响混合过程的因素，例如反应物添加的快慢以及搅拌速率，都会对颗粒的尺寸、形貌以及颗粒的粒径分布产生影响。大部分金属和金属氧化物，包括复合氧化物超微粉体都可以用沉淀法制备。该方法的优点是反应过程简单，适合工业化生产。沉淀法主要包括共沉淀法和均匀沉淀法。

（1）共沉淀法

共沉淀法是在混合的金属盐溶液（含有两种或两种以上的金属离子）中加入合适的沉淀剂，反应生成组成均匀的沉淀，沉淀物经过滤、洗涤、干燥和加热分解后得到高纯超微粉体。共沉淀法的特点如下。

① 通过溶液中的各种化学反应直接得到化学成分均一的超微粉体材料。

② 通过沉淀工艺条件的控制可以控制沉淀物的粒度大小和粒度分布，得到粒度小而且分布较均匀的超微粉体材料。

1956 年，Clabough、Sniggard 和 Giclrist 以四水草酸钛钡为原料，首次利用共沉淀法合成了高纯钛酸钡粉体。发展至今，共沉淀法已被广泛用于合成 $BaTiO_3$ 系材料、敏感材料、铁氧体及荧光材料等。

共沉淀法制备超微粉体的影响因素很多，主要有如下几种。

① 沉淀物的类型：简单化合物、固态溶液、混合化合物。

② 化学配比、浓度、沉淀物的物理性质、溶液 pH 值、温度、溶剂和溶液浓度、混合方法和搅拌速率（强度）、沉淀反应速率、表面处理剂等。

③ 干燥温度，热分解温度、时间和分解速率，热分解反应气氛，晶型转化助剂等。

其中，控制制备过程中的工艺条件，以合成在原子或分子尺度上混合均匀的沉淀物是最为关键的步骤。

通常，利用共沉淀制备超微粉体材料时，过剩的沉淀剂会使溶液中的全部正离子作为紧密混合物同时沉淀。金属正离子与沉淀剂的反应，通常受沉淀物的溶度积控制。如：

$$M^{Z+} + ZOH^- \longrightarrow M(OH)_Z \tag{3-57}$$

$$[M][OH^-]^Z = K_{spM(OH)Z} \tag{3-58}$$

一般而言，不同氢氧化物的溶度积相差很大，沉淀物形成前后过饱和溶液的稳定性也各不相同。所以，溶液中的金属离子很容易发生分步沉淀，导致合成的超微粉体材料组成不均匀。因此，共沉淀的特殊之处是需存在一定正离子比的初始前驱化合物。

例如，共沉淀合成复合 Al_2O_3-Cr_2O_3 超微粉体材料，其工艺流程如图 3-53 所示。

图 3-53　共沉淀合成复合 Al_2O_3-Cr_2O_3 超微粉体材料的工艺流程

在 Al^{3+}、Cr^{3+} 混合溶液中加入碳酸铵溶液，反应形成 Al_2O_3-Cr_2O_3 溶胶，将沉淀物过滤、水洗、干燥后得到亚微米级的 Al_2O_3-Cr_2O_3 粉体。红外和 X 衍射分析结果表明，该复合粉体已达到原子-分子尺度上的均匀混合。由于 Al^{3+} 和 Cr^{3+} 性质很相似，特别是氢氧化物的溶度积非常接近（$K_{spAl(OH)_3} = 1.3 \times 10^{-33}$，$K_{spCr(OH)_3} = 1.3 \times 10^{-31}$），$Cr^{3+}$ 和 Al^{3+} 在十分相近的 pH 值下生成沉淀。因此，在控制溶液 pH、温度等条件下，Al^{3+} 和 Cr^{3+} 同时沉淀，形成复合的前驱体氢氧化物。

利用共沉淀法制备高纯超微粉体时，初始溶液中负离子及沉淀剂中的正离子等少量残留物的存在对粉体材料的烧结等性能有不良影响，因此要特别重视洗涤作业。另外，为了防止干燥过程中颗粒的团聚，可以在干燥之前用适量的有机醇类溶剂，如乙醇、丙醇、异丙醇或其他有机水溶性分散剂进行分散。

（2）均匀沉淀法

均匀沉淀法是利用某一化学反应，使溶液中的构晶离子（构晶正离子或构晶负离子）由溶液中缓慢、均匀地产生出来的方法。在均匀沉淀中，加入到溶液中的沉淀剂不立刻与沉淀组分发生反应，而是通过化学反应在整个溶液中均匀地释放构晶离子，并使沉淀在整个溶液中缓缓、均匀地析出。在不饱和溶液中，利用均匀沉淀法均匀生成沉淀的途径主要有以下两种。

① 溶液中的沉淀剂发生缓慢的化学反应，导致氢离子浓度变化和溶液 pH 值的升高，使产物溶解度逐渐下降而析出沉淀。

② 沉淀剂在溶液中反应释放沉淀离子，使沉淀离子的浓度升高而析出沉淀。

常见均匀沉淀及有关反应见表 3-41。

例如，为了要得到氢氧化物沉淀，可以在含铝溶液中加入尿素，初始溶液是澄清的，将溶液加热到 90℃ 左右，尿素发生水解：

$$H_2NCONH_2 + H_2O \longrightarrow CO_2 + 2NH_3 \tag{3-59}$$

表 3-41　常见均匀沉淀及有关化学反应

沉淀剂	试剂及产生沉淀的反应	沉淀成分
H^+	2-氯乙醇 $CH_2(OH)CH_2Cl + H_2O \longrightarrow CH_2(OH)CH_2(OH)(OH) + HCl$	Al、Si
	尿素或六甲基四胺	Al、Ga、Th、Fe

续表

沉淀剂	试剂及产生沉淀的反应		沉淀成分
OH^-	$(NH_2)_2CO+H_2O \longrightarrow CO_2+2NH_3$		Sn，Zr
PO_4^{3-}	$(NH_3)PO_3+3H_2O \longrightarrow PO_4^{3-}+3CH_3OH+3H^+$		Zr
	磷酸三甲酯、磷酸三乙酯		Zr，Hf
	焦磷酸四乙酯、偏磷酸		Zr
	$HPO_3+H_2O \longrightarrow PO_4^{3-}+3H^+$		
	三氯氧化磷		
	$POCl_3+3H_2O \longrightarrow PO_4^{3-}+3H^++3HCl$		Mg
$C_2O_4^{2-}$	草酸盐+尿素		Ca
	$(NH_2)_2CO+H_2O \longrightarrow CO_2+2NH_3$		
	$NH_3+HC_2O_4^- \longrightarrow C_2O_4^{2-}+2NH_4^+$		Ca，Th，Am
	草酸二甲酯		稀土类
	$(CH_3)_2C_2O_4+2H_2O \longrightarrow C_2O_4^{2-}+2CH_3OH+2H^+$		
	草酸二乙酯		Mg、Zr
SO_4^{2-}	氨基磺酸		Ba、Pb、Ra
	$NH_2HSO_3+2H_2O \longrightarrow SO_4^{2-}+NH_4^++H^+$		
	硫酸二甲酯		Ba、Ca、Sr
	$(CH_3)_2SO_4+2H_2O \longrightarrow SO_4^{2-}+2CH_3OH+2H^+$		Pb
	过硫酸铵+硫代硫酸		
	$S_2O_3^{2-}+2S_2O_3^{2-} \longrightarrow 2SO_4^{2-}+S_2O_6^{2-}$		
S^{2-}	硫代乙酰胺		Pb、Sb、Bi、Mo、Cu、As、Cd、Sn、Mn
	$CH_3CSNH_2+H_2O \longrightarrow H_2S+CH_3CONH_2$		

水解产生的氨均匀地分布在溶液中。随着氨的不断产生，溶液中 OH^- 浓度逐渐增大，在整个溶液中均匀生成氢氧化铝沉淀。将溶液冷却至室温，可迅速终止该水解反应，达到所需要的 pH 值。

均匀沉淀法的特点如下。

① 由于构晶离子的过饱和度在整个溶液中比较均匀，所以沉淀物的颗粒均匀、致密。

② 可以避免杂质的共沉淀。例如，利用氨水作为沉淀介质制取氧化铝的过程。由于铝具有酸碱两性，要想得到纯的氢氧化铝，必须将 pH 值维持在一个狭小的范围内，因此不能通过控制铵离子和氨的相对浓度来减少其沉淀。当在 0.1g 铝中含有 50mg 铜时，利用普通氨法时，得到的沉淀物中含有 21mg 铜。在有琥珀酸存在下利用尿素作为沉淀剂时，即使在原料中有 1.0g 铜时也仅有 0.1mg 被共沉淀下来。

采用均匀沉淀法制备超微粉体的过程中，沉淀剂的选择及沉淀剂释放过程的控制非常重要。现以尿素法制备铁黄（FeOOH）为例加以说明。其基本原理为：在含 Fe^{3+} 的溶液中加入尿素，加热至 $90 \sim 100\,^{\circ}\text{C}$ 时尿素发生水解反应：

$$(NH_2)_2CO+3H_2O \longrightarrow CO_2+2NH_4^++2OH^-$$

(3-60)

随反应的缓慢进行，溶液的 pH 值逐渐上升。Fe^{3+} 和 OH^- 反应并在溶液不同区域中均匀地形成铁黄粒子，尿素的分解速率直接影响铁黄粒子的粒度。另外，溶液中的负离子对沉淀物的性质也有显著影响。对于利用尿素水解沉淀 Fe^{3+} 的过程，当共沉负离子为 Cl^- 时，得到容易过滤、洗涤的 γ-FeOOH；当共沉负离子为 SO_4^{2-} 时，得到 α-FeOOH；当共沉负离子为 NO_3^- 时，则得到无定形沉淀物。利用共沉淀法制备 Al_2O_3 时存在类似情况。均匀沉淀法目前已用于制备 Fe_3O_4、Al_2O_3、TiO_2、SnO_2、$MgAl_2O_4$ 等多种体系的超微粉体材料。与其他沉淀法相比，均匀沉淀法在工艺上较为简单。

3.2.2.3 溶剂蒸发法

沉淀法有如下缺点。

① 沉淀为胶状物，水洗、过滤困难。

② 沉淀剂容易作为杂质混入沉淀物。

③ 如果使用能够分解除去的氢氧化铵、碳酸铵作为沉淀剂，则 Cu^{2+} 和 Ni^{2+} 形成可溶性络离子。

④ 沉淀过程中各种成分的分离难。

⑤ 水洗时，有的沉淀物发生部分溶解。

为了解决这些问题，发展了不用沉淀剂的溶剂蒸发法。

在溶剂蒸发法中，为了保证溶剂蒸发过程中溶液的均匀性，溶液被分散成小液滴，以使组分偏析的体积最小。以上两点非常重要，因此需要使用喷雾法。采用喷雾法时，如果没有氧化物成分蒸发，则粒子内各成分的比例与原溶液相同；又因为不产生沉淀，可以合成复杂的多组分氧化物粉体。另外，采用喷雾法制备的氧化物粒子一般为球形，流动性好，易于处理。喷雾法制备氧化物粉体的方法见图 3-54。

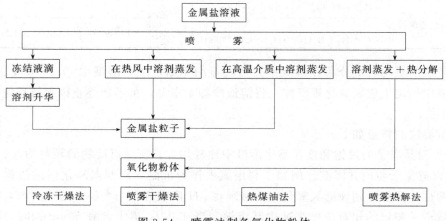

图 3-54 喷雾法制备氧化物粉体

（1）喷雾干燥法

喷雾干燥法是将溶液喷雾至热风中，使之快速干燥的方法。这是一种适合工业化大规模生产超微粉体材料的方法。在干燥室内，用喷雾器将混合的盐（如硫酸盐水溶液）雾化成 $10\sim20\mu m$ 或更细的球状液滴，经过燃料燃烧产生的热气时被烘干，这时成分保持不变。快速干燥后，得到类似中空球的圆粒粉料。硫酸盐在 $800\sim1000℃$ 下，分解得到相应的氧化物超微粉体材料。喷雾干燥制粉过程不需粉磨工序，直接得到超微粉体材料。只要在初始盐溶液中无不纯物，过程中又无外来杂质引入，就可以得到化学成分稳定、纯度高的超微粉体材料。

采用喷雾干燥法制备的 β-Al_2O_3 和铁氧体粉体，比固相反应法制备的粉体烧结坯体有更微细的结构。喷雾干燥过程也被广泛应用于造粒。粉体合成法通常是将粉末悬浮在含有第二组分的溶液中，形成浆料，再将这种浆料喷雾干燥，使各种成分均匀混合的方法。在喷雾干燥法中，还可采用将溶液喷雾至高温非互溶液体（煤油等）中而使溶剂迅速蒸发的方法（热煤油法）。喷雾干燥法制备高纯度超微粉体材料时，所采用的盐必须能够溶于所选用的溶剂中。

（2）喷雾热解法

喷雾热解（SD）法是制备超微粉体的一种较为新颖的方法，最早出现于 20 世纪 60 年代初期。该方法系将金属盐溶液喷雾至高温气氛中，溶剂蒸发和金属盐热解在瞬间同时发生，从而制得氧化物粉体。该法也称为喷雾焙烧法、火焰喷雾法、溶液蒸发分解法等。喷雾热解法和前述喷雾干燥法都易于连续生产。在喷雾热解法中，有将溶液喷雾至加热的反应器中和喷雾至高温火焰中两种方法。前者起源于喷雾热解法，后者原是一种从溶液或悬浮液出发制备干燥产物的方法。它在干燥那些对受热敏感、快速干燥的物料方面已得到广泛的工业应用。由于该法要求雾滴在未达到反应器之前即能完成干燥过程，所以产物一般为细微的颗粒。喷雾热解法的发展，使它们在无机物、催化剂及陶瓷材料制备等方面得到广泛应用，成为超微粉体材料制备的重要技术之一。喷雾热解法的特点如下。

① 干燥所需时间短，整个过程一般在几秒到几十秒之内迅速完成。因此，每一个多组分细微液滴在反应过程中来不及发生偏析，从而可以获得组成均匀的超微粉体材料。

② 由于该方法的原料是均匀混合的溶液，所以可精确地控制所合成化合物和最终超微粉体材料的组成。

③ 通过控制操作条件，如合理选择溶剂、反应温度、喷雾速度等，容易制取形态和性能不同的超微粉体。由于方法本身包含有物料的热分解，所以材料制备过程的反应温度较低，特别适合于晶状复合氧化物超微粉体的制备；而且产物的表观密度小、比表面积大、烧结性能好。

④ 操作过程简单，反应一次完成，且可以连续进行。产物无需水洗、过滤和粉碎解聚，可避免污染，确保产品纯度。

喷雾热解（SD）法先以水、乙醇或其他溶剂将原料配制成溶液，通过喷雾装置将反应液雾化并导入反应器中。在喷雾热解反应器中，溶剂迅速挥发，反应物发生分解；或者同时发生燃烧和其他化学反应，生成与初始反应物完全不同的、具有全新化学组成的无机超微粉体产物。由于粉体是由悬浮在空中的液滴干燥而来，所以干燥微粉一般呈球形。初看起来，SD 法与其他直接干燥法类似，但实际上不太相同。它分为两个阶段。第一个阶段是液滴从表面蒸发，类似于直接加热蒸发。随溶剂的挥发，溶质出现过饱和状态，这时在液滴内部析出细微的固相，然后逐渐扩展到液滴的四周，最后覆盖液滴的整个表面，形成一层固相壳层。从动力学因素考虑，固相应首先在蒸发速率最快的区域形成。液滴干燥的第二个阶段比较复杂，包括气孔形成、断裂、膨胀、皱缩和晶粒的"发毛"生长。液滴表面析出的初始物质的结构和性质决定了将要形成的固体颗粒的性质，也决定了固相继续析出的条件。干燥的每一步都对下一步有较大影响。液滴表面形成的壳层具有脆性。当液滴继续干燥时，壳层不会发生收缩。所以为使壳层内的液体通过毛细作用移出壳外蒸发，壳层内的液体必须具有一定的压力。当干燥温度低于初始溶液沸点时，为满足蒸发条件必须使空气进入颗粒内部，但这不太容易做到。当反应温度高于溶液沸点时，液体的气化会提高液滴内部的压力，从而满足液体继续向外蒸发的条件。应当指出，虽然液滴内部的蒸发会破坏固体壳层结构，但这并不对后续过程产生不利影响。在高温反应中进行的雾化液滴的干燥、热分解和晶化过程中，前两个过程几乎是同时进行的，它们在不同的反应条件下，会产生各种物理化学变化，最后

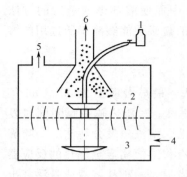

图 3-55　离心式喷雾干燥器

1—液体储槽；2—转盘；

3—驱动电机；4—经过滤的空气；

5—初级粒子出口；6—伴生粒子出口

的产物可能是晶形的，也可能是无定形的。下面简要介绍 SD 法的主要发展过程。

① 雾化液滴干燥和干燥粒子热分解分步进行的两段法。该法利用离心式喷雾干燥器（图 3-55）对金属硫酸盐的混合水溶液进行雾化液滴干燥，然后将生成的硫酸盐微粉在 $800\sim1000℃$ 热分解，可以制备粒度为 $10\mu m$ 的微粉体。利用此法制备出镍和锌的各种铁酸盐超微粉体是粒度 $0.2\mu m$ 的聚集体，它们由中空球形硫酸盐微粒热分解后烧结而成。从这种聚集体可分离出粒度小于 $1\mu m$ 的超微粉体。

② 高温反应区雾化干燥和热分解同时进行的一段法。将金属硝酸盐水溶液在 $750\sim950℃$ 的莫来石管中直接雾化（图 3-56），可制备出粒度为 $0.5\sim1.0\mu m$ 的 Al_2O_3 和 $CaAl_2O_4$ 超微粉体，其粒子大小与原料液浓度、压缩空气压力密切相关；$950℃$ 以下时生成无定形 Al_2O_3，经 $900℃$、$1h$ 热处理后转变为 $\alpha\text{-}Al_2O_3$。在制备 $CaAl_2O_4$ 时，炉温为 $900\sim920℃$ 时产品晶型较差，但经 $900℃$、$1h$ 热处理后结晶性能可以显著改善。

一段法的炉温通常在 $1400℃$ 以下。将硝酸盐水溶液在 ICP 等离子体（微观温度大于 $1127℃$）中喷雾可制备 MgO 超微粉体。这种粉体粒子呈球形，结晶性能良好，粒度在 $0.016\sim0.044\mu m$ 之间。在等离子体状态下，反应物被激发成原子或离子，引起镁和氧的结合。其反应过程的特点是：MgO 生成速率快，粒度小而均匀。

利用可燃性溶剂乙醇发展了一段法制备超微粉体的火焰喷雾法。将金属硝酸盐的乙醇溶液通过压缩空气雾化，点燃使雾化液体燃烧，从而使硝酸盐发生热分解（图 3-57），可制备 NiO 和 $CoFe_2O_4$ 超微粉体。与普通的一段法相比，不需要外加热区，有利于反应装置的小型化。

③ 喷雾干燥和热分解依次进行的连续法。利用超声波振荡器使金属盐水溶液雾化成粒度为 $5\mu m$ 的雾滴，依次通过 3 台温度分别对应于干燥温度（T_1）、热分解温度（T_2）和晶化温度（T_3）的反应炉（图 3-58）可制得球形多孔的 $LaCoO_3$ 超微粉体。

该方法还可以利用二氧化硅溶胶、氧化铝/铝酸钠和氢氧化钠的混合水溶液，制备粒度为 $0.5\mu m$ 的 $NaAlO_2$ 超微粉体。该方法可以对影响超微粉体性质的干燥、热分解和晶化温度条件分别进行独立控制，从而制备具有特定性质的粉体材料。通过调节初始溶液浓度，可以调整晶状超微粉体的粒度。

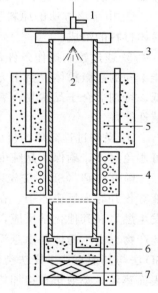

图 3-56　一段法（Roy 装置）

1—雾化器；2—喷雾；

3—石英管；4—莫来石；5—炉；

6—气体出口；7—升降夹

利用溶胶溶液雾化，再干燥和热分解也可以制备超微粉体。该方法操作温度较低，可以得到纯度高、组分均匀的非晶和晶型的超微粉体材料；还能制备化学薄膜和其他特殊类型的材料。该法的缺点是在操作过程中，粒子收缩程度大；当使用有机溶剂时，粒子会残留缺陷、羟基或碳杂质。

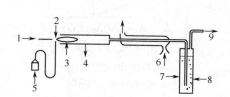

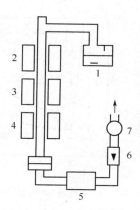

图 3-57　火焰喷雾法装置

1—空气；2—喷雾口；3—火焰；4—耐火管；

5—混合溶液；6—冷却水；7—水；

8—收集口；9—抽气

图 3-58　连续法冷阱装置

1—超声波发生器；2—反应炉（温度 T_1）；

3—反应炉（温度 T_2）；4—反应炉（温度 T_3）；

5—废气处理；6—流量计；7—泵

④ 雾化液滴直接参与化学反应合成超微粉体。在金属盐溶液雾化进入反应器的同时引入反应气体，借助金属盐与反应气体之间的化学反应，生成各种不同的无机物超微粉体。选择醇化物和氯化物的混合液作为喷雾液。用氯化银作为成核剂，使雾滴液遇水蒸气后发生水解制备了诸如 TiO_2、Al_2O_3、TiO_2/Al_2O_3 等粒度在 $0.06\sim0.6\mu m$ 范围内的超微粉体，粒子呈球形，粒度比较均匀。在实际反应过程中，载气流速、氯化银蒸发温度及成核温度对超微粉体的粒度有很大影响。

（3）冷冻干燥法

冷冻干燥法（FDP）最早应用于生物医学制品和食品冷冻。Landberg 和 Schnettler 分别利用该方法制备了粒度为 1nm 的金属超微粉体和陶瓷粉体。近年来利用冷冻干燥法制成的超微粉体材料已广泛应用于各个重要的科技领域。冷冻干燥法具有以下特点。

① 在溶液状态下均匀混合，适合于极微量组分的添加，合成复杂的功能陶瓷粉体并精确控制其最终组成。

② 制备的超微粉体粒度在 $10\sim500nm$ 范围内，冻结干燥物在煅烧时内含气体极易逸出，容易获得易烧结的陶瓷超微粉体，由此法制取的大规模集成电路基片平整度好；制备的催化剂的表面积和反应活性均较高。

③ 操作简单，特别适合于高纯陶瓷材料用超微粉体的制备。

冷冻干燥法就是先使欲干燥的溶液喷雾冷冻，然后在低温低压下真空干燥，将溶液直接升华除去。硫酸铝溶液冷冻干燥法原理如图 3-59 所示。

a、b 和 c 点分别是纯水、盐溶液的三相点以及冰、饱和盐溶液、铝盐和水蒸气的四相共存点。当溶液处于位置①时，普通加热干燥会使溶液①逐渐挥发水蒸气而向位置②方向变化，溶液也因浓缩而产生沉淀，并使颗粒发生聚集，最终不能得到由原生粒子组成的粉体。相反，如果让溶液温度骤然冷却下降，使溶液由位置①向（冰＋盐）的两相区②移动，所得到的金属离子即被固定；然后在冷冻状态下减压到 c 点以下位置③处，此时真空蒸发就不会引起一次粒子聚集。因此，有效应用该法的关键有如下两点。

① 温度下降必须迅速，避免经过（冰＋溶液）两相区时出现组分偏析，使溶剂离子被冰固定，减小盐组成变化，保证冷冻干燥物的均匀性。

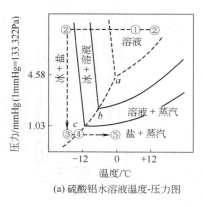

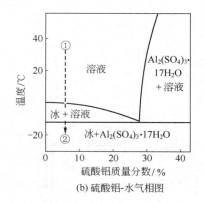

图 3-59　硫酸铝溶液冷冻干燥法原理

② 必须防止相变引起产物组成的变化；此外，还要在无液相存在下进行干燥，否则冻结物溶化出现的液相会使粒子长大。

冷冻干燥法的基本过程包括初始溶液的配制、喷雾冷冻、冷冻升华和干燥物的热分解。

① 起始原料及初始溶液的配制。利用不同起始原料合成同一产物时条件各不相同。例如 Al_2O_3 超微粉体的制备，采用异丙醇铝的苯溶液制备 α- Al_2O_3 的温度比采用硫酸铝水溶液低。所以，应当正确选择初始金属盐溶液，常用的有硫酸盐、硝酸盐、铵盐、碳酸盐和草酸盐溶液。选用原料盐的原则如下。

- 所需组分能溶于水或其他适当的溶剂，除了真溶液，也可以选用胶体。
- 不易在过冷状态下形成玻璃态。
- 有利于喷雾。
- 热分解温度适当。

其中第二个因素特别重要，因为随着金属盐水溶液浓度增加，pH 值和凝点下降，一旦出现玻璃态就无法实现冰的升华。有时在初始溶液中加入氨水是有益的，可能会促进胶体或胶体前驱体的生成：它们一方面减小溶液离子浓度，使凝点上升；另一方面，作为晶核易使金属盐和水相分离与结晶。此外，初始溶液浓度也影响冻结干燥物和最终产物粉体颗粒的大小。

② 喷雾冷冻。为防止在冷冻干燥过程中溶液组分偏析，增加冷冻样品比表面积，以加快真空干燥速率，最好的办法是用氩气喷枪将初始溶液分散在制冷剂中。喷枪喷出的小液滴与冻结干燥颗粒大小相当，因此容易制得粒度一致的固态球形颗粒。

最初实验中使用直径为 0.3mm 的玻璃喷嘴，将硫酸盐水溶液喷雾到经干冰-丙酮浴冷却的己烷中快速冷却。目前常用液氮作为制冷剂。虽然两者冷却速率都较快，但前者除去己烷较费时间。使用液氮时，液滴周围被液氮隔离，导致热导率下降，组分沿液滴半径方向偏析。但总的来说，液氮较干冰-丙酮更容易实现深度低温，组分偏析程度小，冷冻干燥物组分基本上是计量组成。图 3-60 是一种能在普通实验室中使用的冷冻干燥装置，其喷嘴直径为 0.5～1mm，雾化液滴粒度分布基本上由喷嘴口径及喷射速度决定。图 3-61 和图 3-62 是另外几种喷雾冷冻装置。图 3-61 所示装置的特点是只有极微小的粒子才能到达液氮表面。图 3-62 所示装置可以将金属盐熔体直接喷雾冷冻，该装置已成功用于制备混合氧化物超微粉体和能弥散于铜中的超微粉体。图 3-63 所示装置可用于连续制造喷雾冻结物。金属盐溶液从下方喷入分散在用液氮冷却的氟利昂中，在上升过程中急剧冷却并积累在液面的上部。

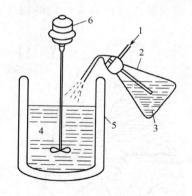

图 3-60　常用喷雾冷冻干燥装置

1—钢瓶氮气；2—喷雾器；3—待干燥溶液；
4—液氮；5—杜瓦瓶；6—搅拌器

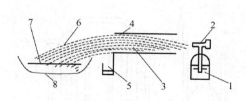

图 3-61　制备小粒度冻结物的喷雾冷冻装置

1—待干燥溶液；2—喷雾器；3—大雾滴；4—纸制圆筒；
5—液滴收集器；6—小雾滴；7—液氮；8—冻结的粒子

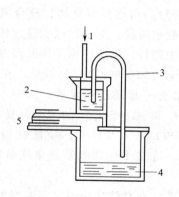

图 3-62　熔盐喷雾冷冻装置

1—钢瓶氮气；2—熔盐；3—不锈钢管；
4—液氮；5—导管

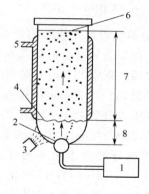

图 3-63　连续喷雾冷冻装置

1—金属盐溶液；2—喷口；3—热风；4—液界面；5—液氮；
6—冻结的粒子；7—氯乙烯和氯丙烷（－62℃）；8—氟利昂

　　③ 真空升华干燥。真空升华干燥是将经液氮冷冻的冻结物放在用冷浴冷却的干燥容器中进行真空干燥，此时溶剂冰直接升华从冻结的金属盐中分离出来。一般可以利用机械泵抽真空，高度干燥时，需要使用扩散泵，以降低蒸气的流动阻力。图 3-64 为常用的真空升华干燥装置，在一定热输入条件下，其升华速率仅与升华过程本身有关。

　　为了在干燥中不致出现液相，应先采用扫描示差量热仪测出四相共存点。四相共存点的温度取决于体系特征，如硝酸盐水溶液结晶温度很低，$Co-(NO_3)_2-H_2O$ 和 $Sr-(NO_3)_2-H_2O$ 的结晶温度分别为 －21℃ 和 －31℃。适当选择初始溶液的溶剂十分重要。实验证明，为了制备相同性能的 Co_2NiO_4 超微粉体，当起始原料相同时，选用乙酸和水作为溶剂时对应的干燥时间分别为 3.5h 和 70h。一般来说，最佳溶剂选择的首要因素是：在一定的热量输入下，升华速率或平衡蒸气压要高，升华潜热要小；另外，冰点下降要小、溶解度要高。

　　超微粉体真空升华干燥后的盐很少向里渗透，也没有发现熔点连续下降的现象。由此制备的超微粉体模型（图 3-65）与冷冻干燥过程所得到的小球链状结构完全类似。由此可见，在实际的真空操作过程中，冻结物不需要始终保持在低共熔点以下。为了缩短干燥时间，可以随着干燥过程的进行，在保证不出现液相的前提下，适当地连续提高冻结物的温度，即在较高温度下加快干燥速率。

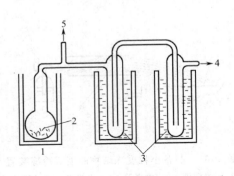

图 3-64　常用升华干燥装置

1—杜瓦瓶；2—冷冻物；3—液氮；

4—真空泵；5—接真空计

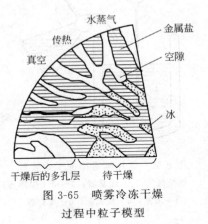

图 3-65　喷雾冷冻干燥

过程中粒子模型

④ 热分解。冷冻干燥后的金属盐在适当气氛下热分解后可得到氧化物、复合氧化物和金属粉末。如果金属盐含有结晶水，则热分解前还存在脱水阶段。对于像硝酸盐这样具有强稀释性的物质，脱水和热分解最好是在真空和干燥气流中进行。采用冷冻干燥并经过热分解所得产物的微结构均有一定的特点。例如，铝的硫酸盐经 $700\sim800℃$ 热分解后，在 $1200℃$ 下热处理 10h 所得产物 $\alpha\text{-}Al_2O_3$ 的微结构为一串串聚集在一起的连锁球状。其中，原生粒子的粒度为 $75\sim275nm$。当冻结干燥物是一种如 $MgSO_4$ 和 $Al_2(SO_4)_3$ 的"混合复盐"时，即使再令其充分吸附水也不可能获得镁铝矾 $MgAl_2(SO_4)_4 \cdot 22H_2O$，只能获得组分为 $MgAl_2(SO_4)_4 \cdot (8\sim9)H_2O$ 的化合物。经热分析表明，冻结干燥物既不是单纯盐的混合，也不是混合复盐，而是具有另外的特定状态。

综上所述，冷冻干燥法的四个单元过程之间密切相关。在具体应用时，需要根据实际情况综合考虑，才能制备具有一定微结构和计量组成的氧化物超微粉体材料。

3.2.2.4　醇盐水解法

醇盐水解法是合成超微粉体材料的一种新方法，其水解过程不需要添加碱，因此不存在有害负离子和碱金属离子。其特点是反应条件温和、操作简单，是一种较好的制备高纯度超微颗粒的方法，但成本高是其缺点。

醇盐是用金属元素置换醇中羟基的氢的化合物总称。金属醇盐的通式是 $M(OR)_n$，其中 M 代表金属元素，R 是烷基（烃基）。金属醇盐也可以称为金属化合物。金属醇盐与常用的有机金属化合物是不同的概念。醇盐是金属与氧的结合，生成 M—O—C 键的化合物称之为金属有机化合物（metallo-orgnatic compounds）。而有机金属化合物（organo-metallic compounds）是指烷基直接与金属结合，生成具有—C—M 键的化合物。

金属醇盐由金属或者金属卤化物与醇反应合成，它很容易和水反应生成氧化物、氢氧化物和水化物。氢氧化物和其他水化物经煅烧后可以转变为氧化物粉体。

醇盐水解制备超微粉体的工艺过程包括两部分，即水解沉淀法（包含共沉淀法）和溶胶-凝胶法（sol-gel 法）。图 3-66 为醇盐法制备超微粉体的工艺流程。超微粉体的制备大体上有溶胶混合法和复合醇盐直接水解法两种。前者的基本过程是把各自的金属醇盐加水分解、制成溶胶，混合后预烧，最后得到超微粉体。下面以 Al_2O_3 超微粉体制备为例加以说明。

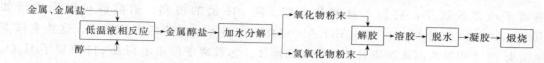

图 3-66 醇盐水解法制备超微粉体的工艺流程

$Al(OC_3H_7)_3$ 的水解产物受热分解温度、pH 值和时间的影响，控制水解条件可制备高活性的 AlOOH 粉末。该 AlOOH 很容易与酸形成溶胶。具体制备过程和条件是：在 1mol $Al(OC_3H_7)_3$ 中加入 100mol 水（pH 值为 2），在室温下水解 50min，然后在所得到的 AlOOH 中，按 1mol AlOOH 加 1mol 盐酸的比例加入浓度为 0.1～0.5mol/L 的盐酸。在 50～100℃下利用均化器或超声波使之形成稳定而透明的溶胶，通过调整粒子浓度使该溶胶具有一定的黏性和流动性，最终可以制备出形态和性能不同但具有高活性的粉体。利用同样方法可以制备氢氧化镁和二氧化硅溶胶。将这三种溶胶按一定比例混合，可以获得组成为尖晶石型、富铝红柱型和堇青石型的 Al_2O_3-MgO-SiO$_2$ 溶胶体系。

醇盐水解法制备的超微粉体不但具有较大的活性，而且粒子通常呈单分散状态。因此，具有良好的低温烧结性能。例如，用醇盐水解法制备的 TiO_2，烧结温度为 800℃ 时的烧结体密度即可达到 99% 以上；而普通 TiO_2 1300～1400℃ 时的烧结体密度也只有 97%。

3.2.2.5 溶胶-凝胶法

溶胶-凝胶法是化学和材料领域的重要制备方法。凝胶一词包含了各种各样的物质，如网状的中间相、无机黏土、磷脂、无序的蛋白质及三维或网络状的聚合体。溶胶-凝胶包括三种转化过程。第一种是指多糖溶液一类的可逆化凝胶过程，如琼脂及硫化橡胶。另外两种溶胶-凝胶过程分别是水溶胶-凝胶及烷氧化物溶胶-凝胶过程。20 世纪 70 年代以来，后两种溶胶-凝胶过程因在粉体材料合成中的广泛应用，引起了人们的关注。以下简单介绍胶体的性质及溶胶-凝胶法在超微粉体制备中的应用。

（1）胶体的性质

胶体的科学研究可以追溯到 1845 年 Selmi 制备氯化银溶胶。此后胶体的盐析效应得到了广泛研究。借助于用磷还原氯化金得到的金溶胶，Faraday 观察了溶胶的光散射以及盐析效应。然而，胶体一词最先则是用来描述通过渗析硅酸而获得的胶状材料，其中的硅酸是通过酸化硅酸盐溶液及有机物如橡胶、蔗糖和白朊而制得。目前，胶体系统定义为在分散介质中含有尺寸在 1～1000nm 的分散相，这些体系如表 3-42 所示。对溶胶来说，胶粒尺寸指粒径。

表 3-42 胶体体系分类

体 系	分散相	分散介质
溶胶	固	液
乳胶	液	液
固体乳胶	液	固
泡沫	气	液
雾、烟、气溶胶（胶体粒子）	液	气
烟、气溶胶（固体粒子）	固	气
合金、固体悬浮液	固	固

（2）正离子水解制备溶胶

金属离子 M^{z+} 具有高电荷及高电荷密度，极易水解，初始水解产物可以缩合生成多价金属离子或多核离子，它们本身就是胶粒。随 pH 值的提高，铝溶液可以形成诸如 $[AlO_4 Al_{12}(OH)_{24}(H_2O)_n]^{7+}$ 和 $[AlO_4 Al_{12}(OH)_{25}(H_2O)_{11}]^{6+}$ 的多核离子。这些多核离子结构为 12 个铝氧八面体围绕着 1 个铝氧四面体。多核离子所带电荷及 pH 决定了 H_2O、OH^- 或 O^{2-} 是否作为中心正离子的配位体，而负离子/正离子的质量比通过影响双电层静电斥力控制多聚物的聚合程度及溶胶稳定性。OH/M≥2（质量比）水合金属氧化物的沉淀，通过胶溶作用转化为溶胶。在该过程中，沉淀吸附稀酸溶液中的 H^+，使结晶聚集体分散成小晶体进而形成溶胶。利用胶溶作用制备溶胶时，胶粒粒度可以通过温度、浓度等参数来控制。

超微粉体的溶胶-凝胶法制备过程包括以下步骤（图 3-67）：起始原料如金属盐通过化学反应转变为可分散的氧化物；氧化物在稀酸或水中形成溶胶；溶胶脱水形成球、纤维、碎片或涂层状的干凝胶；干凝胶受热生成氧化物超微粉体。对非氧化物（碳化物或氮化物）超微粉体的制备，在溶胶阶段加入碳，于控制气氛下加热即得到含碳凝胶。利用凝胶化之前的溶胶，将其混合可制备多组分氧化物超微粉体。

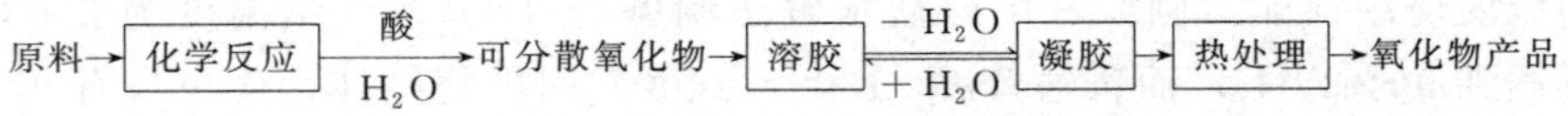

图 3-67 溶胶-凝胶法制备超微粉体过程示意

（3）溶胶-凝胶法制备超微粉体

溶胶-凝胶法可以制备稳定的浓分散体，得到组成均匀且粒度可控的球形氧化物粉末，如氢氧化物（氢氧化镧）和 ZrO_2、CeO_2、TiO_2 等氧化物超微粉体等。在硝酸铈溶液中加入氢氧化铵-过氧化氢时，得到聚集体粒度为 $0.1\mu m$ 的氢氧化铈沉淀，加入硝酸之后沉淀分散成粒度为 8nm 的溶胶，溶胶干燥后成为凝胶碎片。HNO_3 和 CeO_2 之比直接影响凝聚程度，表现在凝胶及氧化物的密度上。无凝聚的水合物在 1000℃ 得到致密的二氧化铈，其他分散体系在转变成凝胶及氧化物时，可以制成多孔材料。不致密或聚集的凝胶，含有大量粒子聚集体的胶体单元。例如，聚集与不聚集的二氧化钛溶液可以利用它们具有的不同的光散射性质加以区别。

3.2.2.6 水热合成法

水热合成法是指在高压下将反应物和水加热至 300℃ 左右时，通过成核和生长，制备形貌和粒度可控的氧化物、非氧化物或金属超微粉体的方法，反应物包括金属盐、氧化物、氢氧化物及金属粉末的水溶液或液相悬浮液。

（1）高温高压下溶液的水解

利用醇盐溶液制备氧化物超微粉体时，在临界过饱和度下沉淀反应形成均匀成核，颗粒通过表面外延生长。溶液在高温高压下沉淀反应形成颗粒的过程具有类似原理。在高温高压下，金属氧化物的沉淀过程可以表示为：

$$M^{z+}(aq) + zOH^-(aq) \Longleftrightarrow M(OH)_z(s) \tag{3-61}$$

沉淀前形成中间可溶性物质的过程可以表示为：

$$fM(H_2O)_b^{z+} + gOH^- \longrightarrow [M_f(H_2O)_{bf-g}(OH)_g]^{(fz-g)+} + gH_2O \qquad (3-62)$$

反应式(3-62)左边的可溶性物质是成核的前驱体,影响颗粒生长。反应所需 OH^- 由溶液中的碱离解得到。电解质溶液在高温下强制水解,生成氢氧化物配位体:

$$fM(H_2O)_b^{z+} + gOH^- \longrightarrow [M_f(H_2O)_{bf}(OH)_g]^{fz+} \qquad (3-63)$$

强制水解产物单体均匀成核,类似于控制释放沉淀过程的均匀成核。

(2) 盐溶液的水热反应

通过盐溶液水热反应,可以制备多种水合氧化物溶胶。负离子对溶胶粒子的形成及晶型有较大影响。强制水解可以通过控制释放沉淀的负离子获得。

盐溶液水解合成超微粉体的优点在于可以选择纯度较低的物质作为反应物。因为在水热合成过程中,金属杂质(如钠)仍残留在溶液中。同时,可以通过反应条件(如 pH 值、温度和压力)控制产物粒度。尿素分解受 pH 值的影响,其初始分解产物 NH_3^+ 和 NCO^- 在酸性介质中进一步生成二氧化碳。NCO^- 在碱性条件下水解生成 CO_3^{2-},用于金属碳酸盐沉淀。例如,氯化钙与尿素在一定温度下可以制备出单分散的 $CaCO_3$ 超微粉体。

利用配合物控制释放金属正离子制备溶胶,是一种有效的方法。在 250℃下,利用三乙醇胺配合的 Fe^{3+} 在氢氧化钠和过氧化氢水溶液中控制释放,可以生长成圆盘状的 $\alpha\text{-}Fe_2O_3$。以过氧化氢代替阱作还原剂时,水热合成产物为具有八面体结构的四氧化三铁。用乙酸镍和羟乙二胺四乙酸(HEDTA)等形成的金属配合物,可制备不同形貌的金属超微粉体。利用硝酸铝-硫代乙酰胺配合物体系在 26℃下控制释放负离子,可以制备单分散的 CdS 超微粉体。该过程也证明水热反应可以合成非氧化物超微粉体材料。

(3) 包含相变的水热反应过程

包含相变的水热反应过程是指加热固体氧化物或氢氧化物,通过溶解和再结晶,在水热条件下完成热转变,进而制备超微粉体材料。铁氧体例如混合钴、镍氧化物具有良好的磁性能,在工业中得到广泛的应用;由于这些氧化物为水冷式核反应器的主要腐蚀产物,在核工业中也引起广泛兴趣。将铬、铁氢氧化物混合制得悬浮液,在 150℃下老化 16h 后用冷水激冷,然后将洗涤干燥后的产物在 340℃和 400℃下的水气氛中焙烧 2h,可以制备出粒度约为 1μm 的黑色粉末。水热合成法已用于制备 Tb 活化钇铝石榴石粉末,该粉体材料在电子射线显示器荧光屏中用作荧光物质。荧光物质通常采用固体烧结后粉碎研磨制备,粉体粒度及分布、杂质含量均影响发光效果。虽然粗颗粒降低了荧光屏的清晰度,但是粒度小于 1μm 的极细颗粒的发光效果也相对较差。利用铝、钇和铽的氯化物溶液和氢氧化铵制备了缓和的氢氧化物溶胶,该溶胶在 -30℃下冷冻干燥得到代表性组成为 $Y_{0.39}Al_{0.56}Tb_{0.05}O_3$ 的松散粉末,该粉末在 400~700℃下预焙烧、590℃下热处理和 500℃下老化,制备了粒度约为 5μm 的单分散 YAG 立方型晶体。

包含相变的水热合成同样用于制备四方晶型的 ZrO_2。四氯化锆溶液与氢氧化铵反应制备的无定形 ZrO_2,经在 240~820℃的空气中煅烧,然后在 100MPa 下于 200~600℃的水中或 30% NaOH,10% KBr,8% KF,7%、15%和 30% LiCl 溶液中陈化 24h。在水和氯化锂反应体系中制得单斜相和四方相 ZrO_2。在氯化钾和氢氧化钾体系中只能制取单斜相 ZrO_2,晶体尺寸为 4~15nm,颗粒无团聚。与从无定形 ZrO_2 在空气中煅烧制得的团聚体相反,单斜相 ZrO_2 的晶相和晶粒尺寸是煅烧温度的函数。无定形氧化物的存在影响 ZrO_2 单斜相的形成。

烷氧化物和水溶胶制备的单一相或二相溶胶,在高温高压下反应生成粒度为 $25\sim35nm$ 的单分散相锐钛矿颗粒、粒度为 $100\sim300nm$ 的金红石片晶、粒度为 $10\sim32nm$ 的四方相 ZrO_2、粒度为 $5nm$ 的单斜相 ZrO_2 以及粒度约 $75nm$ 的 $ZrO_2 \cdot SiO_2$ 粉体。对于二相凝胶,也已进行过一定的研究。在包含 Al_2O_3-SiO_2 的系统中,存在离散的 SiO_2 富集区及 Al_2O_3 富集区或相。反之,单相干凝胶有 SiO_2 及 Al_2O_3,它们在非晶相结构中以原子尺度混合。将含有二氧化锆的原硅酸四乙酯加热至 $60℃$,可得到单相凝胶;SiO_2 与 ZrO_2 混合可以制备二相溶胶。

水热合成也已成功地应用于电子陶瓷用超微粉体的制备。钛酸钙可以利用含氧化钙和水合钛酸盐的浆液,在 $150\sim200℃$ 下老化制备得到。表面活性物质,如聚乙烯醇(相对分子质量为 8.5×10^4)可改善粉体形态。如果没有表面活性剂的存在,制备的晶体为不规则晶体,长度为几微米。在表面活性剂存在时,制备的晶体为 $0.1\sim0.5\mu m$ 的片晶,该片晶经 $1400℃$ 烧结可以制得高密度的晶片。

(4)金属水热反应

金属水热氧化方法可以制备氧化物超微粉体,如 Cr_2O_3、ZrO_2、HfO_2 等。利用金属水热反应制备 HfO_2 时,在 $300\sim400℃$ 下 Hf 通过表面氧化反应形成 HfO_2:

$$Hf+2H_2O \longrightarrow HfO_2+2H_2 \tag{3-64}$$

Hf 颗粒表面形成的氧化层阻止颗粒内部氧化的进行。氢化物如 $HfH_{1.5}$ 在高于 $500℃$ 的情况下可以通过氢与金属的反应得到。在该温度下,氢原子快速扩散到固体内部形成氢化物,氢化物遇水氧化成 HfO_2 单斜晶体,其粒度为 $20\sim40nm$。利用氢化反应比利用表面氧化反应能获得更高的收率。

另一类包含金属水热合成金属氧化物超微粉体的过程基于金属氢氧化物(钙、铈、镍、银、钯和铑的氢化物)在浓缩的甲酸中还原。在 $180\sim240℃$ 和 $25MPa$ 下,金属氢氧化物在水热条件下发生以下两个基本反应:

$$M(OH)_2+2HCOOH \longrightarrow M(HCOO)_2+2H_2O \tag{3-65}$$

$$M(HCOO)_2 \longrightarrow M+H_2O+CO+CO_2 \tag{3-66}$$

虽然该过程的反应机理目前还不完全清楚,但包括均相成核和相变的水热反应已用来制备形态和组成可控的氧化物超微粉体。这一技术在工业化应用方面有一定优势,表现在过程的反应温度低($300℃$ 左右),而且可以利用纯度较低的物质作为反应原料。

3.2.2.7　非水溶液反应合成

非水溶液反应合成超微粉体材料,溶液介质可以是惰性物质,也可以是一种反应物。本节基于氨和四氯化硅反应合成 Si_3N_4 等过程,简要介绍非水溶液反应合成超微粉体材料的基本特征。

(1)四氯化硅与氨的液相反应

在温度 $0℃$ 条件下,氨气与溶解于苯中的四氯化硅反应得到 $Si(NH_2)_4$ 沉淀。$Si(NH_2)_4$ 沉淀不稳定,在室温下脱去氨而得到硅二亚胺:

$$SiCl_4(l)+6NH_3(g) \longrightarrow Si(NH)_2+4NH_4Cl \tag{3-67}$$

硅二亚胺发生聚合,氯化铵与氨结合生成 $NH_4Cl \cdot 3NH_3$,硅二亚胺热分解得到 Si_3N_4 粉体。

$$SiCl_4 + 18NH_3(g) \longrightarrow (1/f)[Si(NH)_2]_f + 4(NH_4Cl \cdot 3NH_3) \tag{3-68}$$

$$3Si(NH)_2 \longrightarrow Si_3N_4 + N_2 + 3H_2 \tag{3-69}$$

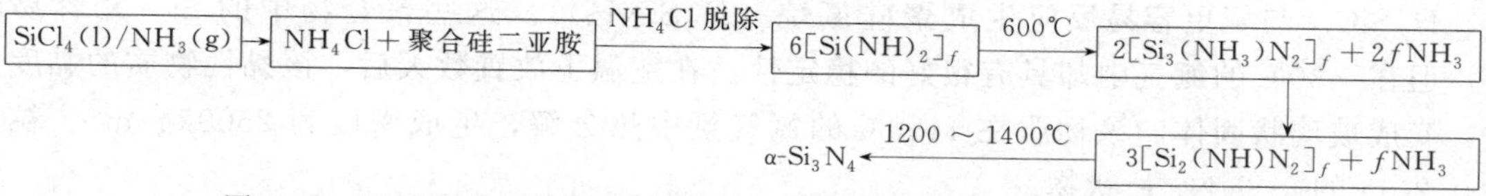

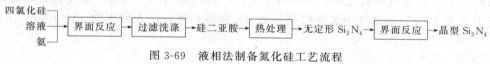

图 3-68 四氯化硅与氨反应制备 Si_3N_4 粉体的过程及可能出现的中间体

图 3-68 给出了四氯化硅与氨反应制备 Si_3N_4 粉体的过程及可能出现的中间体。研究发现，四氯化硅与氨在无水正己烷中反应（反应温度为 0℃）时，反应物真空解离时形成聚合的中间产物。随温度的升高，氨连续脱去，在约 600℃ 生成 Si_3N_4。当硅二亚胺中含有卤化物时，硅二亚胺经过两步反应分解生成亚氨基卤化物，并在 60～80℃ 时发生凝聚反应。例如：

$$2Si(NH)_2 \longrightarrow Si_2N_3H + NH_3 \tag{3-70}$$

当温度为 130～150℃ 时，中间产物 Si_2N_3H 与部分离解的氯化铵蒸气发生反应，总反应方程式为：

$$2Si(NH)_2 + NH_4Cl \longrightarrow Si_2N_3H_2Cl + 2NH_3 \tag{3-71}$$

四氯化硅与氨反应制备 Si_3N_4 粉体的过程已实现了工业放大，工业制备流程如图 3-69 所示。液态四氯化硅溶于密度大于氨的有机溶剂（如 80％环己烷和 20％苯的混合溶剂）中，在 -40℃ 下搅拌发生界面反应，$NH_4Cl \cdot 3NH_3$ 被萃取进入液氨中。洗去液氨后的反应产物在 1000℃ 煅烧即生成无定形粉末，然后在 1559℃ 下、氮气氛中煅烧生成 $\alpha\text{-}Si_3N_4$。在生产过程中不会形成氯化铵烟雾，也避免了四氯化硅直接倒入溶液中的倒流问题。该方法制备的 Si_3N_4 超微粉体的性质见表 3-43。一般情况下，液相反应制备的 $\alpha\text{-}Si_3N_4$ 粉体形态主要取决于煅烧时间和温度。

四氯化硅 溶液 氨 → 界面反应 → 过滤洗涤 → 硅二亚胺 → 热处理 → 无定形 Si_3N_4 → 界面反应 → 晶型 Si_3N_4

图 3-69 液相法制备氮化硅工艺流程

表 3-43 液相法制备的氮化硅粉体的主要性质

项目	数据	项目	数据
级别	UBE-SN-E10	级别	UBE-SN-E10
形貌	等轴	铁	0.005
比表面积/(m²/g)	10	钙	0.001
晶相/%	100	铝	0.002
$\alpha\text{-}Si_3N_4$/%	>95	非金属杂质	
$\beta\text{-}Si_3N_4$/%	<5	氧	1.3
金属杂质		碳	0.1

（2）氯硅烷与氨和胺的反应

氯硅烷不但可以与氨反应，而且可以与伯胺或仲胺反应，并生成氨基甲硅或硅氮烷（一种含 Si—N—Si 键的化合物），即：

$$(CH_3)_3SiCl + 2NH(C_2H_5)_2 \longrightarrow (CH_3)_3SiN(C_2H_5)_4NHCl \tag{3-72}$$

虽然 Si_3N_4 可以用 $Si(NH)_2$ 制备，但人们仍然致力于用高产率（最小冷缩）热解转变过程制备液体氯硅烷。在该制备过程中，通过溶剂蒸发控制化学添加剂的干燥和超临界干燥，并由醇凝胶直接获得自由裂化整体物。研究得出，H_2SiCl_2 与氨在苯溶剂中反应，除去氨卤化物后会形成一种具有黏性的物质，冰点相对分子质量测量法测得这种物质的相对分子质量约为 350，24h 后这种不稳定物质转变为硬质固体。在极性溶剂如二氯甲烷或二乙基醚中，H_2SiCl_2 与氨更容易反应生成聚硅氮烷（H_2SiNH）$_f$。这些聚合物中的 Si—N 容易断裂，但在 $-30℃$ 的氮气中却具有很好的稳定性。在室温下放置数天后，该黏性物质的黏度升高，变成玻璃状固体。该物质在 1150℃ 的氮气氛中热分解，生成密度为 $2500kg/m^3$、粒度为 $0.2\mu m$ 的 α-Si_3N_4 片状物。

（3）其他非水溶液合成反应

利用硫化氢气体和锗乙醇盐［$Ge（OC_2H_5）_4$］在室温下反应，可以制备无定形硫化锗。该过程可以表示为：

$$2H_2S+Ge(OC_2H_5)_4 \longrightarrow GeS_2+4C_2H_5OH \tag{3-73}$$

用这种方法合成的 GeS_2 超微粉体纯度较高，可用于红外辐射光学纤维。

在室温下，将硫化氢气体通入二乙基锌的正庚烷溶液中，可以制备粒度小于 100nm 的立方形 β-ZnS 团聚体粉末。反应过程为：

$$Zn(C_2H_5)_2+H_2S \longrightarrow ZnS+2C_2H_6 \tag{3-74}$$

利用这种方法制备的 ZnS 超微粉体可用于红外辐射陶瓷制备。由于陶瓷颗粒粒度小于红外光波波长，因此可消除颗粒间的光散射。这些制备过程和金属有机化合物制备过程有一个共同特点，即制备的超微粉体材料组成较均匀。

卤化物溶液的脱氯反应可以用于硼化物和钙化物超微粉体前驱体的合成。例如，在 130℃ 下，四氯化硅、四氯化碳与钠在正庚烷中反应生成氯化钠和一种黑色无定形前驱体，这种前驱体在 $1450\sim1750℃$、5％氢/氩气氛中结晶生成 SiC 粉体，粒度为 $1\sim5\mu m$，比表面积为 $26m^2/g$。该方法同样可以用于制备 TiB_2、B_4C 以及 BN 等非氧化物超微粉体材料。在 $160\sim180℃$ 下，氯化铵和氢化硼在苯溶液中反应，得到硼氢化物或硼的衍生物；硼氢化物或硼的衍生物在 1100℃ 的氮气中煅烧得到晶态 BN 超微粉体，比表面积为 $80\sim100m^2/g$。

3.2.2.8 微乳液法

微乳液法是近年来制备超细颗粒所采用的一种新方法。它是利用两种互不相溶的溶剂在表面活性剂的作用下剂量小的溶剂被包裹在剂量大的溶剂中形成一种均匀的微泡，在微泡中发生反应的方法。微乳液通常是由表面活性剂、助表面活性剂（一般为醇类）、油（一般为烃）和水（或电解质水溶液）组成的透明或半透明的体系。这种体系可以是水分散在油中（W/O 型），也可以是油分散在水中（O/W 型），其分散相质点通常为球形，且半径非常小，一般为 $10\sim100nm$ 范围，是热力学稳定体系。从微泡中生成固相可使成核、生长、凝结或团聚等过程在一个微小的液滴内，形成一个所谓的微反应器。在这个微反应器内控制胶粒成核和生长，从而形成球形颗粒，避免了颗粒之间进一步团聚。因此，微乳液法制备超细颗粒具有颗粒粒径均一、大小可控、分散性好等特点。

用微乳液制备超微颗粒，大都采用 W/O 型反相胶束，依靠胶束间由碰撞引起的物质交换进行合成反应。大致过程为：布朗运动使胶束发生碰撞，胶束的表面活性剂层打开并发生聚结，胶束间发生物质交换进行反应，聚结体分裂重新形成单分散的胶束。利用微乳液制备超细颗粒主要有以下两种途径。

① 单一乳液型。向溶有反应物的微乳液中加入气态或液态的还原剂或沉淀剂。这种方式所得产物的粒径通常比胶束的尺度大很多。

② 双乳液型或多乳液型。将两种或两种以上的溶有不同反应物的微乳液混合，通过胶束碰撞过程的物质交换使反应进行而形成固体颗粒。这种方法所得颗粒的粒径一般比胶束的原始尺寸小。

利用微乳液法制备超微颗粒，首先要选定一个适当的体系。即体系对有关试剂有尽可能高的增溶能力，而且该体系与反应物不发生反应。微乳液法制备颗粒通常用的是 W/O 微乳液。由于 W/O 微乳液能提供一个微小的水核"微反应器"，在水核中析出固相。

用微乳液法已经在实验室成功地制备了 Pt、Pd、Se、Co、Ag 等单质金属（详见表 3-44）和 Fe_3O_4、SnO_2、CeO_2、TiO_2、ZrO_2 等氧化物超微或纳米粉体（表 3-45）。另外，还有用微乳液法制备其他无机化合物，如 $BaCrO_4$ 纳米材料、$CaCO_3$ 纳米线和 $LaPO_4$ 纳米线等。Zhang 等以十二烷基苯磺酸钠（SDBS）作为表面活性剂在反相微乳液中合成了直径在 $200\sim400$nm 之间的中空球状 Fe_3O_4。

表 3-44　微乳液法制备单质金属

金属	初始原料	表面活性剂	还原剂	产物粒度/nm
Pt	H_2PtCl_6	PEGDE	$N_2H_4 \cdot H_2O$	3
Pd	$PdCl_2$	PEGDE	$N_2H_4 \cdot H_2O$	4
Se	H_2SeO_3	AOT	$N_2H_4 \cdot 2HCl$	$4\sim300$
Co	$Co(AOT)_2$	AOT	$N_2H_4 \cdot H_2O$	7.2
Ag	$AgNO_3$	AOT	$N_2H_4 \cdot H_2O$	$1\sim10$
Bi	$Bi(NO_3)_2$	AOT/SDS	$NaBH_4$	25
Pb	$Pb(NO_3)_2$	AOT/SDS	$NaBH_4$	25
Ni	$NiCl_2$	CTAB	$N_2H_4 \cdot H_2O$	4

表 3-45　微乳液法制备氧化物

氧化物	初始原料	表面活性剂	沉淀剂	产物粒度/nm
Fe_3O_4	Fe_2SO_4	AOT	NH_4OH	10
SnO_2	$SnCl_4$	AOT	NH_4OH	$30\sim70$
CeO_2	$Ce(NO_3)_3$	CTAB	NH_4OH	$6\sim10$
$\alpha\text{-}Fe_2O_3$	$Fe(NO_3)_3$	DDAB/Brij	NH_4OH	5
$CoCrFeO_4$	$CoCl_2$	SDS	CH_3NH_2	$6\sim16$
TiO_2	二乙醇钛	OBG	—	27
ZrO_2	二乙醇锆	OBG	—	24
V_2O_5	二乙醇钒	OBG	—	41
ZnO	二乙醇锌	NP	—	<5

在微乳液制备超微颗粒的过程中，影响产物粒径大小及质量的主要因素是微乳液组成、表面活性剂的含量及碳链长度、反应物浓度以及微乳液中水核的界面膜的性质等。

3.2.2.9　液相合成超微粉体材料过程的工程特征

超微粉体液相制备技术涵盖了众多工业过程和一系列单元操作。例如，超细磁粉制备涉及硫酸亚铁和氢氧化钠的提纯，铁黄的沉淀、结晶、过滤、干燥、粉碎、表面处理以及 $\gamma\text{-}Fe_2O_3$ 沉淀包钴等单元操作。这些单元操作涉及诸多学科和工程领域，包括物理学、化学、材料学、表面与胶体化学和机械等；而且这些单元操作中又存在一些共同的工程问题，其关系如图 3-70 所示。

（1）进料方式与微观混合

反应成核是一快速瞬间反应，必须使反应在反应器内瞬间达到分子级的均匀混合，才能避免反应器中过饱和度的非均匀性，使产物形态尽可能一致。因此，必须采取适当的进料和混合方式达到微观混合效应，并在反应器放大过程中保持一致。

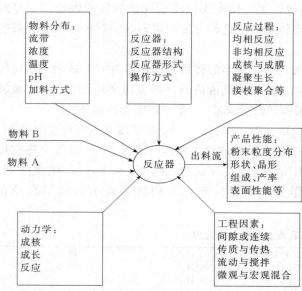

图 3-70　超微粉体材料液相合成过程的工程问题

（2）流动与搅拌

对于化学反应器来说，流动与搅拌方面的问题，不仅是压降与功率计算问题，更重要的是浓度与温度分布问题。物料的停留时间分布和混合程度都制约着最终反应结果。因此，反应装置中物料流动和混合规律的研究及相应反应装置的开发是关键。由于超微粉体的制备大量使用釜式反应器，而且反应物通常是高度剪切稀化的非牛顿流体，因此这部分工程问题的研究更为重要。

（3）质量与热量传递及浓度与温度效应

对于非均相成核过程，不仅温度而且浓度与反应速率间均具有较强的非线性关系；同时，超微粉体合成体系又是高含量和高黏度的多相体系，随着反应的进行，系统固含量增大，传递效果变差，从而影响反应速率，改变最终产物的性质。因此，体系控温问题也是反应器设计的关键。

（4）反应器形式

不同形式的反应器，具有不同的流动、传热和传质特征，导致反应器中具有不同的浓度、湿度及停留时间分布，影响反应、成核、生长过程的相对速率，从而影响最终产物的粒度大小与粒度分布。研究含有超微粉体在不同反应器中的气、液、固多相传质、传热及流动规律，并与超微粉体多相体系本身的特征如流变学、悬浮体特征等结合对过程的放大具有重要意义。

（5）操作方式

间歇、连续、半连续、一次加料或分批加料以及预混、非预混加料显著影响反应器中各处局部的粒子形成结果。这些因素的影响规律随反应器尺寸的放大而变化，因此在生产过程中必须严格加以控制。

综上所述有如下结论。

① 超微粉体材料制备工程问题的复杂性，表现在多个影响因素和这些因素之间的交互作用以及过程的变量非线性关系和由于传热、传质和流动阻力所导致的影响。例如，颗粒的粒度分布由成核和生长速率共同决定，而温度和浓度又通过影响成核和生长速率的大小影响粒度大小与粒度分布。这种交互（联）作用使反应过程各有关变量的分布极为重要。这些分布包括浓度分布、温度分布以及物料的停留时间分布，正是由于传热、传质和流动等工程因素以及化学反应的复杂性导致过程放大的困难。

② 超微粉体材料制备过程的放大存在两种意义上的放大，各有其重要性。其一，维持在适当浓度和温度分布上的扩大装置，这是一般工程学意义上的放大问题，主要追求最终宏观结果与小试相当。鉴于目前颗粒生产的现状，迫切需要提高反应装置的效率及产品性能的稳定性。其二，在小尺度装置上合成的物理形态与结构，如何在材料的规模制备中实现。这种意义上的放大是超微粉体材料研制过程提出的新课题。正如对于聚合物产物分子和分布的控制产生了聚合物反应工程学一样，对于颗粒形态控制的过程研究正在催生颗粒反应工程学这一新学科。

第4章

超微粉体的分散与表面处理

超微粉体的分散与表面改性是超微粉体的主要研究内容之一，对其应用至关重要。

超微粉体的分散通常包括颗粒在干态下（或空气中）的分散状态、在溶液中的分散状态以及在其他固态有机和无机基料中的分散，如无机填料在高聚物基料中的分散及无机颜料在陶瓷坯料中的分散。

超微粉体的表面处理是指通过一定的物理、化学或机械手段对超微粉体进行表面处理，改变其表面的物理化学性质，如润湿性、电性、光泽、吸附与化学反应特性等，以满足相关应用领域的需要。表面处理也是改善或提高超微粉体分散性的重要技术手段之一。因为超微粉体的分散特性与其表面性质密切相关。超微粉体的表面能、表面润湿性、表面电性等表面性质直接影响其在气相、液相和固相基质中的分散性。

超微粉体的应用特性与其分散性有关。油墨、水性或溶剂型涂料中无机颜料的分散性影响涂料的流变性、遮盖力、着色力等性能；造纸颜料（高岭土、碳酸钙、滑石等）的分散性影响其流变性和涂覆工艺性；陶瓷颜料在坯料中的分散性影响陶瓷制品色泽的均匀性；无机填料或颜料在高聚物或树脂中的分散性影响复合材料或塑料制品的力学性能与其他性能。

超微粉体的分散性还影响其加工性能。对于分选和分离作业，颗粒的分散性影响分选或分离的效率；对于超微粉碎作业，分散性影响粉碎效率和分级精度；对于表面处理作业，分散性影响粉体表面处理的均匀性。

目前，超微粉体的分散方法可分为机械（物理）分散和化学（分散剂）分散两种。对于超微粉体来说，机械（物理）分散方法时效较短，因此，无论是干法分散还是湿法分散，化学（分散剂）分散常常是必需的。

表面处理除了可以提高超微粉体的分散性外，还可提高超微粉体的性能或赋予其新的功能。因此，表面处理或改性是超微粉体极其重要的加工技术之一。目前，超微粉体的表面处理或表面改性技术可以分为化学包覆、沉淀反应、机械力化学、胶囊化、高能辐射等。

本章将重点讨论超微粉体的分散行为和分散方法以及表面改性处理方法、工艺和改性（处理）剂。

4.1 超微粉体的分散

4.1.1 超微颗粒的作用力

超微颗粒的分散与团聚取决于颗粒之间表面力的作用，因此，研究超微颗粒的分散首先要了解颗粒之间的作用力。

颗粒间的相互作用力有两种，长程作用力和短程作用力。颗粒间的长程作用力，又称为表面力。

颗粒间的短程作用力发生在颗粒间距小于 2nm 处。当颗粒间距达到 1nm 左右时，颗粒表面质点（原子或离子）的电子云互相排斥，产生斥力，即玻尔斥力，这是一种短程排斥力；而当两颗粒直接接触时，表面质点通过共价键、配位键、离子键等结合，此时产生很强的短程吸引力，发生化学吸附或反应。

长程作用力发生在颗粒相距 5～100nm 处。长程作用力是超微颗粒之间的主要作用力。在水中，颗粒间的主要长程作用力有范德瓦耳斯（分子吸引）力、因双电层交叠引起的静电作用力、因有吸附层存在引起的位阻排斥力、因水化或溶剂膜的存在而产生的水化或溶剂化膜作用力、因颗粒表面疏水引起的疏水作用力以及偶极作用力和磁作用力等。各种作用力的延伸距离不同，范德瓦耳斯力和静电作用力可达 100nm 或更长，位阻排斥力的长短取决于吸附层的厚度，水化或溶剂化膜作用及疏水作用距离一般在 10～25nm 之内。

以下重点讨论超微颗粒间的各种长程作用力。

（1）颗粒间的范德瓦耳斯作用能及作用力

两个半径分别为 R_1、R_2 的球形颗粒，当粒间距离 $h \ll R$ 时，范德瓦耳斯作用能及作用力分别为：

$$U_A = -A_{132} R_1 R_2 / [6h(R_1 + R_2)] \tag{4-1}$$

$$F = A_{132} R_1 R_2 / [6h^2(R_1 + R_2)] \tag{4-2}$$

显然，当球形颗粒半径相同，即 $R_1 = R_2 = R$ 时：

$$U_A = -A_{132} R / (12h) \tag{4-3}$$

$$F = A_{132} R / (12h^2) \tag{4-4}$$

一球形颗粒（半径为 R）与一平面或片状颗粒间的作用能及作用力为：

$$U_A = -A_{132} R / (6h) \tag{4-5}$$

$$F = A_{132} R / (6h^2) \tag{4-6}$$

式中，A 为 Hamaker 常数；h 为颗粒间的间距；1、2、3 分别代表颗粒 1、颗粒 2 和液体介质。在液相中颗粒与颗粒的 Hamaker 常数可用下式表示：

$$A_{131} = A_{11} + A_{22} - 2A_{13} \approx (\sqrt{A_{11}} - \sqrt{A_{33}}) \tag{4-7}$$

$$A_{132} \approx (\sqrt{A_{11}} - \sqrt{A_{33}})(\sqrt{A_{22}} - \sqrt{A_{33}}) \tag{4-8}$$

式中，A_{11} 及 A_{22} 分别为颗粒 1 及 2 在真空中的 Hamaker 常数；A_{33} 为液体 3 在真空中的 Hamaker 常数；A_{131} 为在液体 3 中同质颗粒 1 之间的 Hamaker 常数；A_{132} 为在液体 3 中异质颗粒 1 与颗粒 2 相互作用的 Hamaker 常数。

表 4-1 为一些物质在真空中的 A_{11} 及在水中的 A_{131}。

（2）颗粒间的双电层静电作用能及作用力

颗粒在分散介质中互相接近到双电层开始交叠时，产生颗粒间的静电作用。静电作用的起因主要是因扩散层中的各种离子互相靠近而产生的相互排斥（同号时）或相互吸引（异号时）作用。对于同质颗粒，这种静电作用恒表现为排斥力；对于异质颗粒，静电作用可能是排斥力也可能是吸引作用，视两者表面荷电状况而异。

表 4-1　一些物质的 Hamaker 常数　　　　　　　　　　　单位：10^{-20} J

物质	A_{11}	A_{131}	物质	A_{11}	A_{131}
Al_2O_3	15.5～34.0	4.17	金刚石	27.6～59.0 (35)	8.2～38.0 (17)
$Al(OH)_3$		12.6	MgO	10.6	1.76
TiO_2（锐钛矿）	19.7	2.5	SiO_2	6.50 (8.55～50)	0.46 (0.2～0.94)
TiO_2（金红石）	11.0～31.0	3.9～10.0			
Fe_2O_3	23.2(26)	3.4(15)	SiO_2（石英）	8.86 (4.2～18.6)	1.02 (1.2～5.6)
$Fe(OH)_3$	18.0	17.7～20			
SnO_2	25.6	4.3	石墨	31～47	3.7(17)
KCl	6.2	0.31	水	3.28～6.4	
KBr	5.8～6.7	0.54	AgI		3～4
CaO	12.4		云母	9.5	1.34
$CaCO_3$	10.1	1.44	PET	6.2～16.8	0.55～4.78
CaF_2	6.55(7.0)	(0.87)	炭黑	99	60
$BaSO_4$	16.4	1.7	烷烃	4.6～10	0.08～0.37
Hg	43.4	10.5～12.0	有机高分子	6.15～8.84	0.35～0.54
Au	29.6～45.5	0.6～41.0(35)	聚四氟乙烯	(3.8)	(0.35)
Cu	28.4	17.5(17)	辉钼矿	(9.1)	(1.8)
Pb	21.4	30.0	硫	(23)	(12)
PbS	8.17	4.98	滑石	(9.1)	(1.8)
ZnO（立方）	15.2	4.80			
ZnO（六方）	9.21	1.89			

① 同质颗粒　对于平板状颗粒，对于对称 1∶1 电解质，静电排斥力 F_{el} 的近似式为：

$$F_{el} = 64 n k_B T \gamma^2 e^{-\kappa h} \tag{4-9}$$

式中，$\gamma = \tanh(Z\Phi_1/4)$，$\Phi_1 = \varepsilon\Psi/(k_B T)$。

静电排斥能 U_{el} 的近似式为：

$$U_{el} = (64 n k_B T/\kappa)\tan^2 h(Z\Phi_1/4)e^{-\kappa h} \tag{4-10}$$

对于半径为 R 的球型颗粒，静电排斥力可用平板状颗粒的静电斥力积分求得。

对于对称 1∶1 电解质，球形颗粒的静电排斥能的计算式如下：

$$U_{el} = [8R\varepsilon(k_B T)^2/e^2 Z^2]\tan^2 h(Z\Phi_1/4)e^{-\kappa h} \tag{4-11}$$

在上面各式中，$k_B T$ 为 Boltsmann 常数与热力学温度之积，在 20℃时 4.12×10^{-21} J；κ 为双电层厚度的倒数（Debye-Huckel 参数），m^{-1}；Z 为离子价数；e 为电子电荷，1.6×10^{-19} C；Ψ 为颗粒表面电位，V；h 为颗粒间距。

② 异质颗粒　对于半径分别为 R_1、R_2 的两个球体，双电层作用能可用下式近似地计算：

$$U_{el} = \varepsilon R_1 R_2/[4(R_1+R_2)](\Psi_1^2+\Psi_2^2)\{2\Psi_1\Psi_2/(\Psi_1^2+\Psi_2^2)\ln[(1+e^{-\kappa h})/(1-e^{-\kappa h})]+\ln(1+e^{-\kappa h})\} \tag{4-12}$$

式中，Ψ_1、Ψ_2 为颗粒表面电位，ε 为水的电介常数；κ 为双电层厚度的倒数（Debye-Huckel 参数），m^{-1}；h 为颗粒间距。

（3）溶剂化膜作用能

颗粒在液体中引起其周围液体分子结构的变化，又称结构化。溶剂化膜的结构、性质和厚度主要取决于颗粒的表面性质、溶剂分子的极性、溶剂分子或离子的种类与浓度、体系温度以及其他物理因素等。S. Marcelja 与 N. Redic 根据体系自由能的变化求出了极性液体中颗粒间的水化膜排斥能的表达式：

$$U_s = kl \exp(-h/l) \qquad (4-13)$$

式中，h 为作用距离；l 为与溶剂化膜厚度的衰减程度有关的特征长度；k 为与溶剂化膜中液体分子的有序程度及性质有关的参数，对于亲水表面 $k>0$，疏水表面 $k<0$。

可见，在水中，对于表面亲水颗粒，U_s 为排斥作用；相反，对于表面疏水颗粒，U_s 为吸引作用。

溶剂化作用能的计算目前尚无理论推导，大量研究得出经验关系为：

$$U_s = U_{0s} \exp(-h/h_0) \qquad (4-14)$$

对于半径为 R 的同质球形颗粒可用下式表示：

$$U_s = \pi R h_0 U_{0s} \exp(-h/h_0) \qquad (4-15)$$

式中，h_0 为衰减长度；h 为作用距离，U_{0s} 为与表面润湿性有关的溶剂化作用能能量参数。

（4）疏水作用

疏水作用是在水中发生的疏水颗粒间的吸引作用，对于许多疏水性固体表面-水溶液体系都能观察到。可以认为，颗粒间的疏水作用是由疏水颗粒的特殊"水化膜"作用衍生出来的一种特殊的粒间作用。它是一种比范德瓦耳斯吸引力大 10～100 倍的颗粒间吸引力，但作用距离较短。

颗粒间的疏水作用力（能）可用下式表示：

$$U_H = CR \exp(-h/D) \qquad (4-16)$$

式中，R 为颗粒半径；h 为颗粒的最短距离；D 为衰减特征常数；C 为疏水力的特征常数。

（5）位阻作用

颗粒表面的吸附层对颗粒间的作用有显著影响。当吸附物质是长链表面活性剂或高分子时，除了静电排斥力作用及范德瓦耳斯作用的间接影响外，当颗粒接近到吸附层并开始接触时，便产生一种不可忽视的粒间作用，这种作用即位阻效应（steric effect）。

颗粒接触时，受外力作用以及浓度、空间变化的影响，位于颗粒之间的吸附物质将重新建立平衡。小分子或小离子有很高的扩散速度，故重新调整以达到新的平衡所需时间短；而高分子吸附形态的调整，例如链系、链环及链尾的形态和比例的变化以及吸附量的变化却非常缓慢。在颗粒碰撞的短暂瞬间，难以建立新的平衡。

DLVO 理论通常讨论在平衡状态下的粒间作用，而高分子吸附层的位阻效应则往往发生在吸附平衡尚未建立时。

颗粒的吸附层接触时可能发生两种极端情况。第一种情况是吸附物之间相互穿插，在两吸附层的穿插区形成透镜状穿插带 [图 4-1(a)]，称为穿插作用；第二种情况是吸附层的接触只引起吸附层与吸附层之间的互相压缩 [图 4-1(b)]，称为压缩作用。穿插作用多发生在吸附层的结构比较疏松（即吸附量较小，吸附密度较低，吸附物的相对分子质量较大）的场合，而压缩作用多发生在吸附层结构较为致密，即吸附量大，吸附密度高的场合。

实际上吸附层的作用是穿插作用和压缩作用兼而有之。因此，表面有吸附层的颗粒间的位阻作用是穿插作用与压缩作用的总和。两个球形颗粒之间的压缩作用位阻能可用下式表示：

$$U_{ST} = [4\pi R^2(\delta - h/2)]/[Z(R+l)] \times \ln(2l/h) \qquad (4-17)$$

式中，R 为颗粒半径；δ 为吸附层厚度；h 为颗粒间的最短距离；l 为吸附分子长度；Z 为单个吸附分子在颗粒表面占据的面积。

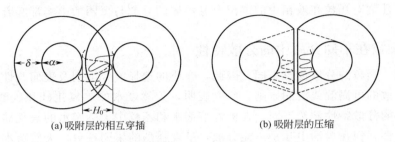

(a) 吸附层的相互穿插　　　　　　　　(b) 吸附层的压缩

图 4-1　位阻效应的两种极端情况

4.1.2　超微颗粒的分散原理

（1）固体颗粒的分散原则

① 润湿原则（极性相似原则）。颗粒必须能被介质或基料润湿或浸润，才能很好地分散在介质或基料中。

② 表面力原则。颗粒间的总表面力必须是一个较大的正值，使颗粒间有足够的相互排斥力阻止其黏结或团聚。

（2）固体颗粒的润湿

固体颗粒在液体中的分散要首先经过润湿。固体颗粒在液体中的润湿性常用润湿接触角来度量；$\pi > \theta > \pi/2$，表示表面完全不润湿；$\pi/2 > \theta > 0$，表示固体表面部分润湿或有限润湿；$\theta = 0$ 或无接触角，表示固体表面完全润湿。

润湿过程也可以用铺展系数 $S_{L/S}$ 表示：

$$S_{L/S} = \gamma_{s/g} - (\gamma_{s/L} + \gamma_{L/g}) = \gamma_{L/g}(\cos\theta - 1) \tag{4-18}$$

当 $\theta = 0$ 时，$S_{L/S} = 0$，液体能在固体表面铺展润湿；当 $\theta > 0$ 时，$S_{L/S} < 0$，液体在固体颗粒表面的润湿受阻。只要有润湿接触角存在，就意味着液体不能完全润湿固体表面，并在其表面铺展。为了满足润湿原则，需要添加润湿剂或浸润剂；或对粉体进行表面处理，以尽可能降低润湿接触角，最好使其为零，以创造完全浸润的条件。

（3）超微颗粒悬浮液的分散/团聚状态

固体颗粒被浸入液体介质中时，颗粒群存在两种不同状态：一种是颗粒彼此之间互相吸引，形成团聚体，单一的颗粒形成"二次"大颗粒；另一种情况是颗粒之间互相排斥，能在液体介质中自由运动，形成稳定的分散体系。在某些情况下，体系中同时存在分散颗粒和团聚体，悬浮体呈现不稳定的分散特性，这时，若分散行为占主导，则悬浮体系在一定时期内呈分散稳定特性。但是，悬浮体系的这两种状态不是一成不变的，在一定的条件可以改变或相互转化。

（4）固体颗粒分散的判据

在颗粒悬浮体系中，颗粒分散的稳定性取决于颗粒间相互作用的总作用能，即取决于颗粒间范德瓦耳斯作用能（U_A）、静电排斥作用能（U_{el}）、吸附层的空间位阻作用能（U_{ST}）、疏水作用能（U_H）及溶剂化作用能（U_s）的相对关系。颗粒间分散与聚团的理论判据是颗粒间的总作用能 U_r，可用下式表示：

$$U_r = U_A + U_{el} + U_s + U_{ST} + U_H \tag{4-19}$$

　　由此可见，当颗粒间的排斥作用能大于其相互吸引作用能时，颗粒间处于稳定的分散状态；反之，则颗粒产生聚团。显然，作用于颗粒间的各种作用能随条件变化而变化。添加分散剂或表面活性剂对颗粒在液相中的浸湿及悬浮体的分散与聚团的影响都起着重要作用。

4.1.3　颗粒在不同介质中的分散特性

　　介质不同，颗粒的分散性也不同。因此，介质的选择或分散剂及表面改性处理剂的选择要符合颗粒分散的可润湿或浸润原则。研究表明，天然亲水的二氧化硅和碳酸钙颗粒在水、乙醇和煤油中的分散特性截然不同。在极性溶剂水和乙醇中天然亲水的氧化硅和碳酸钙颗粒有较好的分散性，但在煤油中几乎不能分散，呈现强烈的聚团现象。天然疏水性滑石、石墨颗粒在水、乙醇及煤油中的分散性与天然亲水性颗粒有截然相反的分散特征，在水中有显著的聚团行为，但较亲水性颗粒在煤油中的聚团速度慢、强度弱，在乙醇中均有良好分散性。天然亲水性和疏水性颗粒在水、乙醇和煤油中的润湿接触角及分散特性如表 4-2 和图 4-2 所示。由表 4-2 及图 4-2 可见，颗粒表面亲液程度越强，其分散性越好，反之亦然。

表 4-2　天然亲水性和疏水性颗粒在水、乙醇和煤油中的润湿接触角及分散性

颗粒名称	润湿接触角 $\theta/(°)$			分散性		
	水	乙醇	煤油	水	乙醇	煤油
二氧化硅	0.0	0.0	88.0	○	○	×
碳酸钙	10.0	0.0	86.0	△	○	×
滑石	56.0	0.0	45.0	×	○	△
石墨	69.0	9.0	0.0	×	○(△)	○(△)

注：○—分散性好；△—分散性一般；×—分散性差

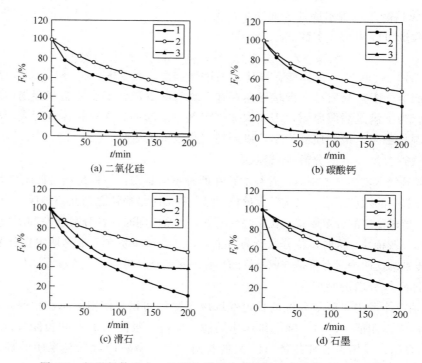

图 4-2　超微粉体在水、乙醇和煤油中的分散率与分散时间的关系

1—水；2—乙醇；3—煤油

4.1.4　超微粉体的分散方法

目前，超微粉体的分散方法主要有介质分散、机械力分散、超声波分散、静电分散、分散剂分散和表面改性处理等。

（1）介质分散

根据超微颗粒的表面性质选择适当的分散介质，可以得到颗粒良好分散的悬浮液。选择分散介质的基本原则是，非极性颗粒易于在非极性液体（介质）中分散，极性颗粒易于在极性液体中分散。如前述石墨颗粒易于在煤油中分散，二氧化硅易于在水中分散，即所谓极性相似原则。

图 4-3 为用激光法合成的 Si_3N_4 纳米粉体在不同有机介质中的分散行为。由此可见，Si_3N_4 纳米粉体在二甲基甲酰胺中的分散效果最好，分散粒径最小。当然，极性相似原则只是悬浮液分散的原则之一。颗粒在介质中的分散行为还要受到颗粒表面作用力及溶液中其他物理化学因素的影响。

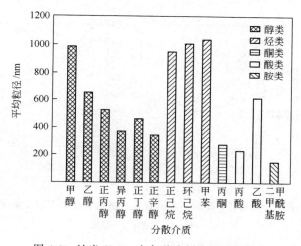

图 4-3　纳米 Si_3N_4 在各种溶剂中的平均粒径

pH 值对超微颗粒在水介质中的分散行为有重要影响。图 4-4 所示为 pH 值对超微二氧化硅、碳酸钙颗粒在水中的分散率（F_s）的影响。结果显示，天然亲水的二氧化硅和碳酸钙的分散行为与体系的 pH 值有关，不同 pH 值其分散行为有显著差异。

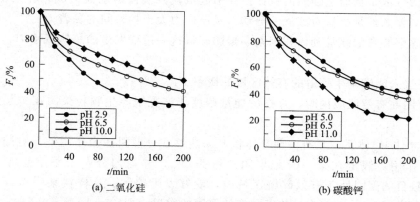

图 4-4　pH 值对超微二氧化硅、碳酸钙颗粒在水中的分散率（F_s）的影响

温度对超微颗粒在介质中的分散性也有重要影响。图 4-5 所示为温度对超细二氧化硅、碳酸钙、滑石、石墨颗粒在水中的分散率（F_s）的影响。结果显示，无论是天然亲水的二氧化硅和碳酸钙还是天然疏水的石墨和滑石，也不论是在极性的水和乙醇介质中，还是在非极性的煤油介质中，其分散性都随着体系温度的升高而下降。

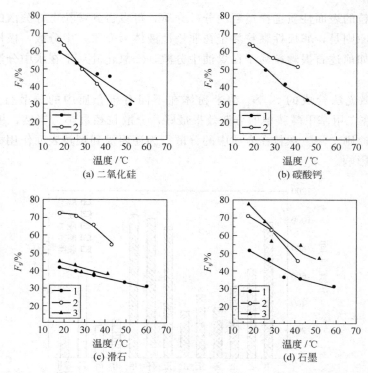

图 4-5　温度对超细二氧化硅、碳酸钙、滑石、石墨颗粒在水中的分散率（F_s）的影响
1—水；2—乙醇；3—煤油

（2）机械力分散

机械力分散是指采用强烈的机械力（冲击、剪切、摩擦等）将团聚或聚团颗粒解聚、分散的方法。按采用的分散介质可以分为湿法机械分散和干法机械分散。这种分散方法几乎在所有的工业生产过程都要用到。

湿法机械分散是指通过强烈的机械搅拌引起液流强湍流运动而造成颗粒聚团碎解悬浮。机械分散的必要条件是机械对液流的剪切力及压应力大于颗粒间的黏着力。

聚团的碎解要考虑能量和体积因素。聚团碎解这一过程发生的总体概率 P_T 分为以下两部分。

① 聚团进入能够发生碎解的有效区域的概率 P_t。

② 当聚团在有效区域内时，存在的能量密度能够克服原生颗粒聚团在一起的作用力的概率 P_ε。

对于悬浮体 V_t 体系，只有一部分体积 V_{eff} 能够在分散机械力作用下，对进入其中的聚团产生碎解作用。假定在某一时刻聚团总数为 N_n，并均匀分布于整个悬浮体中，则有 $N_n V_{eff}/V_t$ 数目的聚团处于有效碎解区域内，能够发生碎解。这样在某一微分时间 dt 内，聚团的数目减少 dN_n，可假定正比于在有效聚团的数目，即：

$$-dN_n/dt = (kN_nV_{eff})/V_t \tag{4-20}$$

积分该式得：

$$\frac{(N_n)_t}{(N_n)_{t=0}} = e^{-k\frac{V_{eff}}{V_T}t} \tag{4-21}$$

在时间 t 时，未碎解的聚团和已碎解的聚团数目满足总的聚团数目恒定原则。对聚团数目作衡算得：

$$(N_n)_{t=0} = (N_d)_t + (N_n)_t \tag{4-22}$$

则在时间 t 时，聚团已碎解的概率，即聚团进入有效区域的概率 P_t 为：

$$P_t = (N_d)_t/(N_n)_{t=0} = 1 - \exp[(-kV_{eff}/V_t)t] \tag{4-23}$$

这里有一个隐含假设，所有进入有效区域 V_{eff} 内的聚团在足够高的能量密度下全部发生碎解及碎解总概率的第二部分 $P_\varepsilon = 1$。①和②是串联不相干过程。因此，$P_T = P_tP_\varepsilon$，P_T 是聚团碎解过程发生的总概率。事实上，P_ε 并不一定等于1，它取决于张力强度和能量密度等因素的大小。

对于均匀张力 σ 的聚团，只有当能量密度 E_N/V 超过张力强度时，碎解才成为可能。因此，随着 $E_N/V\sigma$ 的增加，聚团数目的减少可认为正比于悬浮体中聚团的数目，即：

$$-dN_n/d(E_N/V\sigma) = aN_n \tag{4-24}$$

对上式在 $E_N/V\sigma = 0 \sim \varepsilon$ 范围内积分，化为指数形式，得：

$$\frac{(N_n)_\varepsilon}{(N_n)_{\varepsilon=0}} = \exp(-\alpha E_N/\sigma V) \tag{4-25}$$

同样进行聚团数目衡算，得到在一定能量密度时聚团的碎解概率：

$$P_\varepsilon = (N_d)_\varepsilon/(N_n)_{\varepsilon=0} = 1 - \exp\frac{-\alpha E_N}{\sigma V} \tag{4-26}$$

无量纲常数 α 的值代表能量输入聚团的碎解，α 越大，能量传输给聚团的效率越高，即 α 为能量效率因子。因此，颗粒聚团的碎解总概率为：

$$P_T = P_tP_\varepsilon = N_d/N_n = [1-\exp(-kV_{eff}\,t/V_t)\,][\,1-\exp(\alpha E_N/V\sigma)] \tag{4-27}$$

颗粒聚团的碎解概率与颗粒所处衡算有效区域的体积分数、输入体系的能量及其有效率和聚团的张力强度大小有密切关系。

颗粒被浸湿过程中的搅拌能增加聚团的碎解程度，从而也就加快了超微颗粒在悬浮液中的整个分散过程。强烈的机械搅拌是一种碎解聚团的简单易行的方法。工业上湿法或浆料的机械分散主要采用各类搅拌机、砂磨机、胶体磨等。搅拌机的结构比较简单，砂磨机、胶体磨在本书第 3 章中已进行了介绍。因此，本节不再赘述。

干粉状态下聚团的机械分散力要大于悬浮液中聚团的分散，这是因为水或其他液体介质本身也对粉体有分散作用，颗粒被水或其他液体介质润湿后更容易被机械力打散或碎解。但是，干粉团聚体的强度较高。因此，主要采用以冲击和剪切作用为主的各类高速分散机或粉碎机，如高转速转盘或钉盘式打散机、气流粉碎机、涡流磨等高速机械分散机。这些设备同时也是粉体粉碎设备。

图 4-6 所示是广泛应用于煅烧高岭土加工过程中，超微高岭土（粒径 $d_{90}\sim d_{97}$ 小于 $2\mu m$）喷雾干燥和煅烧后颗粒的解聚还原的高速涡旋磨的结构和外形示意图。该机主要由机座、电机、粉碎分散筒、螺旋给料机、润滑冷却油泵和配电箱等组成。螺旋给料机将干燥粉

料给入粉碎分散筒，在主轴高速旋转时，装在主轴上的粉碎盘对团聚的粉料施加冲击、剪切等作用，使其解聚还原，解聚还原后的超细粉料由旋转主轴上的风叶轮所产生的负压风力通过风轮及顶部的涡壳盖排出，进入收集系统。当检查发现颗粒偏粗时，将粉碎分散筒底部的气流调节器闸门关小，使风轮产生的负压减小，开启回料阀门，则粗颗粒将通过回料阀返回给料机，重新进入粉碎分散筒解聚打散。WXM-110 型高速涡旋磨的主要技术参数如下：主电机功率 110kW，给料电机功率 1.5kW，油泵电机功率 0.37kW，主轴最大转速 2250r/min，设备总质量 2250kg，处理量 800～1500kg/h。

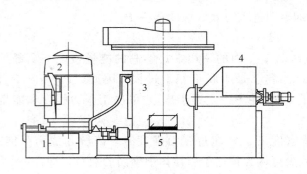

图 4-6　高速涡旋磨的结构和外形示意图　　　　图 4-7　钉盘式粉碎/分散机的内部结构

1—机座；2—电机；3—粉碎分散筒；

4—螺旋给料机；5—润滑冷却油泵

图 4-7 所示的是一种广泛用于化工粉体和矿粉粉碎或分散的钉盘式粉碎/分散机的内部结构图。该机主要由转子、定子和撞击环等构成。工作时，转子在电机的带动下绕主轴高速旋转，产生强大的离心力场，在粉碎室中心形成负压区，借助负压，粉料从转子和定子中心吸入，在离心力的作用下，粉料由中心向四周扩散；在扩散过程中，粉料首先受到内圈销棒的撞击剪切、摩擦以及颗粒之间的相互碰撞作用而被粉碎或分散。随着转盘的线速度由内圈向外圈逐步增大，物料在由内圈向外圈的运动过程中受到越来越强烈的冲击、剪切、摩擦和碰撞等作用而被进一步粉碎或分散。最后粉碎或分散后的粉料在离心力的作用下沿粉碎室内壁至出料口排出。

机械分散虽然是一种简单有效且广泛使用的分散方法，但其分散时效性不长，在停止机械作用一段时间后超微颗粒可能重新团聚。因此，要使超微颗粒在更长的时间呈有效分散状态，还要在机械分散的同时辅之以化学（分散剂和表面处理剂）分散。

（3）超声波分散

频率大于 20kHz 的声波，因超出了人耳听觉的上限而被称为超声波。超声波因波长短而具有束射性强和易于提高聚焦集中能力的特点，其主要特征和作用如下。

① 波长短，近似于直线传播，传播特性与处理介质的性质密切相关。

② 能量集中，可形成较大的强度，产生剧烈振动，并导致许多特殊作用，如悬浮体系中的空化作用等。其结果是产生机械、热、光、电化学及生物等各种效应。

在超微颗粒分散中，超声波分散主要用于悬浮液中固体颗粒的分散，如在测量粉体的粒度大小和粒度分布时，通常使用超声波进行预分散。

超声波在颗粒分散中的应用研究较多。利用超声空化时产生的局部高温、高压或强冲击波和微射流等作用，可较大幅度地弱化纳米颗粒间的作用能，有效防止纳米颗粒的团聚。但应避免过热超声搅拌，因为随着热能和机械能的增加，颗粒碰撞的概率也增加，反而导致进一步的团聚。因此，应选择最低限度的超声分散方式来分散超微和纳米粉体。粒径为 25nm 的氧化锆粉体经过不同超声时间（每超声波处理 30s，停 30s，整个过程为一个周期）测得的平均颗粒尺寸列于表 4-3。结果表明，适当的超声波处理可以有效地改善粉体的分散状态。

超声波的第一个作用是在介质中产生空化作用所引起的各种效应；第二个作用是在超声波作用下悬浮体系中各种组分共振而引起的共振效应。介质可否产生空化作用，取决于超声波的频率和强度；在低声频的场合易于产生空化效应，而高声频时共振效应起支配作用。

表 4-3　超声时间对氧化锆粉体平均粒径的影响

超声/次数	0	1	2	3	4	5
平均粒径/nm	896.3	808.9	594.3	454.1	371.6	423.8

（4）静电分散

静电分散就是给颗粒荷带上相同极性的电荷，利用荷电粒间的库仑斥力使颗粒分散。根据静电学原理，颗粒间的库仑斥力与两颗粒的荷电量乘积成正比，颗粒荷电量越大，静电排斥力越强。因此，使颗粒最大限度地荷电是静电分散的关键。

图 4-8 所示是一种静电分散实验用的颗粒荷电装置。该荷电装置由电晕放电电极和对向电极构成，电晕放电电极由电极轴及放电极组成，放电极采用了针状电极，对向电极为金属圆筒。采用该装置研究电极电压对放电电流及碳酸钙和滑石静电分散性的影响，结果如图 4-9 所示。结果表明，静电分散法对碳酸钙和滑石在空气中具有良好的分散作用。碳酸钙和滑石颗粒不用静电分散处理时，其分散指数为 1，随着电极电压的升高，电晕放电电流迅速增大，碳酸钙和滑石的分散效果提高。电晕电流与颗粒的分散效果有较好的对应关系，即电晕电流增大，颗粒的分散性提高；电流减小，分散性下降。

表面处理或表面改性可以强化超微颗粒的静电分散作用。图 4-10 所示为用不同表面活性剂对超细碳酸钙和滑石颗粒表面改性处理后，再进行静电分散的电极电压与分散指数的关系。由此可见，表面改性处理对颗粒的静电分散具有显著强化作用。

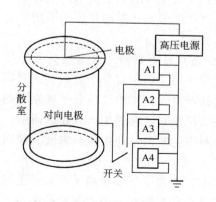

图 4-8　颗粒荷电装置示意图

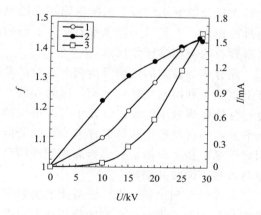

图 4-9　电极电压对放电电流及碳酸钙和滑石
静电分散性的影响
1—碳酸钙；2—滑石；3—电流

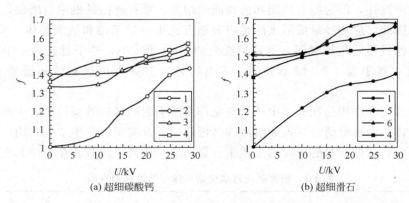

图 4-10　电极电压对表面处理后的超细碳酸钙和滑石静电分散性的影响

1—表面未处理；2—油酸钠；3—十二烷基磺酸钠；4—铝酸酯；5—$R_{204}(C_{12}H_{27}O_4P)$；6—$R_{315}$

　　研究表明，电极电压、颗粒粒径和湿度是影响静电分散的重要因素。电极电压应保持在静电分散器接近击穿时的极限击穿电压；最适宜的分散粒级因颗粒性质而异；湿度对静电分散很重要，在静电分散前必须对粉体进行干燥。表面处理是提高颗粒在空气中分散性的有效途径之一，也是强化静电分散作用的有效方法。但是，静电分散的时效性不长，一般在 2 天（48h）左右。

　　（5）分散剂分散

　　分散剂是一类能够促进颗粒分散稳定性，特别是悬浮液中颗粒分散稳定性的化学物质。在超微粉体悬浮液的制备和储存中，为了使颗粒稳定或较长时间的悬浮分散（不沉降），必须添加分散剂。因此，分散剂分散是超微颗粒常用的分散方法之一。

　　分散剂主要借在颗粒表面或固液界面的吸附，通过以下三种作用增强颗粒间的排斥作用，从而达到稳定分散的目的。

　　① 增大颗粒表面电位的绝对值，提高颗粒间的静电排斥力。

　　② 增强颗粒间的位阻效应（高分子分散剂），使颗粒间产生较强的位阻排斥力。

　　③ 调控颗粒表面极性，增强分散介质对它的润湿性，在满足润湿原则的同时，增强表面溶剂化膜，提高颗粒的表面结构化程度，使结构化排斥力显著增强。

　　无机分散剂在颗粒表面的吸附不仅能显著提高颗粒表面电位的绝对值从而增强双电层静电排斥作用，而且也可增强水对颗粒表面的润湿性从而增加溶剂化膜的强度和厚度，进一步增强颗粒的互相排斥作用。

　　高分子分散剂的致密吸附膜对颗粒的聚团/分散状态有显著影响。水溶性高分子作为分散剂主要是利用它在颗粒表面的吸附膜的空间位阻排斥作用。由于高分子分散剂的吸附膜厚度通常能达到数十纳米，故几乎与双电层的厚度相当甚至更大。水溶性高分子或聚合物类分散剂是高固含量超微粉体悬浮液常用的分散剂。如在造纸颜料浆料的生产（超细研磨）中使用聚丙烯酸盐类分散剂；为提高超细碳酸钙在水性涂料中的分散性使用聚马来酸、聚丙烯酸或马来酸丙烯酸共聚物。

　　表面活性剂也是一类广泛应用的分散剂，阳离子型、阴离子型及非离子型表面活性剂均可作为分散剂。表面活性剂的作用比较复杂。首先表现在它对颗粒表面润湿性的调整。对于亲水性颗粒，在表面活性剂的浓度较低时使它们的表面疏水化，产生疏水作用力，使颗粒在水中形成疏水聚团；而对于表面天然疏水性颗粒，表面活性剂的作用恰好相反，其烃链通过疏水缔合作用吸附于颗粒表面，极性基团朝外，使颗粒表面亲水，这就是疏水颗粒添加润湿剂的主要作用。

根据组成和结构的不同，分散剂可分为无机分散剂和有机分散剂两大类。有机分散剂根据其在水中的解离状态又可细分为阴离子型分散剂、阳离子型分散剂、非离子型分散剂和两性离子分散剂等，根据其分子量和结构的不同可分为一般有机分散剂和高聚物或高分子分散剂。表 4-4 是常用的有机和无机分散剂。

表 4-4 常用的有机和无机分散剂

类型	名称	品种	应用
无机分散剂	磷酸盐	六偏磷酸钠、焦磷酸钠、多聚磷酸钠	硅酸盐、碳酸盐、金属氧化物等无机粉体
	硅酸盐	硅酸钠、水玻璃等	硅酸盐、金属氧化物等无机粉体
	碳酸盐	碳酸钠、碳酸氢钠等	硅酸盐、金属氧化物、黏土等无机粉体
有机分散剂	羧酸盐	硬脂酸钠、硬脂酸三乙醇铵盐	碳酸盐、硅酸盐等无机粉体
		聚丙烯酸盐（脂）、聚马来酸	无机颜料和填料
		丙烯酸-马来酸共聚物	无机颜料和填料
		羧甲基纤维素、羧甲基淀粉	碳酸盐、硅酸盐等无机粉体
		丙烯酸接枝淀粉	无机颜料和填料
		水解丙烯腈淀粉	碳酸盐、硅酸盐等无机粉体
	磺酸盐	十二烷基苯磺酸钠、二丁基苯磺酸钠	无机颜料和填料
		木质素磺酸盐、聚苯乙烯磺酸盐	无机颜料和填料
	磷酸盐	高级醇磷酸酯二钠	碳酸盐、硅酸盐等无机粉体
		高级醇磷酸双酯钠	
	硫酸脂盐	十二烷基硫酸钠、十二烷基苯硫酸钠	无机颜料和填料
		缩合烷基苯醚硫酸酯	
	胺盐	伯胺盐、仲胺盐、叔胺盐、季铵盐	无机颜料和填料
		吡啶盐、阳离子淀粉	
		氨基烷基丙烯酸酯共聚物	
		聚乙烯苯甲基三甲胺盐	
	非离子型	聚氧乙烯、多元醇	无机颜料和填料
	其他	聚乙烯醇、聚氧化乙烯、聚乙二醇	碳酸盐、硅酸盐等无机粉体
		聚乙烯基醚、聚丙烯酰胺	

目前工业上水性体系中常用的无机分散剂是多聚磷酸盐（六偏磷酸钠、焦磷酸钠、多聚磷酸钠等）、硅酸盐（硅酸钠、水玻璃等）以及碳酸钠、碳酸氢钠（小苏打）等；常用的有机分散剂是聚丙烯酸盐（聚丙烯酸钠、聚丙烯酸铵）、聚丙烯酸酯、聚马来酸、丙烯酸-马来酸共聚物、丙烯酸-马来酸-磺酸共聚物、聚氧化乙烯、聚乙烯醇、聚乙二醇、聚醚、聚甲基纤维素、羧甲基淀粉、聚丙烯酰胺、淀粉等。

分散剂对颗粒的分散性有重要调节作用。但是，分散剂的品种和用量是调节颗粒分散性的关键因素。一般来说，对于同一种粉体物料，不同的分散介质需要用不同的分散剂；分散剂的用量要适当，过少和过量都不能达到良好的分散，甚至可能促使超微颗粒团聚。图 4-11 所示为十二烷基硫酸钠用量对 Fe_2O_3 颗粒悬浮液（1%）分散稳定性的影响。其分散稳定性用颗粒的沉降时间 $T_{1/2}$（沉降到悬浮液高度的 1/2 所需的时间）表示。$T_{1/2}$ 越大，悬浮液的稳定性越好。由图可见，在分散剂浓度较低时，分散稳定性随分散剂浓度（用量）增加而提高；当浓度达到一定值后，分散性达到最佳并在一定范围内稳定；当浓度进一步增大时，其分散稳定性急剧下降。因此，对于不同的分散剂和相应的分散体系，均存在一个合适的分散剂浓度或用量。

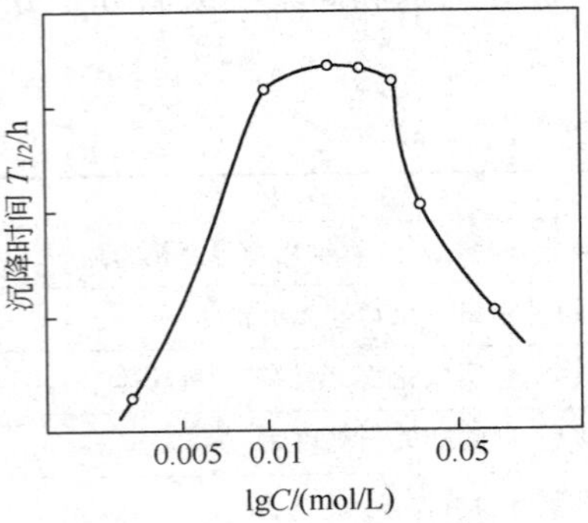

图 4-11　十二烷基硫酸钠用量对 Fe_2O_3 颗粒悬浮液（1%）分散稳定性的影响

（6）表面改性处理

表面改性处理可以降低颗粒的表面能，减弱超微颗粒间的相互黏结力，通过改变表面电性还可增加颗粒间的静电排斥力，用高聚物表面处理剂处理还可以使超微颗粒间相互接近时产生空间位阻作用。适当的表面处理除了可以改善超微颗粒在干态、极性及非极性溶液以及高聚物基料或无机复合粉体中的分散性，还可以改善超微粉体的其他性能或功能。例如，未经表面处理的微细或超微细陶瓷颜料捏之成团，久存结块，用时难以在坯料中均匀分散，导致颜料用量增加，着色不均；而经表面改性处理后手捏不成团，久存不结块，不用强力搅拌即可在水中自发弥（分）散。

旨在提高或改善超微颗粒分散性的表面改性处理方法主要是表面化学处理和醇洗。处理工艺可分为干法、湿法和干湿结合法。具体采用什么方法要依粉体制备工艺、表面改性处理剂的性质以及粉体的用途而定。例如，湿法制粉工艺尽可能选用湿法表面处理工艺或先湿法后干法的表面处理工艺。

表面改性剂是超微颗粒表面处理的关键因素。表面处理后超微粉体分散性提高或改善的程度取决于表面改性剂配方。常用的表面改性剂主要是有机表面处理剂，如硅烷、硅油、钛酸酯、铝酸酯、锆铝酸盐、表面活性剂、低聚物、水溶性高分子等，也采用一些无机超微粉体如白炭黑和有机炭黑。这些表面改性剂部分与前面介绍的分散剂相同，部分与本书后面要介绍的表面改性剂相同，为避免重复，不另介绍。

张清辉等人研究了提高超细氧化铁红分散性的表面改性方法和配方。用表面改性后超细氧化铁红在水中的沉降时间、ζ 电位、中位粒径来评价其分散性。结果得出用聚丙烯酸钠盐类表面改性剂对超细氧化铁红进行表面处理可以显著改善其分散性，同时还可以提高其着色力；适量添加超细二氧化硅可进一步提高超细氧化铁红在干态下的分散性。

表 4-5 所示为用聚丙烯酸钠盐（D3008）表面改性实验结果。结果表明超细氧化铁红的沉降时间随 D3008 用量的增大而增加，当用量达到 1.5% 时，沉降时间陡增，到 2.0% 时沉降时间趋于平稳，到 2.5% 时，增幅又开始加大；直到用量达到 3.0%，沉降时间才开始平稳；中位粒径 d_{50} 随 D3008 用量增大而逐渐减小；样品的着色力与 D3008 用量并没有很明显的关系，但表面处理后样品的着色力均有提高（都在"110"以上），表明 D3008 能增加铁红颜料的着色力。

表 4-5　用聚丙烯酸钠盐（D3008）表面改性实验结果

样品编号	201	202	203	204	205	206	207	208	209	210
D3008 用量/（g/100g）	0.0	0.5	0.8	1.0	1.2	1.5	2.0	2.5	3.0	4.0
沉降时间/h	1.15	1.60	4.17	11.35	12.15	109.7	98.27	160.13	264.4	264.1
$D_{50}/\mu m$	1.07	0.99	0.99	0.95	0.96	0.98	0.94	0.90	0.85	0.84
着色力	100	110	110	110	115	110	115	110	115	110

研究认为，表面改性剂 D3008 与氧化铁红粒子表面的羟基作用，形成共价键或氢键。

$$-CH_2-CH-CH_2-CH- \qquad -CH_2-CH-CH_2-CH-$$

此外，由于表面改性剂 D3008 中仍含有大量的羧基—COOH，其酸性比碳酸强，能与铁红粒子晶格中的 Fe—O 键作用，"侵蚀"铁红粒子，形成牢固的化学键：

$$A-\overset{O}{\overset{\|}{C}}-OH + \boxed{\begin{matrix} Fe- \\ | \\ O \end{matrix}\, L} \longrightarrow A-\overset{O}{\overset{\|}{C}}-O-Fe-L + H_2O$$

式中，A 为聚丙烯酸碳链；L 为 Fe_2O_3 晶格。

研究认为表面改性后超细氧化铁红颜料在水溶液中分散稳定性的提高和干态下分散性的改善主要源于以下机理。

① 静电排斥作用。表面改性后，超细氧化铁红粒子的表面 ξ 电位由正变负，而且绝对值增大（详见表 4-6）。这一表面电性的变化，使粒子之间的静电排斥力增大，粒子不易团聚。

表 4-6　超细氧化铁红的 ξ 电位

样品编号	201	203	206	207	209
D3008 用量/(g/100g)	0.0	0.8	1.5	2.0	3.0
ξ 电位/mV[①]	23.64	−47.88	−43.16	−41.09	−48.18

① ξ 电位是在 pH 值为 6.0 时测定的。

② 空间稳定作用。由于所用的表面改性剂 D3008 是一种丙烯酸聚合物，当其牢固吸附于氧化铁红粒子表面并形成一定厚度的覆盖层后，对颗粒的彼此接近产生空间排斥作用。

③ 粒子间液桥力降低。粉体在空气中的黏结主要由于分子作用力、液桥黏结力和静电作用力等。在湿空气中，粉体粒子间的黏结主要源于液桥力。液桥力与粒子的半径成正比，随粒子的半径减小而减小。对于氧化铁红颜料粉体，由于改性助剂二氧化硅粒子比氧化铁红粒子小得多，其充填于铁红粒子间甚至包覆在铁红粒子表面，可显著降低液桥力。此外，超细二氧化硅粒子在氧化铁红粒子表面的黏附，还使氧化铁红粒子间的间距增大，使粒子间的分子作用力减小，减少了铁红粒子间的黏结，因而改善了氧化铁红粉体在自然干态下的分散性。

图 4-12 所示为表面改性后超细氧化铁红粒子在水溶液中的分散和稳定机理示意。

表面改性处理是改善纳米粉体分散性的重要方法之一。纳米粉体粒度细、比表面积大、表面能高、表面原子数增多，原子配位不足及表面能高，使得这些表面原子具有很高的活性，极不稳定，很容易团聚在一起形成带有若干连接界面的尺寸较大的团聚体。这种纳米粒子的团聚可能发生在合成阶段、干燥过程及后来的处理中。根据能量最低原理，物质构成的系统总是稳定在能量最低的状态，因此，纳米粒子的团聚是自发过程。这些团聚体的形成使得纳米颗粒不能以其单一的纳米颗粒均匀分散，不能发挥其应有的

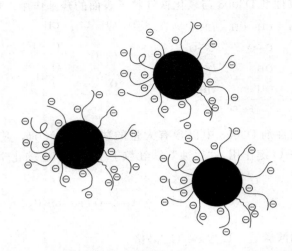

图 4-12　表面改性处理后超细氧化铁红粒子在水溶液中的分散和稳定机理示意

纳米粒子效应，对纳米粉体的应用性能产生不利的影响，使得很多情况下与分散较好的微米粒子的应用性能没有明显的差别。例如，在纳米陶瓷的应用中，如果无机纳米粉体原料是团聚体且有大孔，则由这种粉体压制的坯体就可能有低的密度，当气孔的尺寸大于一定尺寸时，坯体就不能收缩而实现致密化；在高聚物基复合材料中，如果无机纳米颗粒不能良好分散于高聚物基料中，则有可能导致材料的力学性能下降。因此，无机纳米粉体的分散性能至关重要。

表 4-7 所示为干法表面改性后的纳米氧化锌在水相中的沉降时间。处理剂用量为 2.0% 时，处理剂为钛酸酯 JN-115A、JN-646 和水溶性高分子聚合物 D3007、D3002、D3021、A1000、A2000 等表面改性剂。从沉降时间测定结果来看，使用 D3007 及 A2000 处理的样品沉降时间较长，悬浮液稳定性较好，说明这两种改性剂的处理效果较好。进一步的用量实验结果表明，D3007 用量达到 3.0% 以后，沉降时间达到 436min，但用量到 3.7%（沉降时间达到 482min）后，沉降时间的变化不大。图 4-13 为纳米氧化锌用 D3007 处理前后的透射电镜（TEM）分析结果。由此可见，表面改性后的纳米氧化锌分散性较好。

表 4-7　干法表面改性后的纳米氧化锌在水相中的沉降时间

样号	改性剂品种	改性剂用量/%	悬浮液质量百分数/%	沉降高度/cm	沉降时间/min
01	—	0	0.2	9	20
02	115A	2.0	0.2	9	27
03	646	2.0	0.2	9	23
04	D3021	2.0	0.2	9	185
05	D3002	2.0	0.2	9	39
06	D3007	2.0	0.2	9	418
07	A1000	2.0	0.2	9	75
08	A2000	2.0	0.2	9	298

(a) 原料(×60000)

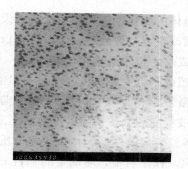
(b) 表面处理后(×100000)

图 4-13　纳米氧化锌用 D3007 处理前后的 TEM 照片

　　笔者等人对工业化纳米碳酸钙产品（原料为立方晶型碳酸钙，粒径约为 40nm）进行的表面改性处理研究结果表明，使用聚马来酸、聚丙烯酸（酯）、丙烯酸与丙烯酸酯共聚物、丙烯酸与磺酸共聚物以及马来酸与丙烯酸的共聚物等表面处理剂可显著提高纳米碳酸钙干粉的分散性。改性处理后粉体的松散性显著提高，堆积密度下降，在水介质中的分散稳定性明显提高；用硬脂酸、钛酸酯、铝酸酯对其进行表面改性处理可显著改善其在非极性介质中的分散性。图 4-14 所示为用硬脂酸钠和助剂对纳米碳酸钙进行表面改性前后的透射电镜照片。由此可见，未经表面改性的纳米碳酸钙团聚现象很明显，经表面改性处理后，分散性明显改善，很少见到团聚颗粒。

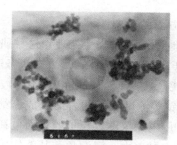
(a) 表面处理前

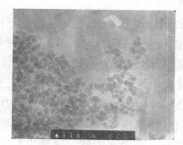
(b) 表面处理后

图 4-14　纳米碳酸钙表面处理前后的透射电镜照片 （×60000）

4.2　超微粉体的表面改性

4.2.1　概述

　　超微粉体的表面改性是一门新兴科学。20 世纪 90 年代以来，随着纳米粉体制备技术的发展，以改善纳米粉体分散性、表面活性、功能性以及与其他物质之间的相容性为目的的表面改性或表面修饰技术应运而生。20 世纪 90 年代中期，国际材料会议提出了纳米粒子的表面工程新概念。所谓表面工程就是用物理、化学方法改变粒子表面的结构和状态，使其物性（如粒度分布、分散性、表面官能团等）得到改善，实现人们对纳米粒子表面性质的控制，并赋予粒子新的功能。近年来超微粉体的表面改性（包括纳米粒子的所谓表面修饰）已形成了一个新的研究领域，从改性方法到对超微粉体表面性质以及应用性能的影响都有许多问题值得探讨。在这个领域进行研究的重要意义在于，人们可以根据应用的需要有针对性地对超微粉体表面进行处理，不但可以深入认识超微粉体表面的基本物理化学效应，而且也改善和优化了超微粉体的物化性能和应用性能或天然禀赋，扩大了超微粉体的应用范围。通过对超微粉体的表面改性或表面处理，可以达到以下四个方面的目的。

① 改善或改变超微粉体的分散性。

② 提高超微颗粒的表面的物理化学和生物活性。

③ 使超微颗粒表面产生新的物理、化学、生物性能及新的功能。

④ 优化或提高超微粉体与其他物质之间的相容性，提高纳米复合材料的综合性能。

超微粉体经表面改性后，由于表面性质发生了变化，其吸附、润湿、分散等一系列性质都将发生变化。在涂料中，对确定的基料来说，分散体系的稳定性（包括光化学稳定性等）直接由分散粒子的表面性质所决定。在无机超微粉体增强聚合物基复合材料中，超微粒子与聚合物的界面和微观结构和性质将直接影响其结合力、黏合强度和复合材料的力学性能。为了增强超微粉体与聚合物的界面结合力，提高复合材料的性能，要求超微粉体与有机或无机基料有很好的相容性，能够在基料中均匀分散。例如使用量很大的钛白粉无论是用于涂料还是高聚物，凡是具有优良性能、在市场上有竞争力的产品都进行过表面改性处理。因此，超微粉体表面改性处理的研究不仅具有学术意义，更有重要的实用价值。

在表面化学领域研究超微粉体的表面改性主要是研究或探讨超微粉体表面改性处理中的一些基本（科学）问题，如改性方法和机理、改性样品（吸附剂）和吸附质之间的作用力性质、样品改性处理前后吸附作用、表面能与润湿性能、表面电性、流变性等的变化规律及界面层结构等。在工程上，超微粉体的表面改性主要着眼于工艺和效果以及改性处理产品在各方面的应用技术。

超微粉体的表面改性研究主要包括以下四个方面的内容。

① 研究超微粒子的表面特性，以便有针对性地进行表面改性处理。这种研究包括用高分辨率电子显微镜（HRTEM）和原子力显微镜（AFM）对粒子的表面结构状态进行观察分析，用 XPS（X 射线光电子能谱）、UPS（紫外光电子能谱）、AES（俄歇电子能谱）、EDS（离子探针显微分析）、ESR（电子自旋共振）、原子力显微镜等测试粒子的表面组成、结合状态、杂质及成分迁移，用电势滴定仪测定粒子的表面电势，用电泳仪测定粒子的表面电荷，用能谱仪测定粒子的表面能态，用表面力测定仪测定粒子的表面黏着力、浸润角和其他作用力。

② 利用上述研究结果对粒子的表面特性进行综合分析评估。

③ 表面改性方法、工艺及表面改性剂或处理剂的配方。

④ 表面改性产品的应用与效果评价。

本节主要讨论超微粉体的表面改性方法、常用的表面改性剂与应用以及改性工艺与设备。

4.2.2 超微粉体表面改性的方法

超微粉体的表面改性处理的方法按其改性原理可分为表面物理改性和表面化学改性两大类；按改性剂类型可以分为表面有机改性和表面无机改性；按实际使用方法可分为以下五类。

① 表面有机包覆。采用有机化合物作为表面改性剂，利用有机物分子中的官能团在超微粉体表面的吸附或化学反应对颗粒表面进行包覆或接枝以改变颗粒表面性质或达到表面改性的目的的方法。

② 机械力化学。通过粉碎、摩擦等方法增强粒子的表面活性。这种活性使分子晶格发生位移，内能增大，从而使粒子温度升高、熔解或热分解，在机械力作用下活性的超微粉体

表面与其他物质发生反应、附着，达到表面改性的目的。

③ 插层改性。利用层状结构无机粉体（如石墨、蒙脱石、高岭石、蛭石）晶体层之间结合力较弱（如分子键或范德瓦耳斯键）或存在可交换阳离子的特性，通过离子交换反应或化学吸附改变粉体的界/表面性质和其他性质的改性方法。用于插层改性的改性剂大多为有机物，也有的为无机物。

④ 高能表面处理。利用电晕放电、紫外线、等离子束射线等对粒子进行表面处理。

⑤ 表面无机包覆。这是通过物理或化学方法在颗粒表面形成无机"包覆"，以达到改善粉体表面性质，如催化、色泽、着色力、遮盖力、抗菌性、耐候性及电、磁、热性能和体相性质等目的的粉体表面改性方法。主要方法包括机械复合、超临界流体快速膨胀、气相沉积、等离子体等以及化学沉淀、溶胶-凝胶、醇盐水解、浸渍等。其中，化学沉淀是目前工业上超微粉体无机表面包覆改性常用和最重要的方法。

随着科学技术的发展，超微粉体的表面改性方法和工艺也在不断进步，下面对几种主要或常用的超微粉体表面改性方法进行讨论。

4.2.2.1　表面有机包覆改性

表面有机包覆改性是最常用的超微粉体表面改性方法之一。表面有机包覆改性所用的表面改性剂种类很多，如各种偶联剂、表面活性剂、有机硅、有机酯、不饱和有机酸、水溶性高分子等，因此，方法较多。具体选用时要综合考虑无机粉体的表面性质、改性后产品的质量要求、用途、表面改性工艺以及表面改性剂的成本等因素。

表面有机包覆改性工艺可分为干法和湿法两种。干法工艺一般在连续式粉体表面改性机和间歇式表面改性设备中进行；湿法工艺一般在反应釜或可控温反应罐中进行，包覆后再进行过滤和干燥脱水。

影响无机粉体物料表面有机包覆改性效果的主要因素是粉体的表面性质（比表面积、粒度大小和粒度分布、比表面能、表面官能团的类型、表面酸碱性、表面电性、润湿性、溶解或水解特性、水分含量、团聚性等）、表面改性剂的配方（品种、用量和用法）以及表面改性工艺和设备。

表面改性剂配方确定以后，表面处理工艺设备是决定表面有机包覆改性效果最重要的影响因素之一。

表面改性工艺要满足表面改性剂的应用要求或应用条件，对表面改性剂的分散性好，能够实现表面改性剂在粉体表面均匀且牢固的包覆；同时要求工艺简单、参数可控性好、产品质量稳定，而且能耗低、污染小。

为了达到良好的表面有机包覆改性效果，一定的改性温度和改性时间是必要的。选择温度范围应首先考虑表面改性剂对温度的敏感性，以防止表面改性剂因温度过高而分解、挥发。但温度过低不仅反应时间较长，而且包覆率低；对于通过溶剂溶解的表面改性剂来说，温度过低，溶剂挥发不完全，也将影响有机包覆改性的效果。

高性能的表面改性设备应能够使粉体及表面改性剂的分散性好、粉体与表面改性剂的接触或作用机会均等，以达到均匀的单分层吸附、减少改性剂用量；同时，能方便调节改性温度和改性或停留时间，以达到牢固包覆和使溶剂或稀释剂完全蒸发（如果使用了溶剂或稀释剂）；此外，单位产品能耗和磨耗应较低，无粉尘污染（粉体外溢不仅污染环境，恶化工作条件，而且损失物料，增加了生产成本），设备操作简便，运行平稳。

(1) 表面活性剂改性

液相法制备超微粉体（特别是纳米粉体）过程中存在的最大问题是粉体的团聚。研究表明粉体中硬团聚的存在导致在烧制陶瓷时需要较高的烧结温度，并影响功能材料的性能。因此，控制粉体团聚状态已成为制备高性能陶瓷材料的一项关键技术。粉末的团聚一般分为两种：软团聚和硬团聚。粉末的软团聚主要是由颗粒之间的范德瓦耳斯力和库仑力所致，该团聚可以通过一些化学作用或施加机械能的方法消除；粉末的硬团聚体内除了存在颗粒之间的范德瓦耳斯力和库仑力之外，还存在化学键作用。目前对粉末硬团聚的形成机理存在不同看法，其中最有代表性的是晶体理论、毛细管吸附理论、氢键作用理论和化学键作用理论。抗团聚有两种途径：第一是在胶粒形成和生长过程中，由一次颗粒形成二次颗粒时，控制团聚；第二是在干燥前，采用一些方法控制凝胶的二次团聚。采用表面活性剂对超微粉体表面进行改性处理来消除硬团聚是目前最经济、应用较广泛的方法。表面活性剂在水溶液中有两种基本的物理化学作用：吸附和降低表面张力和胶团化作用。采用表面活性剂作为分散剂主要是利用表面活性剂在固液表面上的吸附作用，能在颗粒表面形成一层分子膜阻碍颗粒之间相互接触，同时增大了颗粒之间的距离或空间位阻作用，使颗粒接触不再紧密，避免了架桥羟基和化学键的形成。表面活性剂还可以降低表面张力，从而减少毛细管的吸附力。目前该方法已经取得了一定进展，例如添加 PMA-PVS 大分子表面活性剂控制 $Ba SO_4$ 粉末的一次团聚；凝胶在干燥前采用表面活性剂处理，对粉末的二次团聚有明显的抑制作用。以十二烷基苯磺酸钠为表面活性剂处理纳米 Cr_2O_3、Mn_2O_3，使这些纳米粒子能稳定地分散在乙醇中。

许多无机氧化物或氢氧化物都有自己的零电点值，例如 SiO_2、TiO_2、$\alpha-Fe_2O_3$、$Al(OH)_3$ 和 $Mg(OH)_2$ pH 值依次为 $2\sim3$、6.7、8.5、$9\sim12$ 和 12.4，因此依据零电点并控制溶液的 pH 值，可以通过表面活性剂吸附而获得有机化改性。例如 SiO_2 的零电点 pH 值很低，故可在中性或碱性溶液中吸附阳离子表面活性剂而获得有机化改性。

$Al(OH)_3$ 和 $Mg(OH)_2$ 的零电点 pH 值常高达 12 左右，所以它们的正电性很强，在广泛的 pH 值范围内均可吸附阴离子表面活性剂而获得有机化改性。用硬脂酸钠或油酸钠等处理 $Mg(OH)_2$，可使亲水性的 $Mg(OH)_2$ 转变为亲油性，从而改善其在聚丙烯中的分散性和复合材料的机械力学性能。

SiO_2 及 TiO_2 的零电点 pH 值较低，欲对其进行有机化处理，可直接吸附阳离子表面活性剂，但阳离子表面活性剂价格相当高，且有毒性。一种较好的办法是通过某些无机阳离子（例如 Ca^{2+} 或 Ba^{2+} 等）"活化"，使 SiO_2 等表面负电荷转变为正电荷。

$$SiOH + Ca^{2+} \rightleftharpoons SiOCa^+ + H^+$$

然后再吸附阴离子表面活性剂即可获得憎水性 SiO_2。此种考虑最早应用于石英的浮选。沈钟等人以硅胶、白炭黑、凹凸棒土为吸附剂，通过 Ca^{2+} 或 Ba^{2+} 活化，再吸附硬脂酸钠、十二烷基磺酸钠或十二烷基苯磺酸钠等阴离子表面活性剂，制得了相应的有机化改性样品。从研究结果看，对 SiO_2 来说用 Ba^{2+} 活化的效果比 Ca^{2+} 好。钙硅胶有机化改性时用十二烷基磺酸钠效果较好。例如以表面羟基浓度为 $2.99mmol/g$ 的硅胶吸附 Ca^{2+}，在试验条件下对 Ca^{2+} 的吸附量为 $2.91mmol/g$，这表明一个 Ca^{2+} 可交换一个 H^+，从而可制得荷正电的硅胶。用十二烷基磺酸钠处理此硅胶可获得有机化改性。

TiO_2 是最常用的白色颜料，其零电点 pH 值相对较低（约 5.8），而 Al_2O_3 的零电点

pH 值较高，故可在钛白浆液中加入铝盐或偏铝酸钠，再以碱或酸中和使析出的水合 Al_2O_3 覆盖在钛白颗粒上，使其荷正电，然后再用阴离子表面活性剂处理而获得有机化改性。试验表明：与 TiO_2 表面 Al^{3+} 能形成难溶性盐的表面活性剂将有更好的改性效果。TiO_2 的上述表面改性处理过程如图 4-15 所示。

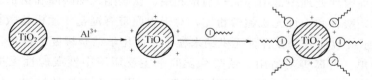

图 4-15　TiO_2 表面改性处理过程

无机纳米粉体颗粒经表面活性剂改性后可阻止或减轻硬团聚体的形成，提高其分散性。此外，表面活性剂还能优化或提高纳米粒子与相应体系中基料或其他物质的相容性。马亚鲁等人采用溶胶-沉淀法制备 $BaTiO_3$ 纳米粉体过程中对沉淀水洗后的湿凝胶进行表面处理的结果表明，通过醇洗脱水、添加表面活性剂对凝胶进行表面改性，减小凝胶界面间的表面张力，有效控制了干燥过程中团聚的产生，其分散性能得到较大改善。常玉芬等人在水相沉淀法合成球形 Al_2O_3 纳米粉体中添加具有三维结构的耐温表面活性剂进行表面处理，结果表明，可以在液相反应以至干燥、煅烧过程中对纳米粉体起分散作用。当活性剂加入量为 0.1% 时，可制得粒径小于 5nm，分布范围窄的 Al_2O_3 粉体。陈烨璞等人研究了温度、溶液 pH 值、ADDP（一类具有特殊结构的聚磷酸酯表面活性剂）溶液浓度等因素对 ADDP 改性处理纳米碳酸钙的影响。结果表明，ADDP 改性纳米碳酸钙以化学吸附为主，改性温度无须太高，体系的 pH 值对吸附量影响很大，吸附率几乎随 ADDP 浓度的增大而线性增加；纳米碳酸钙经 ADDP 处理后吸油率显著降低，粒径分布变细，在非极性介质中的分散性及与 PVC 树脂的相容性明显改善。研究表明用有机酸对纳米碳酸钙进行表面处理后，表面疏水亲油，填充于涂料中，其柔韧性、硬度、流平性及光泽均优于未改性纳米碳酸钙。邹海魁等人研究得出，经过湿法有机表面改性，纳米碳酸钙的粒径由 30nm 增加到 35～40nm，BET 比表面积由 $29.8m^2/g$ 增加到 $38.4m^2/g$，改性后纳米碳酸钙的 Ca^{2+} 的结合能改变了 0.35eV。李晓娥等人以月桂酸作改性剂研究了纳米二氧化钛的改性机理和改性工艺条件。结果表明，纳米二氧化钛用月桂酸处理后亲油性显著提高，表面改性后的纳米二氧化硅对 PP/纳米二氧化硅材料的结晶结构和特性影响较大，其中经偶联剂加分散剂处理的纳米 SiO_2-AB 对 PP 结晶特性的影响最为明显。艾得生等人用活性剂 D-3021 对经沉淀法制备的纳米 ZrO_2 粉体进行了表面处理，红外与拉曼光谱分析结果表明，纳米 ZrO_2 粉体在改性前后的表面特性有显著差异。

超微粉体的表面活性剂改性既可湿法进行也可干法进行或干湿结合。对于用湿法化学合成，如沉淀法、水热法、溶胶-凝胶法等方法制备纳米粉体，在湿法生成超微粉体过程中或生成后立即加入表面活性剂，不仅可以防止硬团聚体的形成，还有助于遏止粒子"长大"。因此，纳米粉体的表面改性最好在湿法制备过程中就开始进行。此外，表面活性剂也可以用于对超微粉体进行干法处理。干法处理的关键是改性设备能够很好地将纳米粉体和表面活性剂分散，使表面活性剂能够均匀地吸附或包覆于纳米颗粒表面。

（2）偶联剂改性

偶联剂是一种至少具有 1 个以上与无机粉体表面作用的基团和 1 个以上与有机聚合物亲

合基团的具有两性结构的有机物。用偶联剂法进行改性处理的主要目的是提高超微粉体与其他物质，特别是有机高聚物分子的相容性，改善其在有机高聚物基料中的分散性的同时，增强两种不同性质材料之间的结合力。这种方法常用于高聚物/无机纳米复合材料和涂料中应用的无机超微粉体，如 SiO_2、Al_2O_3、MgO、ZnO、$CaCO_3$ 等的表面改性。

　　超微粉体表面改性处理中常用的偶联剂是硅烷、钛酸酯、铝酸酯和锆铝酸盐。其中，硅烷偶联剂主要用于酸性和中性无机超微粉体，对于表面带有羟基的无机超微粉体改性效果最好。表 4-8 列出了硅烷偶联剂在各种无机纳米粒子表面化学结合程度的评价，显然硅烷偶联剂对碳酸钙、炭黑、石墨等不适用。钛酸酯偶联剂主要用于中性或碱性无机超微粉体，如 ZnO、$CaCO_3$、MgO 等的表面改性。铝酸酯偶联剂可用于无机超微粉体，如碳酸钙、碳酸镁、氧化镁、氧化铝、氧化锌等的表面改性。锆铝酸盐偶联剂借氢氧化锆和氢氧化铝基团的缩合作用可与羟基化的表面形成共价键联结，能够参与金属表面羟基的形成并与金属表面形成氧络桥联的复合物。与硅烷偶联剂相似，锆铝酸盐偶联剂适用于表面带有羟基的无机超微粉体以及金属氧化物的表面改性。

表 4-8　硅烷偶联剂在各种无机纳米粒子表面化学结合程度的评价

强	→		弱
玻璃、二氧化硅、氧化铝等	滑石、黏土、云母、高岭土、硅灰石、氢氧化铝、各种金属等	铁氧体、氧化钛、氢氧化镁等	碳酸钙、炭黑、石墨、氮化硼等

　　研究表明，利用硅酮液、卤硅烷、硅氮烷、钛酸酯、铝酸酯等表面改性剂对纳米 SiO_2 进行表面包覆可使其呈疏水性；选用具有 2 个以上官能团的偶联剂进行表面处理可使处理后的纳米氧化硅具有双亲性。

　　李国辉等人用偶联剂钛酸丁酯对纳米二氧化钛颗粒预处理后，再用甲基丙烯酸甲酯（MMA）进行聚合改性，研究了聚合改性物质的结构和改性后纳米二氧化钛的分散性能。钛酸丁酯与氧化钛表面羟基反应，在氧化钛表面生成交联反应物，甲基丙烯酸甲酯与其反应生成 PMMA 并均匀包覆于纳米二氧化钛颗粒的表面。通过聚合物改性的纳米二氧化钛在甲苯中具有良好的分散性能。

　　笔者等人对工业化纳米碳酸钙进行表面改性的研究结果如表 4-9 所示。原料为立方晶型碳酸钙，粒径约为 40nm。改性在湿式状态（浆料中）进行，然后进行干燥。结果表明，用硬脂酸和偶联剂进行表面改性可以提高纳米碳酸钙的活化指数，使其与有机高聚物基料的相容性好；这些表面改性剂与纳米碳酸钙粒子表面的作用方式是物理-化学吸附。图 4-16 所示为用偶联剂铝酸酯和钛酸酯处理前后，纳米碳酸钙的透射电镜（TEM）照片。由此可见，表面处理后，粒子的团聚明显减弱。

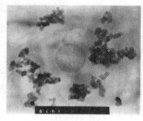 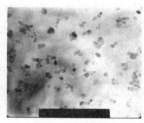 

(a) 表面处理前　　　　　　　　(b) 铝酸酯处理后　　　　　　　　(c) 钛酸酯处理后

图 4-16　纳米碳酸钙用偶联剂处理前后的形貌 （×60000）

表 4-9　纳米碳酸钙表面改性结果

表面改性剂品种	吸附量(质量)/%	吸附类型	化学吸附量(质量)/%	活化指数/%
硬脂酸	2.9	物理-化学	0.96	99.01
硬脂酸+改性助剂 THY	2.8	物理-化学	0.92	99.07
偶联剂 T	2.52	物理-化学	0.37	99.02
偶联剂 A	3.18	物理-化学	0.46	98.86
偶联剂 T+硬脂酸	3.33	物理-化学	1.15	99.26
偶联剂 A+硬脂酸	3.44	物理-化学	1.08	99.70

对纳米氧化锌进行表面改性可以显著改善其在橡胶、塑料、油性涂料、水性涂料以及化妆品中的分散性和相容性。研究结果表明，用硬脂酸、钛酸酯和铝酸酯偶联剂改性处理纳米氧化锌可使橡胶制品的耐磨性提高 10%～15%，增强胶料和骨架材料的黏合力约 20%；用于塑料薄膜时，其抗剪切强度显著提高。

（3）酯化反应改性

金属氧化物与醇的反应亦称为酯化反应。利用酯化反应对超微粉体进行表面改性处理最重要的是使原来亲水疏油的表面变成亲油疏水的表面，如用高沸点的伯醇对 SiO_2、TiO_2、Fe_2O_3、Al_2O_3、Fe_3O_4、ZnO 和 Mn_2O_3 等弱酸性或中性无机纳米粉体进行表面改性可使原来亲水疏油的表面变成亲油疏水的表面。例如为了得到表面亲油疏水的纳米氧化铁，可用铁黄 [$α$-$FeO(OH)$] 与高沸点的醇进行反应，经 200℃ 左右脱水后得到 $α$-Fe_2O_3，在 275℃ 脱水后成为 Fe_3O_4，这时氧化铁表面产生了亲油疏水性。$α$-$Al(OH)_3$ 用高沸点醇处理后，同样可以获得表面亲油疏水性的 $α$-$AlO(OH)$ 及中间氧化铝。

酯化反应采用的醇类最有效的是伯醇，其次是仲醇。实验证明，用醇类处理钛白粉，要使其具有较好的亲油性必须使用 C_4 以上的直链醇。当用醇类处理白炭黑时，白炭黑表面的酯化度越高，其憎水性越强。

酯基易水解，且热稳定性差，这是酯反应法的主要缺点，但醇的价格比较便宜，生产成本较低。

酯化反应对表面为弱酸性和中性的超微粒子最有效，例如：SiO_2、Fe_2O_3、TiO_2、Al_2O_3、Fe_3O_4、ZnO 和 Mn_2O_3 等。

下面以 SiO_2 为例简单说明一下酯化反应的基本过程。表面带有羟基的氧化硅粒子与高沸点的醇反应式如下。

$$—Si—OH + H—O—R \longrightarrow —Si—O—R + H_2O$$

反应过程中硅氧键断裂，Si 与烃氧基（RO—）结合，完成了粒子表面酯化反应。

（4）水溶性高分子改性

水溶性高分子又称水溶性树脂或水溶性聚合物，是一种亲水性的高分子材料，也是一种表面活性剂，在水中能溶解形成溶液或分散液。用水溶性高分子对无机超微粉体进行表面处理的主要目的是提高超微粒子在水相及其他无机相（如多相陶瓷）中的分散性。

水溶性高分子的分子中都含有亲水和疏水基团，因此很多水溶性高分子具有表面活性，可以降低水溶液的表面张力，有助于水对超微颗粒的润湿以及超微粉体在水相中及其他无机相中的分散。有许多水溶性高分子虽然不能显著降低水溶液的表面张力，但可以起到保护胶体的作用。通过它的亲水性，使水-胶体复合体吸附在超微颗粒上，使超微颗粒屏蔽免受电解质引起的絮凝或凝聚作用，从而提高分散体系的稳定性。因此，水溶性高分子可用于无机超微粉体，如 SiO_2、Fe_2O_3、Al_2O_3、ZnO、$CaCO_3$、TiO_2 及复合无机超微粉体的表面改性处理，经过处理后的无机超微粉体在水相及其他无机相中容易分散，而且相容性好。

水溶性高分子既可用于干法改性，也可用于湿法改性。干法改性时，可以预先用水溶解或稀释改性剂，然后进行添加，最后干燥脱除水分；湿法改性可直接计量添加。影响水溶性高分子表面处理效果的主要因素是用量，合适的用量要依粉体的粒径分布和比表面积及作用的均匀性而定，一般要在具体的工艺条件下通过试验来选定。混合使用水溶性高分子和表面活性剂有时会取得更好的处理效果。

（5）表面接枝改性

通过化学反应将有机高分子或聚合物链接到无机超微粒子表面上的方法称为表面接枝法。这种方法可分为以下三种类型。

① 偶联接枝法。这种方法是通过超微粒子表面的官能团与高分子的直接反应实现接枝，接枝反应可由下式来描述：

$$颗粒—OH + OCN\sim P \longrightarrow 颗粒\ OCONH\sim P$$
$$颗粒—NCO + HO\sim P \longrightarrow 颗粒—NHCOO\sim P$$

该法的优点是接枝的量可以进行控制且效率高。

② 颗粒表面单体聚合生长接枝法。这种方法是有机单体在引发剂作用下直接从无机超微粒子表面开始聚合，诱发生长，完成颗粒表面高分子包覆。该法的特点是接枝率较高。

③ 聚合与表面接枝同步进行法。这种接枝的条件是无机超微粒子表面有较强的自由基捕捉能力。单体在引发剂作用下完成聚合的同时，立即被无机超微粒子的表面强自由基捕获，使高分子的链与无机纳米粒子表面连接，实现颗粒表面的接枝。这种边聚合边接枝的方法对炭黑等超微粒子特别有效。

炭黑因其优异的着色性、耐候性、补强性和导电性等，被广泛用作高分子材料填充剂、油墨和涂料等的着色剂。在各种应用中，要求炭黑以微细粒子状均匀分散于基质中，以免降低材料性能或炭黑本身的着色力。在炭黑表面接枝上与分散介质具有良好亲和力的聚合物链，是研究得最多且对提高炭黑分散性十分有效的一种方法。除了炭黑粒子表面官能团与聚合物端基间的反应外，还可利用炭黑表面捕获自由基的特性，将可分解出自由基的聚合物牢固地接枝于炭黑粒子表面。这一带有可反应端基的聚合物和可分解出自由基官能团的聚合物与炭黑间的接枝反应包括炭黑表面羧基与端羟基或端氨基的聚合物的缩合反应、炭黑表面引入的高反应活性官能团与聚合物端基间的缩合接枝、炭黑和含偶氮基聚合物的反应，等等。

表面接枝改性方法可以充分发挥无机超微粒子与高分子各自的优点，制备出具有新功能的超微粉体材料。其次超微粒子经表面接枝后，提高了它们在有机溶剂和高分子中的分散性，这就有可能根据需要制备含有量大、分布均匀的纳米填料的高分子基复合材料。经甲基丙烯酸甲酯接枝后的纳米 SiO_2 粒子在四氢呋喃中具有长期稳定的分散性，在甲醇中则在短时间内全部沉降。这表明，接枝后并不是在任意溶剂中都有良好的长期分散稳定性。铁氧体纳米粒子经聚丙烯酰胺接枝后在水中具有良好的分散性，而用聚苯乙烯接枝后在苯中才具有好的稳定分散性。

4.2.2.2 表面无机包覆改性

（1）化学沉淀法

化学沉淀法将一些无机物质沉积到超微粒子的表面，形成异质包覆层，例如纳米二氧化钛颗粒表面包覆氧化铝或氧化硅就是这一类。此外，还可利用等离子体化学沉积对超微粉体进行表面改性处理。由于化学沉淀法可使超微颗粒表面形成特殊包膜层，可在表面产生光、电、磁及抗菌等功能，因此，在赋予超微粉体新的物理、化学性能及新的功能方面，具有特殊的意义。用这种方法可以在超微粒子表面包覆无机氧化物，也可以利用溶胶实现对无机超微粒子的包覆。

用化学沉淀法对超微粉体进行表面改性一般采用湿法工艺，即在分散的一定固含量浆料中，加入需要的无机表面改性剂，在适当的 pH 值和温度下使无机表面改性剂以氢氧化物或水合氧化物的形式在颗粒表面进行均匀沉淀反应，形成一层或多层包覆，然后经过洗涤、过滤、干燥、焙烧等工序使包覆层牢固地固定在颗粒表面。这种无机表面改性剂一般是金属氧化物、氢氧化物的前驱体，即金属氧化物的盐类或水解产物。

表面沉淀反应一般在反应釜或反应罐中进行。影响包覆改性处理效果的因素较多，主要有原料的性质，如粒度大小和形状、表面官能团；无机表面改性剂的品种；浆液的 pH 值、浓度；反应温度和反应时间；后续处理工序，如洗涤、脱水、干燥或焙烧等。其中 pH 值及温度、浓度等因素直接影响无机表面改性剂的水解产物，是化学沉淀包覆改性最重要的影响因素之一。影响表面包覆量的主要因素是表面改性剂的质量配比；焙烧则是影响沉淀包覆产物晶形和晶粒大小最主要的因素。

以二价金属离子（用 Me^{2+} 表示）为例，金属盐水解沉淀包覆改性的原理如下。

在分散有粉体的浆料中，存在以下几种反应。

① 水解

$$Me^{2+} + H_2O \longrightarrow Me(OH)^+ + H^+$$

$$Me^{2+} + 2H_2O \longrightarrow Me(OH)_2 + 2H^+$$

$$Me^{2+} + 3H_2O \longrightarrow Me(OH)_3^- + 3H^+$$

$$Me^{2+} + 4H_2O \longrightarrow Me(OH)_4^{2-} + 4H^+$$

$$2Me^{2+} + H_2O \longrightarrow Me_2OH^{3+} + H^+$$

$$4Me^{2+} + 4H_2O \longrightarrow Me_4(OH)_4^{4+} + 4H^+$$

$$Me^{2+} + 2H_2O \longrightarrow Me(OH)_2(s) + 2H^+$$

其中 $Me(OH)_2(s)$ 为固态金属氢氧化物。

② 与粉体表面的反应　设 SOH 代表粉体表面，其可能的反应类型如下。

$$SOH + Me^{2+} \longrightarrow SOMe^+ + H^+$$

$$SOH + 2Me^{2+} + 2H_2O \longrightarrow SOMe_2(OH)_2^+ + 3H^+$$

$$SOH + 4Me^{2+} + 5H_2O \longrightarrow SOMe_4(OH)_5^{2+} + 6H^+$$

$$SOH + Me^{2+} + 2H_2O \longrightarrow (SOH)\cdots\cdots Me(OH)_2(s) + 2H^+ \tag{4-28}$$

$$SOH + Me^{2+} + H_2O \longrightarrow SOMeOH + 2H^+$$

$$2SOH + Me^{2+} \longrightarrow (SO)_2Me + 2H^+$$

$$SOH + 4Me^{2+} + 3H_2O \longrightarrow SOMe_4(OH)_3^{4+} + 4H^+$$

其中式(4-28)为表面沉淀反应。

粉体颗粒表面在浆液中也可能发生某些水解，以 $\alpha\text{-}Al_2O_3$ 为例，其可能的反应如下：

$$Al^{3+} + H_2O \longrightarrow Al(OH)^{2+} + H^+$$

$$Al^{3+} + 2H_2O \longrightarrow Al(OH)_2^+ + 2H^+$$

$$Al^{3+} + 3H_2O \longrightarrow Al(OH)_3^- + 3H^+$$

$$Al^{3+} + 4H_2O \longrightarrow Al(OH)_4^- + 4H^+$$

利用沉淀反应进行表面包覆改性是纳米二氧化钛常用的表面改性方法之一。一般工艺过程是利用无机化合物或氧化物在 TiO_2 表面进行沉淀反应，形成表面包覆层，然后经洗涤、脱水、干燥、焙烧等工序使包覆层牢固地固定在颗粒表面。无机包覆物的选择因应用领域不同而异，常用 SiO_2、Al_2O_3、ZrO_2、TiO_2、ZnO、MgO、Fe_2O_3、CaO 或 $CaCO_3$ 及复合改性剂等。硅包覆纳米 TiO_2 的方法是在一定的温度和剧烈搅拌下，向 TiO_2 浆液中加入水玻璃，然后用酸中和，使硅以硅胶的形式沉淀于颗粒表面。硅包覆后的纳米二氧化钛可以增强亲水性和水分散性，提高遮盖率和抗老化性能。铝包覆 TiO_2 的主要方法是在一定的温度和酸度下快速搅拌，同时将包覆改性剂硫酸铝或偏铝酸钠溶液加入到浆液中，用碱进行中和，将溶液调节至中性，使铝盐完全水解。由于氧化铝可以反射部分紫外线，因此，铝包覆后的纳米二氧化钛光化学活性降低，抗老化性能提高。铁包覆 TiO_2 的方法是在快速搅拌下，把少量二氧化钛粉末加入到沸水中，然后向其中慢慢滴加 $FeCl_3$ 溶液，直至形成溶胶为止。由于 $Fe(OH)_3$ 溶胶本身可以作为一种颜料应用于化妆品中，并且可吸收紫外线，包覆纳米二氧化钛后其吸收紫外线的能力更强，因此，铁包覆后的纳米二氧化钛可以降低光化学活性，应用于化妆品中。硅铝复合包覆 TiO_2 的方法是在一定温度下，将铝盐溶液加入含有硅酸纳的二氧化钛体系中，pH 值调节到 10 左右进行包膜；另外，也可以把硅酸纳溶液加入到铝盐溶液中。铝硅复合包覆的纳米二氧化钛可以更有效地降低其光学活性。此外，二者的相容性比较好，很容易共沉淀到纳米二氧化钛表面上，使产品同时具有单独用硅和单独用铝两种包覆方法所得产品的优点。

共沉淀法也可用来对超微粉体进行表面处理。例如陈爽等人通过共沉淀的竞争反应，制备了表面用改性剂——双十六烷基二硫代磷酸吡啶盐（Py-DDP，图 4-17）处理的无机 ZnS 纳米微粒。其制备过程为：在乙醇和水［乙醇：水＝1：1（体积）］的混合溶剂中，依次加入 1mmol 的 Py-DDP 和 0.5mmol 的 Na_2S，升温至 55℃，磁力搅拌下滴加 1mmol 的 $ZnAc_2$ 水溶液，立即出现白色浑浊，恒温反应 3h 陈化、过滤、真空干燥，得到表面改性的白色纳米 ZnS 颗粒。红外光谱分析表明，在反应过程中 P═S 双键打开并和 Zn 发生作用，同时也表明 Py-DDP 分子与 ZnS 纳米核表面的 Zn 作用导致一种更稳定结构的形成。透射电子显微镜分析显示，改性后的纳米 ZnS 颗粒清晰，呈不规则的类球状，粒径约为 4nm，而且基本上不发生团聚。这是由于表面改性剂 Py-DDP 的疏水基团使得处理后的纳米 ZnS 粒子易分散于有机溶剂和润滑油中。X 射线光电子能谱分析（XPS）表明，二烷基二硫代磷酸表面改性能有效地阻止 ZnS 纳米核的氧化，从而使其表面出现较高的氧化稳定性。

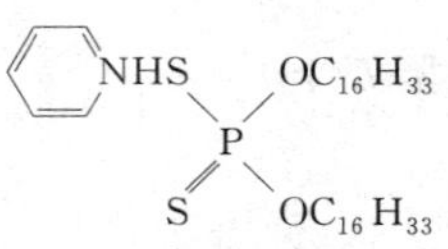

图 4-17　双十六烷基二硫代磷酸吡啶盐的分子结构

无机表面改性剂的种类和沉淀反应的产物和晶形往往决定表面无机改性后超微粉体材料的功能和应用性能，因此，要根据超微粉体产品的最终用途或性能要求来选择无机表面改性剂。

（2）溶胶-凝胶法

溶胶-凝胶法是将表面包覆物前驱体溶入溶剂中形成均匀溶液，通过溶质与溶剂发生水解或醇解反应，制备出溶胶后再与被包覆超微粉体混合，在凝胶剂的作用下，溶胶经反应转变成凝胶包覆于母粒子表面，然后经高温煅烧可得包覆型复合粉体。例如，通过溶胶-凝胶法得到表面包覆 SiO_2 的 ZrO_2，通过溶胶-凝胶法将 SiO_2 均匀沉积在 Au 的表面，用溶胶-凝胶法在镍粉表面包覆 TiO_2 和 $BaTiO_3$ 等。

（3）醇盐水解法

醇盐水解法是将包覆层物质的金属醇盐加入到被包覆颗粒的水悬浮液中，利用金属醇盐遇水分解为醇、氧化物和水合物的性质，通过控制金属醇盐的水解速率，使包覆层物质在被包覆颗粒表面生长，从而制备得包覆颗粒。

（4）化学镀法

化学镀法是在无外加电源的情况下，镀液中的金属离子在催化剂作用下被还原剂还原成金属元素沉积在基体表面，形成金属或合金镀层，是一个液-固复相的催化氧化-还原反应。由于反应是一个自动催化的过程，因此可获得所需厚度的均匀金属镀层。该方法所形成的镀层厚度均匀，孔隙率低，因此得到了较为广泛的应用。目前，已有金、银、铜、铁、镍、铬、锡等 10 余种化学镀层，如纳米铜-银双金属粉末、钛-锆储氢合金粉末表面包覆铜、Ni 包覆 ZrO_2 微粉、镍包覆金刚石、镍包覆石墨、镍包覆硅藻土、镍包覆碳化硅等包覆颗粒制备的报道。

（5）气相沉积法

气相沉积法是指利用过饱和体系中的改性剂在颗粒表面聚集对粉体颗粒进行包覆改性，主要包括气相化学沉积法和雾化液滴沉积法。气相化学沉积法是指通过气相中的化学反应生成改性杂质分子或微核，在颗粒表面沉积或与其表面分子化学键合，形成均匀致密的薄膜包覆。例如，利用化学气相沉淀制备出具有核壳结构的碳包覆铁粉的复合材料。雾化液滴沉积法是指通过雾化喷嘴将改性剂产生微细液滴分散在颗粒表面，经过热空气或冷空气的流化作用，溶质或熔融液在颗粒表面沉积或凝集结晶而形成表面包覆。气相化学沉积法包覆改性要经历原料的气相化学反应、成核、在目的改性颗粒表面的沉积、生长和成膜等过程。该过程的关键是粒子成核及其在异相颗粒表面的沉积和生长。

4.2.2.3　机械力化学处理

机械力化学处理是利用超细粉碎及其他强烈机械作用对粉体表面进行激活，在一定程度上改变颗粒表面的晶体结构、溶解性能（表面无定形化）、化学吸附和反应活性（增加表面活性点或活性基团）等。显然，仅仅依靠机械激活作用进行表面改性还难以满足应用领域对粉体表面物理化学性质的要求。但是，机械力化学作用激活了粉体表面，可以提高颗粒与其他无机物或有机物的作用活性；新生表面产生的自由基或离子可以引发苯乙烯、烯烃类进行聚合，形成聚合物接枝的超微粉体材料。因此，如果在无机粉体粉碎过程中的某个阶段或环节添加适量的有机表面改性剂，那么机械激活作用就可以促进表面改性剂分子在无机粉体表面的化学吸附，达到在粉碎过程中使无机粉体表面有机改性的目的。此外，还可在一种无机非金属矿物的粉碎过程中添加另一种无机物或金属粉，使无机核心材料表面包覆金属粉或另一种无机粉体（即进行表面无机包覆改性），或利用机械化学反应生成新相，如将 ZnO 和 Al_2O_3 一起在高速行星球磨机中强烈研磨 4h 以后，即有部分物料生成新相 $ZnAl_2O_4$（尖晶石型构造）；将石英和方解石一起研磨时生成 CO_2 和少量 $CaOSiO_2$ 等。

对超微粉体物料进行机械激活的设备主要是各种类型的介质磨（高能球磨机、行星球磨机、振动球磨机、搅拌球磨机、砂磨机等）。

影响机械力化学作用强弱的主要因素是研磨设备的类型、机械作用的方式、粉碎环境（干、湿、气氛等）、机械力的作用时间以及物料的晶体结构、化学组成、粒度大小和粒度分布等。

4.2.2.4　高能表面改性

高能表面改性处理是指利用紫外线、红外线、电晕放电、等离子体照射和电子束辐射等方法对超微粉体进行表面处理的方法。如用 ArC_3H_6 低温等离子处理 $CaCO_3$ 可改善 $CaCO_3$ 与 PP（聚丙烯）的界面黏结性。这是因为经低温等离子处理后的 $CaCO_3$ 离子表面存在一非极性有机层作为界面相，可以降低 $CaCO_3$ 的极性，提高与 PP 的相容性。电子束辐射可使石英、方解石等粉体的荷电量发生变化。

此外，化学气相沉积（CVD）和物理沉积（PVD）以及无机酸、碱、盐处理也可用于粉体的表面改性。将这些方法与前述各种改性方法并用，效果更好。但是，目前高能改性方法技术较复杂，成本较高，还难以大规模工业化。

4.2.2.5　复合改性

在超微粉体的表面改性中，为了满足应用的需要或优化其性能，有时需要对其进行复合改性处理。所谓复合改性就是采用两种或两种以上的改性处理方法同时或分步对超微粉体进行表面改性处理。目前常用的复合改性方法有机械力化学与有机/无机包覆复合法及化学沉淀与有机包覆复合法。

机械力化学与有机/无机包覆复合法是一种在强烈机械作用或超微粉碎过程中添加有机/无机表面改性剂，对超微粉体颗粒同时实施机械力化学与表面有机/无机包覆改性处理。这种复合处理工艺可以干法进行，即在干式超微粉碎过程中实施，也可以湿法进行，即在湿式超微粉碎过程中实施，包括在超微粉碎或强烈机械力作用下添加聚合物单体进行接枝改性。

化学沉淀与表面有机包覆复合法是在沉淀包覆改性之后再进行表面有机包覆处理，目的是得到能满足某些特殊用途要求的复合型粉体材料。例如，微细二氧化硅先在溶液中沉淀包覆一层 Al_2O_3，然后用 4VP（四乙烯吡啶）进行包覆，便得到一种表面有机物改性的复合无机物粉体产品；在用沉淀反应二元包覆 SiO_2、Al_2O_3 薄膜的基础上，再用钛酸酯偶联剂、硅烷偶联剂及三乙醇胺、季戊四醇等对超微细 TiO_2 颗粒进行表面有机包覆改性，在提高了 TiO_2 的耐候性的同时又提高了其在涂料中的润湿性和分散性。

4.2.3　表面改性剂及其应用

表面改性剂是粉体表面改性或处理中用于改变粉体表面性质并改善粉体应用性能的化学物质。超微粉体的表面改性主要是依靠表面改性剂在颗粒表面的吸附、反应、包覆或包膜来实现的。

表面改性剂的种类很多，既有有机物，也有无机物，既有高分子，也有低分子材料，视其用途而异。根据不同的用途要求，既可选用固态组分，也可选用液态或气态组分；既可选用离子型，也可选用非离子型。有时针对某些特殊物质或特殊用途必须合成新的表面处理剂。目前常用的有机表面改性剂主要有偶联剂、表面活性剂、有机低聚物、不饱和有机酸、有机硅、水溶性高分子、超分散剂等。无机表面改性剂一般是金属氧化物、金属盐或复盐等。

4.2.3.1　偶联剂

偶联剂是具有两性结构的化学物质。按其化学结构和成分可分为硅烷、钛酸酯、铝酸酯、锆铝酸盐等几种。其分子中的一部分基团可与粉体表面的各种官能团反应，形成强有力的化学键合，另一部分基团可与有机高聚物基料发生化学反应或物理缠绕，从而将两种性质差异很大的材料牢固地结合起来，使无机粉体和有机高聚物分子之间建立起具有特殊功能的"分子桥"。

（1）硅烷偶联剂

硅烷偶联剂是一类具有特殊结构的低分子有机硅化合物，其通式为 $RSiX_3$，式中 R 代表与聚合物分子有亲和力或反应能力的活性官能团，如氨基、巯基、乙烯基、环氧基、酰氨基、氨丙基等；X 代表能够水解的烷氧基，如卤素、烷氧基、酰氧基等。

在进行偶联时，首先 X 基团水解形成硅醇，然后与无机超微粉体颗粒表面上的羟基反应，形成氢键并缩合成—SiO—M 共价键（M 表示无机粉体颗粒表面）。同时，硅烷各分子的硅醇又相互缔合齐聚形成网状结构的膜覆盖在粉体颗粒表面，使无机粉体表面有机化。

根据分子结构中 R 基团的不同，硅烷偶联剂可分为氨基硅烷、环氧基硅烷、巯基硅烷、甲基丙烯酰氧基硅烷、乙烯基硅烷、脲基硅烷以及异氰酸酯基硅烷等。表 4-10 是各种硅烷的化学结构和主要物理性质。表 4-11 所列为常用硅烷偶联剂的溶解性能。

选择硅烷偶联剂对无机超微粉体进行表面改性处理时一定要考虑聚合物基料的种类，也即一定要根据表面改性后超微粉体的应用体系和目的来仔细选择硅烷偶联剂。

表 4-10　硅烷的化学结构和主要物理性质

种类	化学名称	化学结构	分子量	密度 /(g/cm³)	沸点 /℃
氨基硅烷	3-环己基-氨丙基甲基二甲氧基硅烷	⬡—$NH(CH_2)_3SiCH_3(OCH_3)_2$		0.96～0.98	
	氨丙基三乙氧基硅烷	$NH_2(CH_2)_3Si(OCH_2CH_3)_3$	221.3	0.946	220
	γ-氨丙基三乙氧基硅烷	$NH_2(CH_2)_3Si(OCH_2CH_3)_3$		0.948	
	γ-氨丙基三甲氧基硅烷	$NH_2(CH_2)_3Si(OCH_3)_3$	179.3	1.014	210
	3-(2-氨乙基)-氨丙基三甲氧基硅烷	$NH_2(CH_2)_2NH(CH_2)_3Si(OCH_3)_3$	222.4	1.030	259
	二乙烯三氨基丙基三甲氧基硅烷	$NH_2(CH_2)_2NH(CH_2)_2NH(CH_2)_3Si(OCH_3)_3$	251.4	1.030	250
	二-(三甲氧基甲硅烷基丙基)胺	$NH\begin{smallmatrix}(CH_2)_3Si(OCH_3)_3\\(CH_2)_3Si(OCH_3)_3\end{smallmatrix}$	341.5	1.040	152
	二-(三乙氧基甲硅烷基丙基)胺	$NH\begin{smallmatrix}(CH_2)_3Si(OC_2H_5)_3\\(CH_2)_3Si(OC_2H_5)_3\end{smallmatrix}$			
	3-(2-氨乙基)-氨丙基甲基二甲氧基硅烷	$NH_2(CH_2)_2NH(CH_2)_3SiCH_3(OCH_3)_2$		0.980	85
	3-(2-氨乙基)-氨丙基三乙氧基硅烷	$NH_2(CH_2)_2NH(CH_2)_3Si(OCH_2CH_3)_3$		0.95～0.97	
	3-氨丙基甲基二乙氧基硅烷	$NH_2(CH_2)_3SiCH_3(OCH_2CH_3)_2$		0.905～0.925	

续表

种类	化学名称	化学结构	分子量	密度/(g/cm³)	沸点/℃
环氧基硅烷	3、4 环氧环己基乙基三甲氧基硅烷	S—$CH_2CH_2Si(OCH_3)_3$	246.4	1.065	310
	缩水甘油醚氧丙基三甲氧基硅烷	$CH_2 CHCH_2OCH_2CH_2CH_2Si(OCH_3)_3$	236.4	1.069	290
	3-缩水甘油醚氧基丙基甲基二甲氧基硅烷	$CH_2 CHCH_2O(CH_2)_3 SiCH_3(OCH_3)_2$			
	3-缩水甘油醚氧基丙基甲基二乙氧基硅烷	$CH_2 CHCH_2O(CH_2)_3 SiCH_3(OC_2H_5)_2$			
	3-缩水甘油醚氧基丙基甲基三乙氧基硅烷	$CH_2 CHCH_2O(CH_2)_3 SiCH_3(OC_2H_5)_3$			
巯基硅烷	3-巯基丙基甲基二甲氧基硅烷	$HS(CH_2)_3 SiCH_3(OCH_3)_2$			
	3-巯丙基三乙氧基硅烷	$HS(CH_2)_3 SiCH_3(OCH_2CH_3)_3$			
	3-硫氰酸酯基丙基三乙氧基硅烷	$NCS-(CH_2)_3 Si(OCH_2CH_3)_3$			
	3-巯基丙基三甲氧基硅烷	$HS(CH_2)_3 Si(OCH_3)_3$	196.4	1.057	212
	双-[3-(三乙氧基硅基)-丙基]-四硫化物	（结构式）	539	1.07~1.12	—
乙烯基硅烷	乙烯基三甲氧基硅烷	CH_2 $CHSi(OCH_3)_3$	148.2	0.967	122
	乙烯基三乙氧基硅烷	CH_2 $CHSi(OCH_2CH_3)_3$	190.4	0.905	160
	乙烯基-三（2-甲氧基乙氧基）硅烷	CH_2 $CHSi(OCH_2CH_2OCH_3)_3$	280.4	1.035	285
	乙烯基甲基二甲氧基硅烷	CH_2 $CHSiCH_2(OCH_3)_2$		0.888	106
甲基丙烯酰氧基硅烷	3-甲基丙烯酰氧基丙基三甲氧基硅烷	CH_2 $C(CH_3)CO_2(CH_2)_3 Si(OCH_3)_3$	248.4	1.045	255
	3-甲基丙烯酰氧基丙基甲基二甲氧基硅烷	CH_2 $C(CH_3)CO_2(CH_2)_3 SiCH_3(OCH_3)_2$			
脲基硅烷	脲基丙基三乙氧基硅烷	$H_2NCNHC_3H_6Si(OCH_3)_x(OC_2H_5)_{3-x}$		0.920	—
	脲基丙基三甲氧基硅烷	$H_2NCNHC_3H_6Si(OCH_3)_3$	220	1.150	217
苯基硅烷	二苯基二甲氧基硅烷	$(C_6H_5)_2Si(OCH_3)_2$			
	苯基三甲氧基硅烷	$C_6H_5Si(OCH_3)_3$			
	苯基三乙氧基硅烷	$C_6H_5Si(OC_2H_5)_3$			
异氰酸酯基硅烷	异氰酸酯丙基三乙氧基硅烷	O C $N(CH_2)_3 Si(OCH_2CH_3)_3$	247	0.999	238
烷基硅烷（硅烷酯类）	辛基三乙氧基硅烷	$CH_3(CH_2)_7 Si(OCH_2CH_3)_3$	276.5	0.876	98
	甲基三乙氧基硅烷	$CH_3 Si(OCH_2CH_3)_3$	178.3	0.890	143
	甲基三甲氧基硅烷	$CH_3 Si(OCH_3)_3$	136.3	0.950	101

表 4-11 常用硅烷偶联剂的溶解性能

种类	化学名称	溶解性				
		丙酮	甲苯	乙醚	四氯化碳	水
氨基硅烷	γ-氨丙基三乙氧基硅烷	反应	可溶	可溶	反应	可溶/水解
	γ-氨丙基三甲氧基硅烷	反应	可溶	可溶	反应	可溶/水解
	3-(2-氨乙基)-氨丙基三甲氧基硅烷	反应	可溶	可溶	反应	可溶/水解
	二乙烯三氨丙基三甲氧基硅烷	反应	可溶	可溶	反应	可溶/水解
	二-(三甲氧基甲硅烷基丙基)胺	反应	可溶	可溶	反应	水解
	3-(2-氨乙基)-氨丙基甲基二甲氧基硅烷	反应	可溶	可溶	反应	可溶/水解
乙烯基硅烷	乙烯基三甲氧基硅烷	可溶	可溶	可溶	可溶	水解
	乙烯基三乙氧基硅烷	可溶	可溶	可溶	可溶	水解
	乙烯基-三(2-甲氧基乙氧基)硅烷	可溶	可溶	可溶	可溶	可溶/水解
硫基硅烷	3-巯基丙基三甲氧基硅烷	可溶	可溶	可溶	可溶	水解
	双-[3-(三乙氧基硅基)-丙基]-四硫化物	可溶	可溶	可溶	可溶	不可溶
环氧基硅烷	3,4 环氧环己基乙基三甲氧基硅烷	可溶	可溶	可溶	可溶	水解
	缩水甘油醚氧丙基三甲氧基硅烷	可溶	可溶	可溶	可溶	水解
甲基丙烯酰氧基硅烷	3-甲基丙烯酰氧基丙基三甲氧基硅烷	可溶	可溶	可溶	可溶	水解
脲基硅烷	脲基丙基三乙氧基硅烷	可溶	可溶	不可溶		可溶/水解
异氰酸酯基硅烷	异氰酸酯丙基三乙氧基硅烷	反应	可溶	可溶	反应	反应/水解

多数硅烷偶联剂在使用之前要配成水溶液，即使其预先水解。水解时间依硅烷偶联剂的品种和溶液的 pH 值不同而异，从几分钟到几小时不等。水解液的 pH 值一般控制在 3~5，水解时按硅烷水解方程计算加水量（一般是硅烷与纯水的质量比约为 1:0.25）。硅烷偶联剂用量与偶联剂的品种及粉体的比表面积有关，假设为单分子层吸附，可按下式进行计算：

$$硅烷偶联剂用量 = \frac{填料质量 \times 填料的比面积(m^2/g)}{硅烷偶联剂最小包覆面积(m^2/g)}$$

硅烷偶联剂最小包覆面积依硅烷偶联剂的品种不同而异。部分硅烷偶联剂的最小包覆面积见表 4-12。一般来说，实际用量要小于用上述公式计算的用量。当不知道超微粉体的比表面积数据或硅烷偶联剂的最小包覆面积时，可将硅烷偶联剂用量选定为粉体质量的 0.10%~3.0% 进行用量试验。

大多数硅烷偶联剂既可以用于干法表面改性，也可以用于湿法表面改性。

表 4-12 部分硅烷偶联剂的最小包覆面积 单位：m^2/g

品种牌号	A-151	A-172	A-174 (KH570)	A-186	A-189 (KH590)	A-187 (KH560)	A-1100 (KH550)
最小包覆面积	411	279	316	318	380	322	354

（2）钛酸酯偶联剂

钛酸酯偶联剂至今已有几十个品种，是无机超微粉体广泛应用的表面改性处理剂。

钛酸酯偶联剂的分子结构可划分为 6 个功能区，每个功能区都有其特点，在偶联剂中发挥各自的作用。钛酸酯偶联剂的通式和 6 个功能区如下：

偶联有机相　　　　亲有机相

1　2　　3　4　5　6

$(RO)_M—Ti+O—X—R'—Y)_N$

式中，$1 \leqslant M \leqslant 4$，$M + N \leqslant 6$；R 为短碳链烷烃基；$R'$ 为长碳链烷烃基；X 为 C、N、P、S 等元素；Y 为羟基、氨基、双键等基团。

功能区 1——$(RO)_M$ 为与无机填料、颜料偶联作用的基团。钛酸酯通过该烷氧基团与无机粉体表面的微量羟基或质子发生化学吸附或化学反应，偶联到颗粒表面形成单分子层，同时释放出异丙醇。由功能区 1 发展成偶联剂的 3 种类型，每种类型由于偶联基团上的差异，对超微粉体表面的含水量有选择性。一般单烷氧基型适用于干燥的仅含键合水的低含水量的无机粉体，螯合型适用于高含水量的无机粉体。

功能区 2——Ti—O 为酯基转移和交联基团。某些钛酸酯能够和有机高分子中的酯基、羧基等进行酯基转移和交联，造成钛酸酯、无机粉体及有机高分子之间的交联，促使体系黏度上升呈触变性。

功能区 3——X— 为联结钛中心的基团。该基团包括长链烷氧基、酚基、羧基、硫酸基、磷酸基、焦磷酸基等。这些基团决定其特性与功能，如磺酸基赋予一定的触变性，焦磷酸具有阻燃、防锈、增加黏结性以及亚磷酸配位基具有抗氧化功能等。通过这部分基团的选择，可以使钛酸酯偶联剂兼有多种功能。

功能区 4——R' 为长链的纠缠基团。长的脂肪族碳链比较柔软，能和有机基料进行弯曲缠绕，增强和基料的结合力，提高它们的相容性，改善无机粉体和基料体系的熔融流动性和加工性能，缩短混料时间，增加无机粉体的填充量，并赋予柔韧性及应力转移功能，从而提高延伸、撕裂和冲击强度，改善分散性和电性能等。

功能区 5——Y 为固化反应基团。当活性基团联结在钛的有机骨架上，就能使钛酸酯偶联剂和有机聚合物进行化学反应而交联。例如，不饱和双键能和不饱和树脂进行交联，使无机粉体和有机基料结合。

功能区 6——N 为非水解基团数。钛酸酯中非水解基团的数目至少具有两个以上。在螯合型钛酸酯中具有 2 个或 3 个非水解基团；在单烷氧基型钛酸酯中有 3 个非水解基团。由于分子中多个非水解基团的作用，可以加强缠绕，并因碳原子数多可急剧改变表面能，大幅度降低体系的黏度。

钛酸酯偶联剂按其化学结构可分为三种类型：即单烷氧基型、螯合型和配位型。

单烷氧基型品种最多，具有各种功能基团和特点，使用范围较广。但是，除含乙醇胺基和焦磷酸酯基的单烷氧基型外，大多数品种耐水性差，只适用于处理干燥的超微粉体，在不含水的溶剂涂料中使用。其代表性品种如下。

① 单烷氧基三羧酸钛 $[i\text{-}C_3H_7Ti(OCOR)_3]$。其化学成分为异丙氧基三异硬脂酸钛，分子式为：

$i\text{-}C_3H_7Ti[OCO(CH_2)_{14}CH(CH_3)_2]_3$

② 单烷氧基三（磷酸酯）钛。该品种的分子通式为 $i\text{-}C_3H_7Ti\left[OP(\overset{\displaystyle O}{\overset{\|}{})(OR)_2\right]_3$，例如异丙氧基三（磷酸二辛酯）钛 TTOP-12（KR-12），分子式为：

$i\text{-}C_3H_7Ti\left[OP(\overset{\displaystyle O}{\overset{\|}{})(OC_8H_{17})_2\right]_3$

③ 单烷氧基三（焦磷酸酯）钛。以异丙氧基三（焦磷酸二辛酯）钛 TTOPP-38S（KR-38S）为例，其分子式为：

$$i\text{-}C_3H_7OTi[OPOP(OC_8H_{17})_2]_3$$

该品种比一般单烷氧基型钛酸酯耐水性好，适用于中等含水量的超微粉体的表面处理，但比螯合型钛酸酯的耐水性差。

螯合型钛酸酯分为两种：一是含有氧乙酸螯合基的产品，称螯合 100 型；另一种是含有乙二醇螯合剂的产品，称螯合 200 型。螯合型钛酸酯的耐水型较好，适用于高含水量的超微粉体的表面改性处理。

① 螯合 100 型。以二（焦磷酸辛酯）羟乙酸钛酸酯 CTDPP-138S（KR-138S）为例，其分子式为：

$$
\begin{array}{c}
\text{O} \\
\parallel \\
\text{C}-\text{O} \\
\qquad\qquad\text{O}\quad\text{O} \\
\qquad\qquad\parallel\quad\parallel \\
\text{Ti}[\text{OPOP}(\text{OC}_8\text{H}_{17})_2]_2 \\
\text{H}_2\text{C}-\text{O} \\
\qquad\qquad\text{OH}
\end{array}
$$

它既可溶解在甲苯、二甲苯等溶剂中包覆处理无机粉体，也可用烷醇胺或胺类试剂季铵盐化后溶解在水中包覆处理无机粉体。通常使用的胺类试剂有 2-二甲胺基-2-甲基-1-丙醇（DMAMP-80）、三乙醇胺、三乙胺等。

② 螯合 200 型。以二（磷酸二辛酯）钛酸乙二（醇）酯 ETDOP-212S（KR-212S）为例，其分子式为：

$$
\begin{array}{c}
\text{CH}_2\text{O} \qquad\quad \text{O} \\
\qquad\qquad\qquad\parallel \\
\text{Ti}[\text{OP}(\text{OC}_8\text{H}_{17})_2]_2 \\
\text{CH}_2\text{O}
\end{array}
$$

该种钛酸脂的耐水性好，既可溶于有机溶剂中包覆处理无机粉体，也可用烷醇胺或胺类试剂季铵盐化后溶解在水中包覆处理无机粉体。

配位型钛酸酯是以 2 个以上的亚磷酸酯为配体，将磷原子上的孤对电子移到钛酸酯中的钛原子上，形成 2 个配价健，以 OTDLPI-46（KR-46）为例，其分子结构式为：

$$
\begin{array}{c}
\text{P(OH)}(\text{OC}_{12}\text{H}_{25})_2 \\
\mid \\
\text{H}_{17}\text{C}_8\text{O} \qquad \text{OC}_8\text{H}_{17} \\
\diagdown\quad\diagup \\
\text{Ti} \\
\diagup\quad\diagdown \\
\text{H}_{17}\text{C}_8\text{O} \qquad \text{OC}_8\text{H}_{17} \\
\mid \\
\text{P(OH)}(\text{OH}_{12}\text{H}_{25})_2
\end{array}
$$

式中，钛原子由 4 价键转变为 6 价键，降低了钛酸酯的反应活性，提高了耐水性。因此，配位型钛酸酯偶联剂耐水性好。但此种钛酸酯偶联剂多数不溶解于水，使用时可以直接乳化分散在水中，也可以添加表面活性剂或亲水性助溶剂使它分散在水中。

钛酸酯偶联剂的用量大致为超微粉体质量的 0.3%～3.0% 左右。被处理的粉体粒度越细，比表面积越大，用量就越大。

表 4-13 为国内外钛酸酯偶联剂主要品种及技术性能。

表 4-13　国内外钛酸酯偶联剂主要品种及技术性能

类型	化学名称	商品牌号		主要物化指标
		国外	国内	
单烷氧基型	异丙氧基三（异硬脂酰基）钛酸酯	KR-TTS	NDZ-105 NDZ-101 TSC	棕红色液体；密度（30℃）0.90～0.95g/mL；黏度（30℃）20～80mPa·s；可溶于异丙醇、甲苯、矿物油等；分解温度255℃
	异丙氧基三（十二烷基苯磺酰基）钛酸酯	KR-9S	JN-9 YB-104	浅棕色液体；密度（30℃）1.00～1.10g/mL；黏度（30℃）≥1900mPa·s；折射率1.500±0.01；可溶于矿物油
	异丙氧基三（磷酸二辛酯）钛酸酯	KR-12	NDZ-102 JN-108 YB-203	浅黄色液体；密度（30℃）1.00～1.10g/mL；黏度（30℃）≥100mPa·s；折射率1.450±0.01；可溶于异丙醇、甲苯、矿物油等；分解温度260℃
	异丙氧基三（焦磷酸二辛酯）钛酸酯	KR-38S	NDZ-201 JN-114 YB-201	浅棕色液体；密度（30℃）1.02～1.15g/mL；黏度（30℃）≥400mPa·s；折射率1.460±0.02；可溶于异丙醇、甲苯、矿物油等；分解温度210℃
螯合型	二（焦磷酸二辛酯）羟乙酸钛酸酯	KR-138S	NDZ-311 JN-115、115A YB-301、401	浅棕色液体；密度（30℃）1.02～1.15g/mL；黏度（30℃）≥200mPa·s；折射率1.460±0.02；可溶于异丙醇、甲苯、二甲苯等；分解温度210℃
	二羧酰基二乙基钛酸酯	KR-201	JN-201	棕褐色液体；密度（30℃）0.94～0.98g/mL；黏度（30℃）30～80mPa·s；可溶于异丙醇、甲苯、矿物油等；折射率1.480±0.01
	二（焦磷酸二辛酯）乙基钛酸酯	KR-138S	JN-644、646 YB-302、402	浅棕色液体；密度（30℃）1.02～1.15g/mL；黏度（30℃）≥200mPa·s；折射率1.490±0.02
	三乙醇胺钛酸酯	TILCOMTET	JN-54 YB-404	浅黄色液体；密度（30℃）1.03～1.10g/mL；黏度（30℃）≥20mPa·s；折射率1.480±0.01
	醇胺乙二基钛酸酯	TILCOMAT	JN-AT YB-405	淡黄色透明液体；密度（30℃）1.05～1.15g/mL；黏度（30℃）≥20mPa·s；pH 9.0±1.0
	醇胺脂肪酸钛酸酯		TNF YB-403	棕色液体；密度（30℃）1.00～1.10g/mL；黏度（30℃）≥75mPa·s；pH 8.0±0.5
配位型	四异丙基二（亚磷酸二辛酯）钛酸酯	KR-41B	NDZ-401	浅黄色液体；密度（20℃）0.945g/mL；分解温度260℃；闪点54℃；可溶于异丙醇、甲苯、矿物油，等不溶于水
	二（亚磷酸二月桂酯）四氧辛氧基钛酸酯	KR-46		浅黄色液体；密度（20℃）0.945g/mL；分解温度260℃；闪点54℃；可溶于异丙醇、甲苯、矿物油等，不溶于水

（3）铝酸酯偶联剂

铝酸酯偶联剂的化学通式为：

$$(RO)_x —Al \xrightarrow{Dn} (OCOR')_m$$

式中，Dn代表配位基团，如N、O等；RO—为与无机粉体表面活泼质子或官能团作用的基团；COR'为与高聚物基料作用的基团。

铝酸酯偶联剂具有与无机粉体表面反应活性大、热分解温度较高等特点，在PVC填充体系中铝酸酯偶联剂有良好的热稳定协同效应和一定的润湿增塑效果。因此铝酸酯偶联剂广泛应用于重质碳酸钙、轻质碳酸钙、碳酸镁、磷酸钙、硫酸钡、硫酸钙、滑石粉、石棉粉、钛白粉、氧化锌、氧化铝、氧化镁、铁红、铬黄、炭黑、白炭黑、立德粉、云母粉、高岭土、膨润土、炼铝红泥、叶蜡石粉、海泡石粉、硅灰石粉、粉煤灰、玻璃粉、玻璃纤维、氢氧化镁、氢氧化铝、三氧化二锑、聚磷酸铵、偏硼酸锌等粉体的表面改性处理。

铝酸酯偶联剂的用量一般为粉体质量的 $0.3\%\sim2.0\%$。超细和高比表面积的无机填料，如氢氧化铝、氢氧化镁可用 $1.0\%\sim2.0\%$。其主要品种、性能特点与适用范围详见表 4-14。

表 4-14　铝酸酯偶联剂的主要品种、性能特点和适用范围

品种	性状	化学分子式	适用范围	性能特点
DL-411-A	白色蜡状固体	$(i\text{-}C_3H_7O)_x\!\!\!-\!\!Al\!\!-\!\!(C_{16\sim18}H_{31\sim35}O_2)_m\cdot Dn$	塑料无机填料、颜料及阻燃剂表面处理	熔融温度 $75\sim80℃$；色度 $\leqslant9$；杂质 $\leqslant0.2\%$；不溶于水
DL-411-AF				
DL-411-D				
DL-411-DF				
DL-411-B	无色/淡透明体			
DL-411-C				
DL-412-A	黄色透明液体	$(RO)_x\!\!\!-\!\!Al\!\!-\!\!(C_{16\sim18}H_{29\sim33}O_2)_m\cdot Dn$	涂料、橡胶无机填料、颜料及阻燃剂表面处理	含双键，参与交联，不易水溶
DL-412-B				
DL-812				含双键，参与交联，不易水溶
DL-414	黄色透明液体	$(RO)_x\!\!\!-\!\!Al\!\!-\!\!(C_{11\sim16}H_{29\sim33}O_2)_m$	涂料、橡胶无机填料、颜料及阻燃剂表面处理	含双键，参与交联，不易水溶
DL-481	淡黄色荧光液体	$(RO)_x\!\!\!-\!\!Al\!\!-\!\!(C_{11\sim16}H_{11\sim21}O_4)_m$	PVC 填料表面处理	含双键，参与交联，不易水溶
DL-881				
DL-482	棕红色黏稠液体	$(RO)_x\!\!\!-\!\!Al\!\!-\!\!(C_7H_9O_4)_m$	不饱和聚酯填料、阻燃剂表面处理	含双键，参与固化交联
DL-882	棕红色液体	$(RO)_x\!\!\!-\!\!Al\!\!-\!\!(C_{16}H_{34}PO_4)_m\cdot Dn$		
DL-429	棕红色黏稠液体	$(RO)_x\!\!\!-\!\!Al\!\!-\!\!(C_{21}H_{34}O)_m$	无机填料和颜料	含双键，参与固化交联
DL-467	淡黄色液体	$(i\text{-}C_3H_7O)_x\!\!\!-\!\!Al\begin{smallmatrix}(C_{16\sim18}H_{31\sim33}O_2)_m\\(O\!-\!C\!-\!CH=CH_2)_n\\{}_O\end{smallmatrix}$	涂料、橡胶用填料表面处理	含双键，参与交联
DL-461	棕红色黏稠液体	$(i\text{-}C_3H_7O)_x\!\!\!-\!\!Al\begin{smallmatrix}(O\!-\!\bigcirc\!-\!CO_{15}H_{28\sim31})_n\\(O\!-\!C\!-\!CH_2\!-\!CH=CH_2)_n\\{}_O\end{smallmatrix}$	涂料用填料表面处理	含双键，参与固化
DL-491-A	白色蜡状固体	二(二硬脂酸甘油酯基)铝酸异丙酯	无机填料、颜料及阻燃剂表面处理	不易水溶
DL-471	白色蜡状固体	二(硬脂酸二缩二乙二醇酯基)铝酸异丙酯		
DL-472	淡黄蜡状固体	二(油酸二缩二乙二醇酯基)铝酸异丙酯		
DL-492	白色蜡状固体	二(三硬脂酸季戊四醇酯) 铝酸异丙酯		
F-1	白色或半透明蜡状固体	$C_3H_7O\!-\!Al\!-\!(C_{16\sim18}H_{31\sim35}O_2)_2\!-\!St$	各种塑料、橡胶填料和颜料的干法表面改性	熔融温度 $60\sim70℃$；热分解温度 $290℃$；降黏值 $\geqslant98\%$
F-2		$C_3H_7O\!-\!Al\!-\!(C_{16\sim18}H_{31\sim35}O_2)_2\!-\!$加润滑剂		
F-3	白色粉状或蜡状固体	$(C_3H_7O)_x\!\!\!-\!\!Al\!\!-\!\!(C_{16\sim18}H_{31\sim35}O_2)_m\cdot Dn$		
F-4		$(C_3H_7O)_x\!\!\!-\!\!Al\!\!-\!\!(C_{16\sim18}H_{31\sim35}O_2)\cdot Dn$		
L-1A	透明白色液体	$C_3H_7O\!-\!Al\begin{smallmatrix}C_{16\sim18}H_{31\sim35}O_2\\O_2C_{18}H_{34}\ 含双键\end{smallmatrix}$	各种塑料、橡胶填料和颜料的干法表面改性	热分解温度 $300℃$；黏度 $(40℃)26\sim28mPa\cdot s$
L-1H	透明白色液体	$C_3H_7O\!-\!Al\begin{smallmatrix}C_{16\sim18}H_{31\sim35}O_2\\O_2C_{18}H_{34}\cdot Dn\end{smallmatrix}$ HLB>5 含双键	填料和颜料的湿法表面改性	可溶于水，HLB>5

续表

品种	性状	化学分子式	适用范围	性能特点
L-3A	透明淡黄色液体	$(RO)_x—Al—(C_{16\sim18}H_{29\sim33}O_2)_m$ 含双键	各种塑料、橡胶填料和颜料的干法表面改性	热分解温度 270℃；黏度(40℃)420mPa·s
H-4A	淡黄色液体	$(RO)_x—Al—(C_{16\sim18}H_{29\sim33}O_2)_m·Dn$ HLB>5 含双键	填料和颜料的湿法表面改性	热分解温度 270℃；黏度(40℃)420mPa·s；可溶于水

（4）锆铝酸盐偶联剂

锆铝酸盐偶联剂的商品名称为"CAVCO MOD"，它是由水合氯化氧锆（$ZrOCl_2·8H_2O$）、氯醇铝（Al_2OH_5Cl）、丙烯醇、羧酸等为原料合成的，其分子结构如图 4-18 所示。X 为有机官能团。

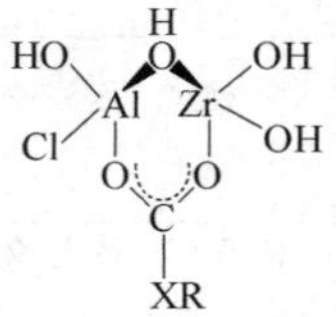

图 4-18 锆铝酸盐偶联剂的分子结构

由于锆铝酸盐偶联剂分子结构中含有两个无机部分（锆和铝）和一个有机功能配位体。因此，与硅烷等偶联剂相比，其显著特点是，分子中的无机特性部分比例大，一般介于 57.7%～75.4%，而硅烷偶联剂除 A-1100 外，其余均小于 40%。因此，与硅烷偶联剂相比，锆铝酸盐偶联剂分子具有更多的无机反应点，可增强与无机粉体表面的作用。锆铝酸盐偶联剂通过氢氧化锆和氢氧化铝基团的缩合作用可与羟基化的无机颗粒表面形成共键联结。

根据分子中的金属含量（无机特性部分的比例）和有机配位基的性质，锆铝酸盐偶联剂可分为 7 类，分别适用于填充聚烯烃、聚酯、环氧树脂、尼龙（聚酰胺纤维）、丙烯酸类树脂、聚氨酯、合成橡胶等的无机粉体的表面处理。锆铝酸盐偶联剂在很多情况下可代替硅烷偶联剂。

4.2.3.2 表面活性剂

表面活性剂是一种能显著降低水溶液的表面张力或液-液界面张力，改变体系的表面状态从而产生润湿和反润湿、乳化和破乳、分散和凝聚、起泡和消泡以及增溶等一系列作用的化学药品。表面活性剂所起的这种作用称为表面活性。

表面活性剂分子由性质不同的两部分组成，一部分是与油或有机物有亲和性的亲油基（也称憎水基），另一部分是与水或无机物有亲和性的亲水基（也称憎油基）。表面活性剂的亲水基主要有羧基、磺酸基、硫酸酯基、磷酸基等；亲油基多来自天然动植物油脂和合成化工原料。它们的化学结构很相似，只是碳原子数和端基结构不同。

表面活性剂按离子类型可分为离子型表面活性剂和非离子型表面活性剂，前者可在溶于水后离解，后者则不离解。离子型表面活性剂又按产生电荷的性质分为阴离子型、阳离子型和非离子型表面活性剂。

（1）阴离子表面活性剂

粉体表面改性处理中应用的阴离子表面活性剂主要有以下几种。

① 高级脂肪酸及其盐。分子通式为 RCOOH（Me），式中 Me 代表金属离子，如 Na^+。分子一端为长链烷基，其结构和聚合物相似，因而与聚合物有一定的相容性；分子另一端为羧基，可与粉体表面发生物理、化学吸附作用。因此，用高级脂肪酸及盐，如硬脂酸处理无

机粉体，可改善无机粉体与高聚物基料的亲和性，提高其在高聚物基料中的分散性。此外，由于高级脂肪酸及其盐类本身具有润滑作用，还可使复合体系内摩擦力减小，改善复合体系的流动性能。代表性品种有：硬脂酸、硬脂酸钠、硬脂酸钙、硬脂酸锌、硬脂酸铝、松香酸钠等，用量约为粉体质量的 $0.3\%\sim3\%$。其中硬脂酸因为不溶于水主要用于无机粉体的干法表面改性，硬脂酸盐既可以用于干法表面改性，也可加入浆料中用湿法进行表面处理，然后再干燥（脱去水分）。

② 磺酸盐及其酯类。分子通式为 RSO_3Me。其与无机粉体表面的作用与高级脂肪酸及其盐类似。代表性品种有磺化蓖麻油（用于轻质碳酸钙的辅助表面改性）、烷基苯磺酸钠等。

③ 高级磷酸酯盐。分子通式为 $ROPO_3Me$。单脂型磷酸酯用于滑石的表面包覆处理可改进滑石粉填料与高聚物（如聚丙烯）的界面亲和性，改善其在有机高聚物基料中的分散状态，并提高高聚物基料对填料的润湿能力。聚磷酸酯表面活性剂（ADDP）用于超细轻质碳酸钙的表面改性，可使超细轻质碳酸钙的吸油率显著降低，在非极性介质中的分散性及与 PVC 树脂的相容性得到明显改善。

（2）阳离子表面活性剂

粉体表面处理中应用的阳离子表面活性剂一般为高级铵盐，其中，至少有 $1\sim2$ 个长链烃基（$C_{12}\sim C_{22}$）。与高级脂肪酸一样，高级铵盐的烷烃基与聚合物的分子结构相近，因此与高聚物基料有一定相容性，分子另一端的氨基与无机粉体表面发生吸附作用。

在对膨润土或蒙脱石型黏土进行插层改性制备有机土时，一般采用季铵盐，如甲基苯基或二甲基二烃基铵盐。其烃基的碳原子数为 $12\sim22$，优先碳原子数为 $16\sim18$，其中碳原子数为 16 的烃基占 $20\%\sim35\%$，碳原子数为 18 的烃基占 $60\%\sim75\%$。阴离子是氯化物、溴化物或其混合物，以氯化物最佳。

（3）非离子型表面活性剂

非离子型表面活性剂在溶液中不是离子状态，所以稳定性高，不易受强电解质无机盐类的影响，也不易受酸、碱的影响；它与其他类型表面活性剂的相容性好，在水及有机溶剂中皆有较好的溶解性能（视结构的不同而有所差别）。

这类表面活性剂虽在水中不电离，但有亲水基（如氧乙烯基—CH_2CH_2O—、醚基—O— 、羟基—OH 或酰氨基—$CONH_2$ 等），也有亲油基（如烃基—R）。亲水基团和亲油基团可分别与无机填料和高聚物基料发生相互作用，加强二者的联系，从而增进二者之间的相容性，二极性基团之间的柔性碳链起增塑润滑作用，赋予体系韧性和流动性，使体系黏度下降，从而改善复合材料的加工性能。

非离子型表面活性剂主要包括聚乙二醇型（也称聚氧乙烯型）和多元醇型表面活性剂。

① 聚乙二醇型。这类表面活性剂的亲水性主要由聚乙二醇基，即聚氧乙烯基 —$(CH_2CH_2O)_n$— 所致。氧化乙烯又称环氧乙烷，能与亲油基上的活泼氢原子结合。主要品种如下：

a. 脂肪醇聚氧乙烯醚类。商品名称为"平平加"，通式为 $RO(CH_2CH_2)_nH$。式中 R 为 $C_8\sim C_{18}$ 烃基，n 为 $1\sim45$。

b. 烷基苯酚聚氧乙烯醚。又称"OP"型表面活性剂，其通式为：

$$R-\!\!\!\!\!\!\!\bigcirc\!\!\!\!\!\!\!-O\!-\!(CH_2CH_2O)_{\overline{n}}H$$

R 中的碳原子数在 $8\sim12$ 之间，$n=1\sim15$。当 $n=8\sim10$ 时，其水溶液的表面张力最低，润湿力最强。

c. 聚醚型表面活性剂。其通式为：

$$\text{HO}\!-\!(\text{CH}_2\text{CH}_2\text{O})_a\!-\!(\text{CH}_2\overset{\overset{\displaystyle CH_3}{|}}{\text{CHO}})_b\!-\!(\text{CH}_2\text{CH}_2\text{O})_c\!-\!\text{H}$$

亲水基　　　　　亲油基　　　　亲水基

亲油基被夹在两端的亲水基之中。

d. 脂肪酸-聚氧乙烯型表面活性剂。通式为 $\text{RCOO}\!-\!(\text{CH}_2\text{CH}_2\text{O})_n\!-\!\text{H}$，R 一般是 $12\sim$ 18 个碳。

除了上述四种聚乙二醇型表面活性剂之外，还有脂肪酸胺-聚氧乙烯、P 型表面活性剂（苯酚与环氧乙烷的加成产物）等。

② 多元醇型。这类表面活性剂的亲水基主要是羟基，但也有不少是混合型的，即在多元醇的某个羟基上再接上一个聚氧乙烯链。因此，附有高级脂肪酸的亲油基，水溶性较差。

多元醇型表面活性剂的常见类型是 Span（司潘）型和 Tween（吐温）型。Span 型是山梨醇酐和各种脂肪酸形成的酯。Span 型表面活性剂不溶于水。如欲使其水溶，可在未酯化的羟基上接聚氧乙烯，即成为相应的 Tween 型。

4.2.3.3　有机硅

有机硅是分子结构中含有硅元素且硅原子上连接有机基的聚合物。以重复的 Si—O 键为主链、硅原子上连接有机基的聚有机硅氧烷是有机硅高分子的主要代表和结构形式。有机硅是以硅氧烷链为憎水基，以聚氧乙烯基、羧基、酮基或其他极性机团为亲水基的一类特殊类型的表面活性剂，俗称硅油、硅树脂或硅橡胶，品种很多，是一类具有许多独特性能和应用广泛的硅化合物。

粉体表面改性常用的有机硅主要是硅油。从分子主链结构来说主要有聚二甲基硅氧烷、有机基改性聚硅氧烷以及有机硅与有机化合物的共聚物，特别是带活性基的聚甲基硅氧烷，其硅原子上接有若干氢基或羟基封端。以下重点介绍聚二甲基硅氧烷、有机基改性聚硅氧烷以及有机硅与有机化合物的共聚物的结构和性能。

（1）聚二甲基硅氧烷

聚二甲基硅氧烷的分子结构为：

$$\text{Me}_3\text{Si}\!-\!\text{O}\!-\!\Big[\!\!\underset{\underset{\displaystyle Me}{|}}{\overset{\overset{\displaystyle Me}{|}}{\text{Si}}}\!-\!\text{O}\Big]_n\!-\!\text{SiMe}_3 \quad (n=0\sim2500)$$

式中，Me 代表甲基（CH_3，以下同）。因其分子通体为甲基，故表面张力极低，仅约 $16\sim21\text{mN/m}$（室温）。分子量小的表面张力较低，但增减幅度甚微，其黏度也随分子量递增。它不溶于水、低级醇、丙酮、乙二醇等，能溶于脂肪烃、芳香烃、高级醇、醚类、酯类、氯化烃等有机溶剂。

（2）有机基改性聚硅氧烷

有机基改性聚硅氧烷的常用类型如下。

① 带活性基的聚甲基硅氧烷。这种有机硅是改性剂的一种特例，其硅原子上接有若干氢键或以羟基封端。氢键和羟基有很强的反应活性，易与无机粉体表面形成牢固的化学键。

② 苯基或高烷基改性的聚二甲基硅氧烷。分子式中取代甲基的高烷基或苯基较大，有

一定的定向作用和空间效应，对硅氧烷骨架的柔韧性造成障碍，故改性后的黏度和表面张力都相应增大。其他取代基改性还有赋予水溶性的多缩乙二醇、有机不饱和基、氨基、反应官能的羟酸基、酰氨基或环氧基等。

③ 带有机锡基团的聚硅氧烷。这一结构易在酸或碱的催化下水解，缩聚成带—Si—O—Y基团的聚硅氧烷。有机锡功能基团 Y 有很强的防污和防霉、杀菌功能。

（3）有机硅与有机化合物的共聚物

这类共聚物兼有有机硅的高表面活性和有机化合物的特性，如好的相容性、水溶性或耐热性等。其结构通式常为：

$$Me_3-Si-O-\left[\begin{matrix}Me\\|\\Si\\|\\R_1\end{matrix}-O\right]_x\left[\begin{matrix}Me\\|\\Si\\|\\(CH_2)_n\\|\\Me\end{matrix}-O\right]_y Si-Me_3 \qquad (n\geqslant0)$$

① 聚甲基硅氧烷-聚醚嵌段共聚物。

聚醚是一种具有很好亲水性的化合物，最通常的是聚环氧乙烷、聚环氧丙烷或聚环氧乙烷-聚环氧丙烷共聚物。经共聚改性的有机硅是在聚硅氧烷主链的硅原子上通过 Si—C 或 Si—O—C 键接上各种数目的同一聚醚基团 R_1。

② 聚二甲基硅氧烷-聚酯嵌段共聚物。

这类共聚物是把上面结构式中的 R_1 基团换成耐热性好的聚酯基团。这种聚酯共聚物改性的聚二甲基硅氧烷兼有很高的表面活性和较高的热分解温度。用于处理无机粉体的有机硅一般为带活性基的聚甲基硅氧烷，其硅原子上接有若干氢基或羟基封端。

4.2.3.4　不饱和有机酸及有机低聚物

（1）不饱和有机酸

作为无机粉体表面改性剂的不饱和有机酸一般带有一个或多个不饱和双键或多个羟基，碳原子数一般在 10 以下，如丙烯酸、甲基丙烯酸、丁烯酸、马来酸等。一般来说，酸性越强，越容易形成离子键，故多选用丙烯酸和甲基丙烯酸。

① 丙烯酸。丙烯酸的结构为 $CH_2=CH-COOH$，无色液体，熔点 12.1℃，沸点 140.9℃。丙烯酸的酸性较强，溶于水、乙醇、乙醚等。丙烯酸的化学性质很活泼，这也是作为无机粉体表面改性剂的基础。丙烯酸的双键很容易打开聚合成为透明白色粉末。

② 甲基丙烯酸。结构式为 $CH_2=\underset{\underset{CH_3}{|}}{C}-COOH$，无色液体，熔点 15～16℃，沸点 161～162℃。溶于水、乙醇、乙醚和其他许多有机溶剂。化学性质活泼，易聚合成水溶性聚合物。

③ 丁烯酸。丁烯酸俗称巴豆酸，可由巴豆醛氧化制得，丁稀酸有顺式和反式两种异构体：

$$\begin{matrix}H-C-CH_3\\\|\\H-C-COOH\end{matrix}\qquad\qquad\begin{matrix}H-C-CH_3\\\|\\COOH-C-H\end{matrix}$$

反式丁稀酸较为稳定。一般商品均为反式异构体，熔点 72℃，沸点 185℃，在甲苯溶液中能转变为顺式丁稀酸，熔点 15℃，沸点 160℃。

④ β-苯丙烯酸。β-苯丙烯酸俗称肉桂酸，其结构式为：

$$CH=CH-COOH$$

肉桂酸有顺式和反式两种异构体，多为反式异构体，无色针状晶体，熔点 133℃，沸点 300℃。溶于热水、乙醇、丙酮、冰醋酸等。受热时脱羟基而成苯乙烯。

含有活泼金属离子的无机粉体常带有 K_2O-Al_2O_3-SiO_2、NaO_2-Al_2O_3-SiO_2、CaO-Al_2O_3-SiO_2 和 MgO-Al_2O_3-SiO_2 组分。由于这些表面活泼金属离子的存在，用带有不饱和双键的有机酸进行表面改性时，可以稳定的离子键形式包覆于颗粒表面；而且有机酸含有不饱和双键，在和基体树脂复合时，在残余引发剂的作用下可以打开双键，与基体树脂发生接枝、交联等一系列化学反应，使无机粉体和高聚物基料较好地结合在一起。因此，不饱和有机酸是一类性能及应用前景较好的表面改性剂。

（2）有机低聚物

有机低聚物主要是聚烯烃低聚物，主要品种是无规聚丙烯和聚乙烯蜡。

丙烯在高效催化剂作用下进行聚合反应，生成聚丙烯，反应式如下。

$$n CH_2-CH=CH_2 \xrightarrow{\text{高效催化剂}} \underset{\overset{|}{CH_3}}{(CH-CH_2)_n}$$

生成的聚丙烯有三种不同的立体异构体，即等规立构聚丙烯、间规立构聚丙烯和无规立构聚丙烯。三种不同的立构聚丙烯的性能差异很大。无规立构聚丙烯可作为无机粉体的表面改性剂。

聚乙烯蜡，即低分子量聚乙烯，平均分子量 1500～5000，白色粉末，相对密度约 0.9，软化点 101～110℃。聚乙烯蜡经部分氧化即为氧化聚乙烯蜡。氧化聚乙烯蜡的分子链上带有一定量的羧基和羟基。

聚烯烃低聚物有较高的黏附性能，可以和无机粉体较好地浸润、黏附、包覆。因此，常用作涂料消光剂（一种高孔体积沉淀二氧化硅）的表面包覆改性剂。同时，因其基本结构和聚烯烃相似，可以和聚烯烃很好地相容结合，因此可应用于聚烯烃复合材料中无机填料的表面改性。

4.2.3.5 水溶性高分子

水溶性高分子又称水溶性树脂或水溶性聚合物，是一种亲水性的高分子材料，在水中能溶解形成溶液或分散液。

水溶性高分子的亲水性，来自于其分子中含有的亲水基团。最常见的亲水基团是羧基、羟基、酰氨基、氨基、醚基等。这些基团不但使高分子具有亲水性，而且使它具有许多宝贵的性能，如黏合、成膜、润滑、成胶、螯合、分散、絮凝、减磨、增稠等。水溶性高分子的分子量低至几百，高至上千万，其亲水基团的强弱和数量也可以按要求加以调节。

水溶性高分子可以分为三大类，即天然水溶性高分子、半合成水溶性高分子和合成水溶性高分子。目前，粉体表面改性用的主要是合成水溶性高分子的聚合类树脂，如聚丙烯酸及其盐类（聚丙烯酸钠、聚丙烯酸铵），聚丙烯酰胺、聚乙二醇、聚乙烯醇、聚马来酸酐及马来酸-丙烯酸共聚物等。

水溶性高分子品种很多，发展也很快。本书只对其中几种涉及粉体表面改性处理的水溶性高分子的分子结构、主要物化性能及应用等进行简单介绍。

（1）丙烯酸及甲基丙烯酸聚合物

这类水溶性高分子包括聚丙烯酸（盐）、聚甲基丙烯酸（盐）及其共聚物，结构式可以写成：

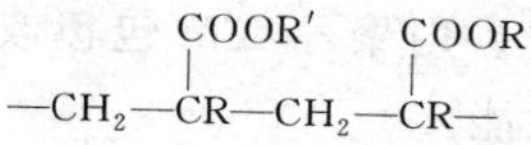

$$-CH_2-CR\overset{COOR'}{\underset{}{}}-CH_2-CR\overset{COOR'}{\underset{}{}}-$$

式中，R 是 H、CH$_3$，R′ 是 H、CH$_3$、Na、K、NH$_4$ 等。

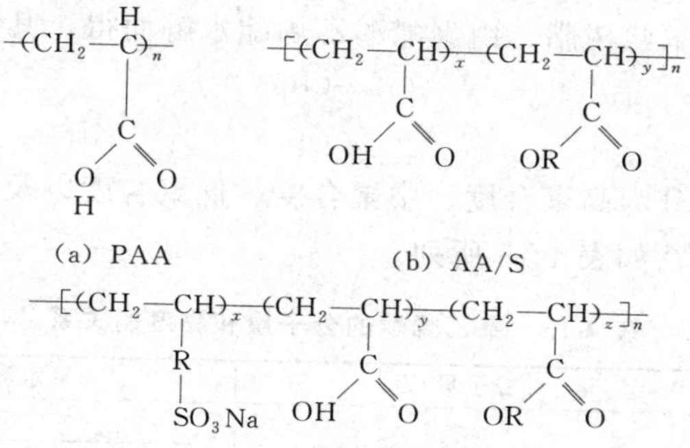

图 4-19　丙烯酸共聚物的分子结构

许多丙烯酸聚合物有使固体颗粒分散、悬浮在水中的能力，正是这一性能可以用来对无机粉体进行表面改性。聚丙烯酸及其盐类可以通过与固体颗粒的作用而实现颗粒的有效分散。其作用机理主要是离子的结合、范德瓦耳斯力和氢键，颗粒因吸附聚合物分子而产生静电排斥和空间位阻，从而达到分散稳定化。这种聚合物的分子量一般在数千至数万低分子量范围内。分子结构包括聚丙烯酸（PAA）、丙烯酸二元共聚物（AA/S）、丙烯酸三元共聚物（AA/S/N）等（详见图 4-19）。

甲基丙烯酸共聚物和甲基丙烯酸酯共聚物等常用作药片（粉）的包膜材料，称为丙烯酸树脂，其结构如图 4-20 所示。

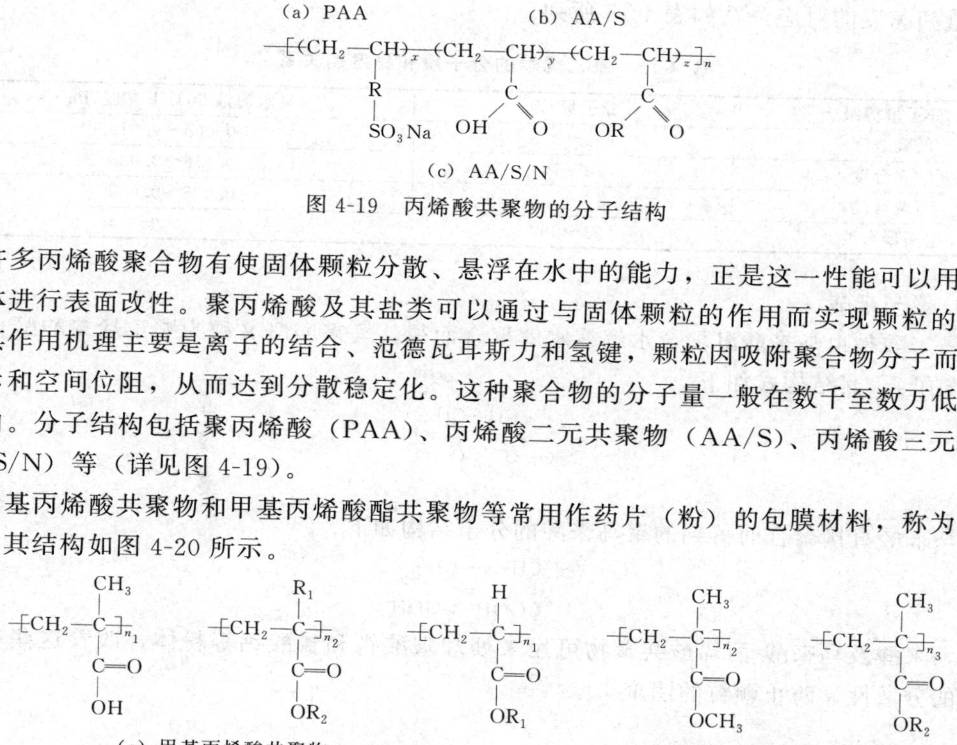

图 4-20　甲基丙烯酸共聚物和甲基丙烯酸酯共聚物

丙烯酸树脂之所以能够在药片上形成包膜，主要依赖分子中酯基与药片（粉）表面分子的带电负性原子形成氢键结合、分子链对药片隙缝的渗透以及包膜液中其他成分的吸附。大分子中酯基碳链越长，大分子聚合度越大，包膜对药片的黏附性越强，包膜具有更好的力学性能。应用时要注意根据丙烯酸树脂的性质和溶液 pH 值的变化，选择适当结构和分子量的包膜材料以达到预期目的。

（2）聚乙二醇

聚乙二醇也称聚乙二醇醚，可由环氧乙烷与水或乙二醇逐步加成而制得，化学式为：HO—(C$_2$H$_4$O)$_n$—H。聚乙二醇的分子量 $M = 18 + n \times 44$。

根据分子量的大小不同，聚乙二醇物理形态可以从白色黏稠液（分子量 200～700）到蜡质半固体（分子量 1000～2000）直至坚硬的蜡状固体（分子量 3000～20000）。它完全溶于水，并和很多物质相容。一般说，它对极性大的物质显示最大的相容性，而对极性小的物质则相容性小。聚乙二醇的这种功能可用来对无机粉体进行表面改性，可以提高无机填料，如硅灰石和 $CaCO_3$ 与基料的相容性。用聚乙二醇包覆改性硅灰石可显著改善填充聚丙烯（PP）材料的缺口冲击强度和低温性能。

（3）聚乙烯醇

聚乙烯醇是白色、粉末状树脂，由聚醋酸乙烯酯水解而得，其结构简式为：

$$\left[CH_2 - CH \right]_n$$
$$\qquad\qquad | $$
$$\qquad\qquad OH$$

聚乙烯醇的聚合度可分为高聚合度、中聚合度、低聚合度以及超高聚合度产品，其相应的分子量和黏度的对应关系如表 4-15 所列。

表 4-15 聚乙烯醇的分子量和黏度的关系

分子量等级	分子量/万	4%水溶液 20℃下黏度/Pa·s
低聚合度	2.5～3.5	0.005～0.015
中聚合度	12～15	0.016～0.035
高聚合度	17～22	0.036～0.060
超高聚合度	25～30	＞0.06

（4）聚马来酸

聚马来酸是由马来酸酐聚合水解或水解聚合而得。马来酸酐又称为顺丁烯二酸酐（或失水苹果酸酐），其结构式如下。

$$CH = CH$$
$$O = C \qquad C = O$$
$$\qquad \diagdown O \diagup$$

由马来酸直接聚合而得到的聚马来酸的分子结构如下。

$$\left[CH - CH \right]_m$$
$$\quad | \qquad\quad |$$
$$\ COOH \ \ COOH$$

聚马来酸及马来酸-丙烯酸共聚物可用来处理碳酸钙和磷酸钙等粉体，改善这些粉体在溶液中的分散性，防止颗粒的团聚。

4.2.3.6 无机表面处理剂

粉体无机表面改性的目的是在粉体材料表面包覆金属、金属氧化物（如氧化钛、氧化铬、氧化铁、氧化锆、氧化锌、氧化硅、氧化铝、氧化镁等）或氢氧化物等。因此，在一定反应条件下能在粉体颗粒表面形成金属沉淀的化合物或在一定 pH 值的溶液中生成水合金属氧化物或金属氢氧化物的盐类均可作为粉体的无机表面改性剂：如四氯化钛、硫酸氧钛、硫酸亚铁和铬盐等可用作制备云母珠光颜料和着色云母的表面改性剂；四氯化钛、硫酸氧钛等钛盐可以用于在多孔无机粉体材料表面包覆纳米 TiO_2 的表面改性剂；铝盐、硅酸钠用于钛白粉的表面氧化铝和氧化硅包膜的改性剂；硫酸锌用于氢氧化镁和氢氧化铝无机阻燃填料表面包覆水合氧化锌的改性剂；氢氧化钙、硫酸钙用于重质碳酸钙表面包覆纳米碳酸钙的表面改性剂；以 $Al_2(SO_4)_3$ 和 Na_2SiO_3 为无机表面改性剂在硅灰石、粉煤灰微珠表面包覆纳米硅酸铝；金属氧化物、碱或碱土金属、稀土氧化物、无机酸及其盐以及 Cu、Ag、Au、Mo、Co、Pt、Pd、Ni 等金属或贵金属常用于吸附和催化粉体材料，如氧化铝、硅藻土、分子筛、沸石、二氧化硅、海泡石、膨润土等的表面改性处理剂。

4.2.4　表面改性工艺与设备

4.2.4.1　表面改性工艺

根据改性介质环境，表面改性工艺可以分为干法表面改性工艺和湿法表面改性工艺两种；根据改性方法的组合可以分为单一表面改性工艺和复合表面改性工艺。

（1）干法表面改性工艺

干法改性工艺是指粉体在干态下或干燥后在表面改性设备中，同时加入配制好的表面改性剂，在一定温度下进行表面改性处理的工艺。无机粉体的表面化学包覆、机械化学和物理涂覆等改性方法常常采用这种表面改性工艺。

根据生产方式，干法改性工艺可以分为间歇式和连续式两种。

间歇式表面改性工艺是将计量好的无机粉体和配制好的一定量的表面改性剂同时给入表面改性设备中，在一定温度下进行一定时间的表面改性处理，然后卸出处理好的物料，再加料进行下一批粉体的表面改性。由于粉体物料是一批批进行表面改性的，因此，间歇式表面改性工艺的特点是可以在较大范围内灵活地调节表面改性处理的时间。但是，由于粉体的表面改性是极少量表面改性剂在大批量粉体表面的吸附和反应过程，为了使表面改性剂较均匀地在粉体物料表面进行包覆，除了改性处理时间长以外，还要对表面改性剂进行稀释。因此，劳动强度较大，生产效率较低，难以适应大规模工业化生产。一般适用于小规模工业化生产和实验室进行表面改性剂配方试验研究。

连续式表面改性工艺是指连续加料和连续添加表面改性剂的工艺。在连续式粉体表面改性工艺中，除了改性主机设备外，还有连续给料装置和改性剂预热和计量给药（添加表面改性剂）装置。连续式表面改性工艺的特点是：表面改性剂可以不稀释，粉体与表面改性剂的分散较好，粉体表面可以在较短时间内均匀包覆表面改性剂；因为连续给料和添加表面改性剂，劳动强度小，生产效率高，适用于大规模工业化生产。这种干法表面改性工艺常常设置于粉体干法制备及大批量连续生产各种表面改性工业粉体，特别是用于塑料、橡胶、胶黏剂等高聚物基复合材料以及涂料的无机活性填料和颜料。

干法表面改性工艺适用于各种有机表面改性剂，特别是非水溶性的各种表面改性剂。在干法改性工艺中，主要工艺参数是改性温度、粉体与表面改性剂的作用或停留时间。干法工艺中表面改性剂的分散和表面包覆的均匀性在很大程度上取决于表面改性设备。

（2）湿法表面改性工艺

湿法表面改性工艺是在一定固液比或固含量的浆料中添加配制好的表面改性剂及助剂，在搅拌分散和一定温度条件下对粉体进行表面改性的工艺。沉淀包覆改性基本上是采用湿法表面改性工艺；表面有机包覆改性和机械力化学改性在某些情况下也可采用湿法工艺。

表面化学沉淀包覆工艺、湿法表面有机包覆工艺和机械力化学改性工艺是三种不同性质的湿法表面改性工艺。其分类和特点列于表 4-16。

表 4-16　湿法表面改性工艺的分类和特点

分类	特点	
	表面改性剂	主要工艺流程
表面化学沉淀包覆（膜）	各种无机表面改性剂	改性剂水解→沉淀反应→过滤→干燥→焙烧
湿法表面有机包覆改性	各种有机表面改性剂	包覆→过滤→干燥
湿法机械力化学改性	有机或无机表面改性剂	超细研磨→过滤→干燥

　　湿法表面有机包覆及机械力化学改性工艺与相应的干法工艺相比具有表面改性剂分散好、表面包覆均匀等特点，但需要后续脱水（过滤和干燥）作业，适用于各种可水溶或水解的有机表面改性剂以及前段为湿法制粉工艺而后段又需要干燥的场合，如纳米碳酸钙的表面改性一般采用湿法化学沉淀包覆工艺，这是因为碳化反应后的纳米碳酸钙浆料即使不进行湿法表面改性也要进行过滤和干燥，在过滤和干燥之前进行表面改性；还可使物料干燥后不形成硬团聚，分散性得到显著改善。对于前段为湿法超细粉碎而后需要进行表面改性的情况，如果所选用的表面改性剂可水溶或水解，则可以在超细粉碎工艺后设置湿法表面改性工艺。

　　（3）复合工艺

　　① 机械力化学与表面包覆改性复合工艺。这是一种在机械粉碎或超细粉碎过程中添加表面改性剂，在粉体颗粒粒度减小的同时进行表面包覆改性的复合工艺。这种复合改性工艺可以干法进行，即在干式超细粉碎过程中实施；也可以湿法进行，即在湿式超细粉碎过程中实施。

　　这种复合表面改性工艺的特点是可以简化工艺，某些表面改性剂具有一定的助磨作用，可在一定程度上提高粉碎效率。不足之处是温度不好控制，难以满足改性的工艺技术要求。另外，由于粉碎过程中包覆好的颗粒不断被粉碎，产生新的表面，颗粒包覆难以均匀，要设计好表面改性剂的添加方式才能确保均匀包覆和较高的包覆率。此外，如果粉碎设备的散热不好，超细粉碎过程中局部的过高温升可能在一定程度上使表面改性剂分解或分子结构被破坏。

　　② 干燥与表面有机包覆改性复合工艺。这是一种在湿粉体干燥过程中添加表面改性剂，在湿粉体脱水的同时对粉体颗粒进行表面有机包覆改性的复合工艺。

　　这种复合表面改性工艺的特点也是可以简化工艺，但干燥温度一般在 200℃ 以上，干燥过程中加入的低沸点表面改性剂可能还来不及与粉体表面作用就随水分子一起蒸发，在水分蒸发后出料前添加表面改性剂可以避免表面改性剂的蒸发，但停留时间一般较难确保均匀牢固的表面包覆。湿法表面改性工艺虽然也要经过干燥，但是干燥之前表面改性剂已吸附于颗粒表面，排挤了颗粒表面的水化膜，因此在干燥时，首先蒸发掉的是颗粒外围的水分。这是与干燥过程中添加表面改性剂进行表面化学包覆改性的区别之处。

　　③ 表面无机包覆与有机改性复合工艺。这是在无机包覆改性之后再进行表面有机改性处理的工艺，目的是得到能满足某些特殊用途的复合型功能粉体材料。例如，微细二氧化硅先在溶液中沉淀包覆 Al_2O_3 膜，然后用有机改性剂进行表面改性，便得到一种表面有机改性的复合无机粉体材料。钛白粉在用化学沉淀法包覆 SiO_2、Al_2O_3 二元薄膜的基础上，再用有机表面改性剂，如钛酸酯偶联剂、硅烷偶联剂及三乙醇胺、季戊四醇等对其进行表面有机包覆改性，不仅提高了 TiO_2 的耐候性，而且还提高了其在涂料基料或体系中的润湿性、分散性以及涂料的遮盖力。

4.2.4.2　表面改性设备

　　目前工业上应用的表面改性设备有干法和湿法两种。超微粉体常用的干法表面改性设备是 SLG 型连续式粉体表面改性机、高速加热混合改性机以及冲击式表面改性机等；常用的湿法表面改性设备为可控温反应罐和反应釜。

　　由于湿法所用的表面改性设备是通用的化工设备，以下主要介绍专用的干法表面改性设备。

（1）SLG 型连续式粉体表面改性机

图 4-21 所示是目前工业上应用最为广泛的 SLG 型连续式粉体表面改性机的结构和工作原理示意图。

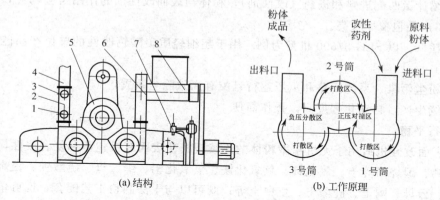

图 4-21　SLG 型连续式粉体表面改性机的结构与工作原理

1—温度计；2—出料口；3—进风口；4—风管；5—主机；6—进料口；7—计量泵；8—喂料

该型连续式粉体表面改性机主要由温度计、出料口、进风口、风管、主机、进料口、计量泵和喂料机组成。其主机由三个呈品字形排列的改性圆筒组成，如图 4-21(a) 所示。如图 4-21(b) 所示，其工作原理是：集成冲击、剪切和摩擦力、变向气旋涡流等作用对粉体和改性剂进行高强度分散并强制粉体与表面改性剂进行冲击和碰撞；在粉体与转子、定子冲击摩擦过程中在有限腔内产生改性剂与粉体颗粒表面作用所需的温度。利用变向涡流气旋的紊流作用增加颗粒与表面改性剂的作用机会和确保作用时间。

该机工作时，待改性的物料经喂料机给入，经与自动计量和连续给入的表面改性剂接触后，依次通过三个圆筒形的改性腔从出料口排出。在改性腔中，特殊设计的高速旋转的转子和定子与粉体物料的冲击、剪切和摩擦作用，产生其表面改性所需的温度。该温度可通过转子转速、粉料通过的速度或给料速度以及风门大小来调节，最高可达到 130℃。同时，转子的高速旋转强制粉体物料松散并形成涡旋两相流，使表面改性剂能迅速、均匀地与粉体颗粒表面作用，包覆于颗粒表面。因此，该机的结构和工作原理能满足对粉体与表面改性剂的良好分散性、粉体与表面改性剂的接触或作用机会均等的技术要求。

SLG 型连续式粉体表面改性系统包括给料装置、改性剂计量添加装置、主机、旋风集料器和布袋收尘器等。这种配置可以使用各种液体和固体表面改性剂，能满足同时使用两种表面改性剂进行复合改性，还可以用于两种无机"微米/微米"和"纳米/微米"粉体的共混和复合。

SLG 型连续式粉体表面改性机目前已有一种半工业机型和三种工业机型，其型号及主要技术参数详见表 4-17。

表 4-17　SLG 型连续式粉体表面改性机的主要技术参数

型号	电机功率/kW	转速/(r/min)	加热方式	生产方式	生产能力/(kg/h)	外形尺寸/m
SLG-200D	11	4500	自摩擦	连续	40～100	4.5×0.8×2.5
SLG-3/300	55.5	4500	自摩擦	连续	500～1500	6.8×1.7×6.0
SLG-3/600	111	2700	自摩擦	连续	2000～3500	11.5×2.8×6.5
SLG-3/900	225	2000	自摩擦	连续	5000～7500	13.5×3.8×6.5

SLG 型连续式粉体表面改性机性的主要性能特点如下。

① 对粉体及表面改性剂的分散性好，不仅改性产品无团聚体颗粒，而且对原料中的团聚体颗粒有一定的解聚作用。

② 连续计量匹配进料和进药（改性剂），粉体与表面改性剂的作用机会均等，粉体表面包覆均匀，产品包覆率较高。

③ 能耗低。以 SLG-3/600 机型为例，用于超细轻质碳酸钙改性的单位产品能耗不大于35kW·h/t。

④ 无粉尘污染。系统闭路和负压运行且配有高效除尘装置。

⑤ 连续生产，自动化程度高，操作简便。

⑥ 运行平稳。

这种表面改性机适用于无机超微粉体的连续规模化表面有机包覆和复合改性，如超微或纳米碳酸钙、煅烧高岭土、氧化锌、氢氧化镁、氢氧化铝、绢云母、硫酸钡、白炭黑、钛白粉、滑石、云母、陶土、硅藻土、蛋白土等；既可以与干法制粉工艺配套，也可单独设置用于各种超微或纳米粉体的表面改性以及解团聚。

（2）间歇式高速加热混合改性机

高速加热混合机是无机粉体表面改性，特别是小规模干法表面改性生产和实验室改性配方试验常用的设备之一。

高速加热混合机的结构如图 4-22（a）所示，它主要由回转盖、混合室、折流板、搅拌装置、排料装置、驱动电机、机座等组成。混合室呈圆筒形，是由内层、加热冷却夹套、绝热层和外套组成；上部与回转盖相连接，下部有排料口。为了排去混合室内的水分与挥发物，有的还装有抽真空装置。叶轮是高速加热混合机的搅拌装置，与驱动轴相连，可在混合室内高速旋转，由此得名为高速混合机。折流板断面呈流线形，内部为空腔，悬挂在回转盖上，装有热电偶，可根据混合室内物料量调节其悬挂高度。混合室下部有排料口，位于物料旋转并被抛起时经过的地方。排料口接有气动排料阀门，可以迅速开启阀门排料。

高速加热混合机的工作原理如图 4-22（b）所示。混合机工作时，高速旋转的叶轮借助

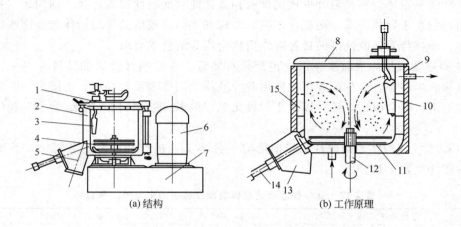

(a) 结构　　　　　　　　(b) 工作原理

图 4-22　高速加热混合机的结构与工作原理

1，8—回转盖；2—混合室；3，10—折流板；4—搅拌装置；5—排料装置；6—驱动电机；7—机座；
9—外套；11—叶轮；12—驱动轴；13—排料口；14—排料气缸；15—夹套

表面与物料的摩擦力和侧面对物料的推力使物料沿叶轮切向运动。同时，由于离心力的作用，物料被抛向混合室内壁，并且沿壁面上升到一定高度后，由于重力作用，又落回到叶轮中心，接着又被抛起。这种上升运动与切向运动的结合，使物料实际上处于连续的螺旋状上、下运动状态。由于转轮速度很高，物料运动速度也很高；快速运动着的颗粒之间相互碰撞、摩擦，使得团块破碎，物料温度相应升高，同时迅速地进行交叉混合。这些作用促进了物料的分散和对液体添加剂（如表面改性剂）的吸附。混合室内的折流板进一步搅乱了物料流态，使物料形成无规运动，并在折流板附近形成很强的涡流。对于高位安装的叶轮，物料在叶轮上下都形成连续交叉流动，使混合更快、更均匀。混合结束后，夹套内通冷却介质，冷却后物料在叶轮作用下由排料口排出。

高速加热混合机是塑料加工行业的定型设备，型号有 SHR 型、GRH 型、CH 型等，依生产厂家不同而不同，主要技术参数为总容积、有效容积、主轴转速、装机功率等。总容积从 10L 到 1000L 不等。其中 10L 高速加热混合机主要用于实验室试验研究；排料方式有手动和气动两种；加热方式有电加热和汽加热两种；适用于中、小批量粉体的表面有机包覆改性和实验室进行改性剂配方试验研究。

（3）高速冲击式粉体表面改性机

高速冲击式粉体表面改性机（HYB）系统是日本奈良机械制作所开发的用于粉体表面改性处理的设备。该设备的结构如图 4-23(a) 所示，主要由高速旋转的转子、定子、循环回路、叶片、夹套、给料和排料装置等部分组成。投入机内的物料在转子、定子等部件的作用下被迅速分散，同时不断受到以冲击力为主的包括颗粒相互间的压缩、摩擦和剪切力等诸多力的作用，在较短时间内即可完成表面包覆、成膜或球形化处理，如图 4-23(b) 所示。加工过程是间隙式的，计量给料机与间隙处理联动。

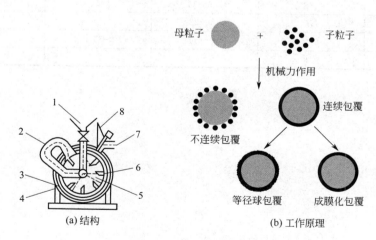

图 4-23　HYB 结构与工作原理示意图

1—投料口；2—循环回路；3—定子；4—夹套；5—转子；6—叶片；7—排料口；8—排料阀

如图 4-24 所示，整套 HYB 系统由预混机、计量给料装置、HYB 主机、产品收集装置、控制装置等组成。用这个系统进行粉体表面改性处理的特点是：物料可以是无机物、有机物、金属等。

HYB 系统可用于超微粉体（如颜料、无机填料、药品、金属粉、墨粉等）的表面有机包覆、机械化学改性和粒子球形化处理以及"纳米/微米"粉体的复合。其型号及规格如表

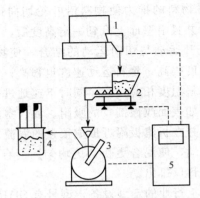

图 4-24　HYB 系统的工艺配置

1—预混机；2—计量给料装置；3—HYB 主机；4—产品收集装置；5—控制装置

4-18 所示。其中 NHS-0 是专门为试验研究设计的结构紧凑的台式机型，适用于用少量样品进行表面改性处理试验（一次投料 50g）；NHS-1 型是标准实验室型；其他机型处理量是以此机型为基准按两倍递增直到 NHS-5，共有五级。NHS-2 和 NHS-5 型与粉体物料接触部位均采用不锈钢材质。NHS-0 型和 NHS-1 型机可按需要在转子、定子和循环管内表面涂敷耐磨的氧化铝陶瓷内衬。

表 4-18　HYB 系统的型号及规格

型号	转子直径/mm	动力/kW	处理量/(kg/h)	设备质量/kg
NHS-0	118	1.98	—	—
NHS-1	230	3.7～5.5	3.5	140
NHS-2	330	7.5～11	6	350
NHS-3	470	15～22	15	800
NHS-4	670	30～45	35	2000
NHS-5	948	55～90	50	4200

第**5**章

超微粉体制备实践

5.1 机械物理法

采用气流磨、干式球磨机、搅拌磨等超细粉碎和空气离心涡轮式精细分级设备可以生产 $d_{50} \leqslant 1\mu m$ 的非金属矿超细粉体产品,如超细重质碳酸钙、滑石粉、高岭土、重晶石等;采用湿式球磨机、振动磨、搅拌磨、砂磨机等超细粉碎设备及高速离心沉降式分离(级)设备,在合适的工艺条件下,可以制备 $d_{50} \leqslant 0.5\mu m$、$d_{90} \leqslant 1\mu m$ 的超微非金属矿物粉体,如重质碳酸钙、石墨、高岭土、滑石、电气石、重晶石、硅酸锆、绢云母等;采用球磨机、搅拌磨、砂磨机等湿式超细粉碎设备或特殊结构的高速冲击磨、气流磨等可以制备二维(大径厚比薄片状)和一维(高长径比、针状)超微或纳米无机矿物粉体材料,如二维的云母、滑石、石墨,一维的石棉、海泡石、凹凸棒石等。

5.1.1 超微无机矿物粉体

5.1.1.1 石墨

石墨是一种重要的非金属矿物材料。超细和超微石墨是电子工业、机械工业、高性能电池等必不可少的重要原材料。

石墨虽然莫氏硬度不高,但由于加工超微石墨用的原料一般为高纯或超高纯石墨粉,其天然缺陷很少,加之超细石墨良好的润滑性及天然疏水性,超微粉碎的速率一般较慢,所以研磨时间较长。为了降低产品细度和提高粉碎效率,除了选择合适的设备外,还要采用适当的介质和工艺。

M. A. Rabah, K. A. EI-Barawy, S. M. EI-Dighidy 用 Ni-Cr 钢球在球磨机中干磨,然后使其流态化并在 40% 的甲醇蒸气中进行沉降分级,生产出了平均粒径 $\leqslant 0.06\mu m$、分布较窄的超微石墨粉。其工艺流程如图 5-1 所示。

试验所用的原料性质列于表 5-1。球磨机的主要参数列于表 5-2。旋流器为 P. W. Dietz型,规格为 $\phi(0.8 \sim 1.2)m$。

表 5-1　石墨原料的性质

结晶度/%	粒度分布/%			含碳量/%	灰分/%
	>40μm	10~40μm	<10μm		
100	10.3	62.5	27.2	99.72	0.23

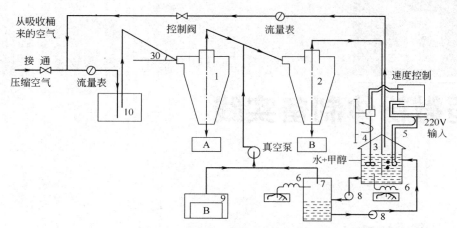

图 5-1　带有甲醇循环装置的石墨超微粉碎和分级系统工艺流程

1,2—石墨粉沉降筒（旋流器）；3—吸收桶（水＋甲醇）；4—搅拌机；5—电加热器；6—恒温器；

7—泄水箱；8—水泵；9—加热板；10—球磨机；A,B—容器

表 5-2　球磨机的主要参数

有效容积	筒体尺寸/m		电机功率	转速	总高度	球荷	
/m³	直径	长度	/kW	/(r/min)	/m	材质	球径/mm
2.1	1.5	1.2	18	10～60	2.1	白钢(5%)；Ni-Cr 钢(22%-13%)和石英	20、30、50、80、100

　　图 5-2 所示为超微（$d_{50} \leqslant 0.06\mu m$）石墨的产量与磨矿时间、研磨介质球径及球荷（球的质量/石墨的质量）的关系。随着磨矿时间的延长和球荷的增加，产量显著提高；在一定的球荷时，采用 $\phi(30\sim50)$mm 的介质球的产量较高。

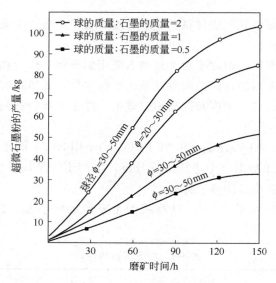

图 5-2　超微（$d_{50} \leqslant 0.06\mu m$）石墨的产量

与磨矿时间、研磨介质球径及球荷的关系

图 5-3 所示为空气和甲醇气体混合物的流速对超微石墨粉体在 $2m^3$ 旋流器中沉降速率的影响。结果表明,温度大于 30℃,流速大于 0.1m/s 时,不利于从空气分散系统中分离出固体颗粒。试验研究结果见表 5-3。

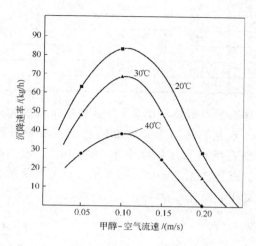

图 5-3 空气和甲醇气体混合物的流速
对超微石墨粉体沉降速率的影响

表 5-3 试验研究结果

甲醇在分级气流中的浓度/%	在气流中分散的 $0.06\mu m$ 石墨颗粒的沉降效率/%									200kg 容量球磨机配以 $2m^3$ 沉降筒的生产能力/kg			
	沉降筒体积/m^3									磨矿时间/h			
	1.0			1.5			2.0						
	流态化混合气体的温度/℃												
	20	30	40	20	30	40	20	30	40	50	75	100	150
0	27.1	18.2	10.5	44.4	40.2	32.6	52.0	45.2	38.0	30.5	44.8	50.1	55.6
10	38.2	28.6	10.5	55.8	50.5	43.8	65.7	58.3	48.5	39.0	57.7	64.1	71.7
20	52.5	42.2	19.6	67.5	61.0	55.4	79.5	71.0	60.5	47.6	70.2	78.8	87.3
30	68.3	61.8	39.5	78.9	73.6	76.4	88.7	85.1	76.0	57.0	84.2	94.5	104.7
40	82.1	77.7	56.8	88.7	82.8	78.8	94.8	90.2	83.4	60.4	89.2	100.1	110.9
50	83.2	78.1	74.5	89.0	83.1	79.1	95.2	91.2	84.9	61.1	90.3	101.2	112.1
60	84.0	78.9	75.0	89.6	84.0	79.9	96.0	92.2	85.8	61.7	91.3	102.3	113.4

干路平等人用搅拌磨对石墨粉进行了湿式超细粉碎的实验室试验和中试。中试设备为 ZJM-120 型间歇式搅拌磨,主电机功率 45kW;研磨筒容积 1360L。中试工艺参数如下。

① 原料 70kg 石墨干粉(325 目)加水制浆,浆料固含量 0.23%;分散剂 0.04%;保护剂 0.01%;pH＝9(氨水调节)。

② 介质为铬钢球,粒径 ϕ5mm、ϕ8mm 和 ϕ11mm 按比例组合,浆球比(质量)＝1:8.3,装填率 53%;转速 57r/min。

试验结果列于表 5-4。

表 5-4　磨矿时间与石墨产品的中位径 d_{50}

磨矿时间 /h	产品中位径 d_{50}/μm		磨矿时间 /h	产品中位径 d_{50}/μm		磨矿时间 /h	产品中位径 d_{50}/μm	
	小试	中试		小试	中试		小试	中试
0	3.068	—	96	0.432	0.289	163	—	0.274
24	1.731	1.206	115	—	0.323	180	0.288	
48	1.140	0.583	120	0.352	—	187		0.242
67	—	0.387	139	—	0.323	204	0.268	
72	0.699	0.351	144	0.308	—	211		0.217
91	—	0.289	156	0.351		235		0.227

　　胶体石墨分为水基胶体石墨（锻造石墨乳）、油基胶体石墨和硅基胶体石墨等几种，是主要的超微石墨产品之一。水基胶体石墨是将高纯超细石墨粉分散在水中制得的一种悬浮液，它主要由高纯天然超细石墨粉（其粒度小于 1～4μm）、水、高温黏结剂、悬浮剂、分散剂和涂膜增强剂等组成。其生产工艺如图 5-4 所示，可分为提纯、超细粉碎、配制、包装等工序。其生产过程简述如下：

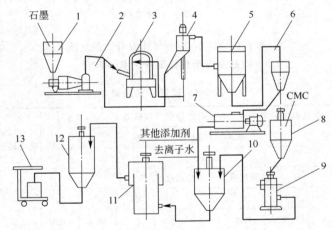

图 5-4　水基胶体石墨生产工艺流程

1—料仓；2—万能粉碎机；3—气流磨；4—精细分级机；5—布袋集尘器；
6—料斗；7—振动磨；8、10—搅拌桶；9—胶体磨；11—分散机；
12—成品罐；13—计量包装

　　固定碳含量 99％以上的石墨原料先经万能粉碎机进行粉碎，使其粒度≤10μm；然后再进入气流磨，使粒度进一步减小。为确保粒度达到要求，在生产中采用多次粉磨和分级的方法，使产品中大多数粒子的粒度达到 3μm 以下。为了进一步提高超细石墨粉的润滑性能，将气流粉碎后的石墨粉置于振动磨中处理（同时加入分散剂）。在振动磨中，不但个别粗颗粒得到进一步粉碎，而且石墨粒子边缘得到圆整，产品片度更薄，使润滑剂涂膜的附着性和润滑性进一步改善。工艺流程中设置胶体磨的目的是强化悬浮剂的分散性，使胶体颗粒充分分散和粉碎成微细颗粒。

　　油基胶体石墨主要用于航空、轮船、高速运转机械的润滑剂以及金属压延、玻璃器皿制造的高温润滑剂。硅基胶体石墨要求含 11.5％～14.5％的二氧化硅，主要用于电子工业，如示波管、高真空阴极射线管等。其生产工艺与水基胶体石墨基本相同。

石墨乳是将高纯超细石墨粉加入液体中并呈分散状态。彩色显像管用石墨乳有 5 种规格，即外涂石墨乳、锥体石墨乳、管颈石墨乳、黑底石墨乳、销钉石墨乳。其中黑底石墨乳和管颈石墨乳的粒度上限为 $1\mu m$。其加工过程简述如下：石墨和辅助材料按一定比例搅拌均匀后给入双筒振动磨中研磨，给料粒度为通过 200 目筛，研磨浆料浓度为 $33\% \sim 36\%$；研磨 20h 后用隔膜泵送入粗分级；分级后的粗粒石墨返回再磨，细粒石墨再用精细分级机进行分级，其分离粒度上限为 $1\mu m$。分离出的小于 $1\mu m$ 的石墨浆液浓度很小。由于微细粒石墨带电，在水中呈分散状态，必须加酸使微细粒子放电进行凝聚，然后才能较快进行沉降。为了加速沉降，采用高速离心法，即用高速离心机捕集微细粒石墨。加酸凝聚后的微细粒石墨，在配制前加入碱性物质，使 pH 值达到 10 左右，进行解胶，并用振动磨进行强烈机械处理使微细粒石墨重新带电，恢复分散状态。一般来说，胶体石墨经解胶后即可成为最终产品。

5.1.1.2　石墨烯

石墨烯具有优异的光学、电学、热学、电化学、化学和力学等性能，是一种在电子信息、生物、新能源等领域具有广泛应用的新材料，有望成为新一轮科技变革的强力助推剂。大规模制备技术是实现石墨烯规模化商业应用的关键。目前石墨烯的制备技术尚处在研发阶段。图 5-5 所示为石墨烯的制备方法，一种是石墨烯粉，另一种是石墨烯薄膜。其中，石墨烯粉制备可分为化学法、物理法和气相合成法。以下简要介绍石墨烯粉的化学法和物理法制备方法。

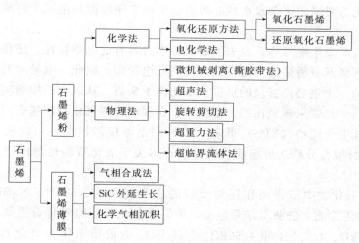

图 5-5　石墨烯的制备方法

（1）化学法

化学法是首先制备氧化石墨或氧化石墨烯，然后通过还原得到石墨烯。

① 氧化石墨的制备。氧化石墨的制备方法主要有四种，即 Brodie 法、Staudenmaier 法、Hofmann 法以及 Hummers 法。这四种基本方法的区别主要是氧化剂的选用、石墨的来源和反应条件的控制。B. C. Brodie 法和 L. Staudenmaier 法都使用了 $KClO_3$ 和发烟硝酸，硝酸能够与芳香类碳结构材料的表面强烈地反应形成羧基、内酯和酮等基团；$KClO_3$ 一方面作为强氧化剂持续提供石墨氧化所需的分子氧，同时还发挥催化剂的作用。Hummers 法将 $KMnO_4$ 和浓 H_2SO_4 混合制备氧化石墨。虽然 $KMnO_4$ 是一种常见的氧化剂，但真正起

氧化作用的是 Mn_2O_7。由于 Hummers 法相对安全，对环境污染较小，而且耗时少，一般常采用 Hummers 法制备氧化石墨。近年来，化学法制备氧化石墨大都采用各种改进的 Hummers 法。最常用的一种改进方式在 2010 年由 Marcano 所提出。该方法弃用了含氮的氧化剂，因此不会产生有毒气体（NO_2、N_2O_4）。另一种能够大规模生成氧化石墨的改进 Hummers 法，采用强氧化剂过氧化苯甲酰在 110℃反应 10min 即可得到氧化石墨。

② 氧化石墨烯的还原。氧化石墨烯独特的二维结构使得其在光学、电学、热学、电化学、化学等方面表现出优异的性能。但是，氧化石墨烯表面引入了大量含氧官能团及缺陷，相比于石墨烯而言其结构的完整性被破坏，导致其电学、光学和力学等性能下降，因此需要将氧化石墨烯还原为石墨烯。

最早的化学还原氧化石墨烯可以追溯到 1963 年。Brauer 利用肼、羟胺、氢碘酸、铁（Ⅱ）和锡（Ⅱ）离子对氧化石墨烯进行了还原处理。化学还原氧化石墨烯的流程包括：对氧化石墨的溶液进行超声处理得到均匀分散的氧化石墨烯溶液；然后利用适量的还原剂对氧化石墨烯进行还原处理得到还原氧化石墨烯。在整个还原过程中，大部分含氧官能团被消除，sp^2 电子得到修复。虽然仍然会有少量的含氧基团和缺陷残留在还原氧化石墨烯中，但是其性质已经与物理剥离方法得到的石墨烯相似。在氧化石墨烯还原过程中，微观结构和性能都会带来比较大的变化，这些变化往往成为判定氧化石墨烯还原程度的指示性标志。还原的氧化石墨烯表面电荷载流子浓度和移动速率得到提高，因而增大了对入射光的反射，因此还原的氧化石墨烯薄膜往往展现出一定的金属光泽。在还原氧化石墨烯的过程中棕色的氧化石墨烯溶液转变为黑色，被认为是还原反应的一个显著标志，特别是在溶液中进行反应时。可能的原因是氧化石墨烯的诸多亲水性的含氧基团由于还原而被消除，得到的产物由于疏水性的提高所致。

氧化石墨烯自身属于绝缘体，丧失了石墨烯本身具有的电学特性。还原氧化石墨烯的一个重要目的就是恢复其石墨烯的结构特征，提高其电导率。因此，电导率的提高自然就成为氧化石墨烯还原的一个重要而直接的证据。从结构上来讲，从氧化石墨烯到石墨烯，表面含氧基团的大量消除必然带来碳氧比的大幅提升。石墨烯或者氧化石墨烯表面的碳氧比通常由元素分析或者表面电子能谱（XPS）得来。XPS 图谱不仅能提供一个碳氧比，而且通过对 XPS 中 C1s 峰进行拟合分峰之后还能从中得到许多关于氧化石墨烯与还原产物表面化学键合状态的信息。

$NaBH_4$ 是硼氢化物中最常用作还原反应的还原剂。对 $NaBH_4$、$NaBH(OAc)_3$ 以及 $NaBH_3(CN)$ 的还原能力的测试结果显示，不同硼氢化物还原氧化石墨烯得到的石墨烯的电阻分别为 1.64kΩ、1.72kΩ 和 4.92kΩ。NH_3BH_3 也被用来作为氧化石墨烯的还原剂。NH_3BH_3 是一种温和的还原剂，具有和 $NaBH_4$ 相似的还原能力，由 NH_3BH_3 还原得到的石墨烯具有 100～130F/g 的电容。

肼是一种无色发烟的、具有腐蚀性和强还原性的液体化合物。常用的肼类还原剂主要有肼（N_2H_4）、水合肼（$N_2H_4 \cdot H_2O$）、二甲基肼（$C_2H_{10}C_{12}N_2$）、苯肼（$C_6H_8N_2$）、对甲基苯磺酰肼（$C_7H_{10}N_2O_2S$）等，其中最常用的为水合肼。Park 等人的研究表明，先对氧化石墨进行剥离有助于进一步的化学还原，且有利于形成比表面积较大的石墨烯材料。

采用铝粉和铁粉可在室温下、酸性环境中还原氧化石墨烯。分析结果表明，铝粉还原产物碳氧比为 18.6；还原后石墨烯的电导率为 $2.1×10^3$S/m，相比原始石墨的电导率（$3.2×10^4$S/m）仅低了一个数量级；比表面积为 365 m^2/g。铁粉还原后的石墨烯碳氧比为 7.9，

电导率为 $2.3 \times 10^3 \, S/m$。Liu 等人采用锌粉在酸性环境下还原氧化石墨烯的结果表明还原产物碳氧比为 8.2，还原后石墨烯的电导率为 $6.5 \times 10^2 \, S/m$，是硼氢化钠还原石墨烯的电导率（46.4 S/m）的 14 倍。

一些弱酸性的酸或酚如抗坏血酸、焦棓酸、对苯二酚、茶多酚等也可以作为氧化石墨烯的还原剂，此类还原剂的特点是溶解性好。在室温下水溶液中以 L-AA（L-AA，又称维生素 C）为还原剂还原氧化石墨烯，发现 L-AA 不仅起到还原剂的作用，还起到封端剂的作用。以水合肼、焦棓酸、硼氢化钠、氢氧化钾、维生素 C 作为还原剂对氧化石墨烯进行还原表明，肼对氧化石墨烯的还原程度和相关性能的修复最好，焦棓酸和维生素 C 对氧化石墨烯的还原程度为中等程度。其中，维生素 C 可以获得与肼还原相近的还原效果。

虽然通过还原氧化石墨烯制备石墨烯方法简单且有可能大规模生产，但是这种方法制备的还原氧化石墨难以完全还原，与物理方法制备的石墨烯相比，某些物理、化学性能，尤其是导电性下降。因此，提高还原氧化石墨烯的还原程度是未来研究的一个重点。另外，常用的还原剂，如酸、有机物等对环境都有一定的毒性，因此发展还原效果好、环境友好的还原氧化石墨烯的技术是十分必要的。

（2）物理法

① 微机械解理法。微机械解理是制备石墨烯最为经典的方法，Geim 和 Novoselov 首次利用"撕胶带"的方式从 HOPG（高定向热解石墨）上解理出单层石墨烯，并以此方法为基础，发现了石墨烯的奇异性能，两人也因这方面的工作而获得了 2010 年的诺贝尔物理学奖。这种"撕胶带"式的微机械解理方法，其主要通过胶带在 HOPG 片层上反复作用正应力，使得石墨片层逐渐减薄，并利用光学显微镜和原子力显微镜（AFM）的反复搜寻，最终可获得石墨烯。这种方法的优点在于可以制备出高质量的石墨烯，为研究石墨烯的性质提供了高品质实验样品。事实也是如此，石墨烯的很多奇异性能的发现，都归功于"撕胶带"式的微机械解理所提供的样品。但是，这种方法难以实现大规模制备。

② 超声法。超声法是一种基于液体空化的、主要以正应力方式来实现剥离的方法。超声剥离的力学机理在于超声所产生的液体空化效应。超声波在石墨分散液中疏密相间地作用，在超声负压区时，会对液体作用拉应力。当液体的当地压力低于自身的饱和蒸气压时，液体内部将产生数量众多的微小气泡并长大，这些气泡在超声波正压区又迅速溃灭，形成超声空化。气泡溃灭瞬间会产生几千个大气压的高压和几千开尔文的高温，连续不断产生的高压会以形成微射流和冲击波的形式不断地冲击石墨块体表面，在石墨块体内产生压缩应力波。根据应力波理论，当压缩应力波传播到石墨的自由表面时，会产生一个拉伸应力波，大量气泡溃灭所形成的拉伸应力波的集合，就像一个强大的吸盘作用在石墨块体表面，使石墨片迅速剥落而生成石墨烯。

2008 年，Coleman 课题组首次在 Nature Nanotechnology 上报道了利用超声液相剥离制备石墨烯的工作，他们将晶体石墨粉分散在诸如 N-甲基吡咯烷酮（NMP）、二甲基甲酰胺（DMF）等特定有机溶剂中，通过一定时间和一定功率的超声处理，并对样品进行离心，得到石墨烯分散液。基于 AFM、TEM 和 Raman 光谱等表征手段，证实了石墨烯的剥离程度及其质量，并通过 TEM 数据的统计分析，发现单层石墨烯约占 28%。这个基于超声液相剥离的开创性工作，使石墨烯制备变得简单可行，为石墨烯的大规模低成本制备提供了可能。此后，研究人员不断对此方法进行改进，通过延长超声时间、增加初始石墨粉浓度、添加改性剂或聚合物、优选溶剂、溶剂交换和混合溶剂等方法，大大提高了所制备石墨烯的浓度。

超声法被认为有可能是一种简易且可规模化的石墨烯制备技术。大量研究表明，超声空化场的分布和强度对所用超声容器的尺寸和形状极其敏感，容器尺寸或形状的微小变化，都有可能大幅改变超声空化场的分布和强度，并且经常可导致极小范围内的局部空化现象，使得空化只发生在某些特定的地方。因此，深入研究容器参数对超声制备石墨烯效果的影响以及超声容器的放大对规模化超声制备石墨烯技术的发展是十分必要的。

③ 湍流剪切法。2013 年，沈志刚课题组采用搅拌驱动流体动力学制备出石墨烯，并申请了发明专利。之后，K. R. Paton 等人也于 2014 年采用类似的方法制备了石墨烯及其类似物。在搅拌驱动全湍流场中石墨剥离的机理是：第一，由于液体具有黏性，速度梯度可导致剪应力，当石墨颗粒沿着流线在液体中流动时，受到来自液体的剪切力，进而在自身横向润滑特性的作用下实现剪切剥离；第二，湍流中存在的很强的脉动速度也可导致 Reynolds 剪切应力，实现剪切剥离；第三，湍流的 Reynolds 数很大，惯性力占主导地位，有助于石墨颗粒间的碰撞，实现剥离和碎化；第四，湍流导致的压强波动也是剥离石墨的一种可能原因。Shih 等人发现，与石墨烯亲和力极强的溶剂有可能渗透入石墨层间。因此，当压力迅速波动时，石墨层内可能还停留在上一时刻的高压状态，而当前时刻的外界液体却已经处于低压状态，这种内外压差可导致正应力剥离。总体而言，搅拌驱动流体动力学主要依靠湍流产生的剪应力和碰撞实现剪切剥离，并辅以可能存在的正应力剥离。

④ 超重力法。超重力技术的原理是利用高速旋转产生的离心力极大地强化传递过程和微观混合过程。而实现这一过程所用的机器称为超重力机，也称为旋转填充床。

旋转填充床在高速旋转过程中，丝网填料与物料的相对运动能够产生多重强力剪切作用，这种剪切力将对石墨产生可控强力剥离作用。丝网填料与溶剂相互作用会产生微小液滴，该液滴能够进入石墨片层中间，对剥离起到辅助作用。利用旋转床的强化传递过程和微观混合作用，也可以强化氧化石墨烯的还原。将超重力旋转床与氧化还原法结合在一起制备石墨烯，与常规的超声法对比，制备的氧化石墨烯片层面积提高十几倍以上，片层厚度降低近 50%，比电容量和电容保持率提升 20% 以上，电导率比常规方法制备的电导率提高 30%。将石墨分散在有机溶剂和含表面活性剂的水溶液中用超重力旋转床直接剥离，同样获得了少层石墨烯。

5.1.1.3　重质碳酸钙

以优质方解石或白垩为原料生产的超细重质碳酸钙是铜版纸和涂布纸版的主要颜料之一，面涂用高档超微重质碳酸钙颜料的粒度要达到 97%≤2μm，中位径<1μm。目前，这种超细重质碳酸钙颜料主要采用砂磨机或搅拌类介质研磨机湿式研磨制取。

图 5-6 是较典型的三段连续湿式搅拌磨粉碎工艺流程。该工艺主要由三级湿式搅拌磨或砂磨机及相应的储罐和泵组成。原料经调浆桶 1 添加水和分散剂调成一定浓度或固液比的浆料后给入储浆罐 2，通过储浆罐 2 泵入搅拌磨 3 中进行研磨。经搅拌磨 I 研磨后的料浆经分离研磨介质后给入储浆罐 4，通过储浆罐 4 泵入搅拌磨 5 中进行第二次（段）研磨；二次研磨后的料浆经分离研磨介质后进入储浆罐 6，然后泵入搅拌磨 7 中进行第三次（段）研磨；经第三次研磨后的料浆进入储浆罐 8，并用磁选机除去铁质污染及含铁杂质。如果该生产线建在靠近用户或离用户较近的地点，可直接用管道或料罐送给用户。如果较远，则将料浆进行干燥脱水，然后进行打散和包装。近年来，由于设备的日趋大型化和控制技术的进步，湿法生产线大多采用 1~2 段（1~2 台大型搅拌磨或砂磨机）连续研磨工艺。

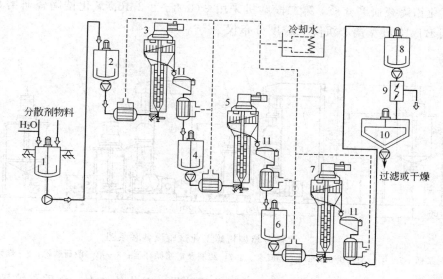

图 5-6 三段连续湿式搅拌磨超细粉碎工艺流程

1—调浆桶；2,4,6,8—储浆罐；3—搅拌磨Ⅰ；5—搅拌磨Ⅱ；7—搅拌磨Ⅲ；

9—磁选机；10—成品储槽；11—介质分离筛

某年产 3 万吨的造纸涂料用超微重质碳酸钙生产线主要设备见表 5-5。该生产线以方解石为原料，给料粒度 325 目（筛余 3%），产品细度 $d_{90} \leqslant 2\mu m$，固含量（73±2）%。

表 5-5 年产 3 万吨超微重质碳酸钙湿式搅拌磨生产线主要设备

序号	设备名称	主要技术参数	电机功率/kW	数量/台
1	SJM-3000 搅拌磨	外形尺寸 1.2m×1.2m×10.0m，线速度 8m/s	220	3
2	配浆罐	$\phi 3000mm \times 2000mm$（八角形）	15.0	3
3	缓冲罐	$\phi 2000mm \times 2000mm$	5.5	3
4	成品检验罐	$\phi 2000mm \times 2000mm$	5.5	3
5	成品储池	4500×4000×2500	15	3
6	振动筛		1.1	3
7	双缸泵	GM-125	7.5	3
8	电动隔膜泵	DBY-25	2.2	3
9	螺杆泵	G35-2	5.5	3
10	冷却池	4000×3500×2000		1

5.1.1.4 水镁石

水镁石的主要成分为氢氧化镁，是自然界存在的含镁最高的矿物。将水镁石超细粉碎后再经过适当的表面改性处理可制成低烟、无卤、环境友好的高性能氢氧化镁阻燃填料。笔者等人采用介质搅拌磨和湿式超细研磨工艺对主要化学成分为氢氧化镁的水镁石进行了超细粉碎工业试验研究，得到了 $d_{50} < 0.8\mu m$、$d_{97} < 3\mu m$ 的超细氢氧化镁产品。

原料粒度为 325 目（筛余 5%）。其化学成分为：MgO，64.03%；CaO，0.63%；SiO_2，2.56%；Fe_2O_3，1.48%；700℃烧失量 24.66%。

工业试验设备为 GBP-80 型研磨机，工业试验设备联系图见图 5-7，采用两段连续湿式研磨工艺：第一段循环研磨一定时间后进入第二段进行循环研磨；第一段磨机采用 $\phi(1.2 \sim$

1.8)mm 氧化锆陶瓷研磨介质，第二段磨机采用 $\phi(0.8\sim1.2mm)$ 氧化锆陶瓷研磨介质。粒度分析采用 BT-1500 型离心沉降式粒度分布仪。

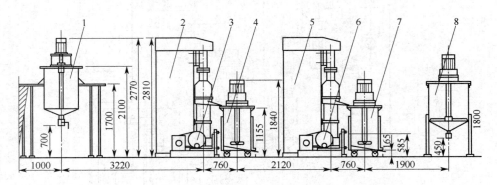

图 5-7　水镁石超细粉碎工业试验设备联系图

1—配浆桶；2—第一段研磨机；3,6—隔膜泵；4,7—接料及矿浆循环桶；5—第二段研磨机；8—储浆桶

表 5-6 为工业试验中不同研磨时间的取样分析结果。工艺条件为：介质充填量第一段研磨 130kg，第二段研磨 125kg；矿浆浓度 40%（质量）；分散剂（三乙醇胺）用量 0.5%（质量）。

由表 5-6 结果可见，研磨 0.5h 后，产品的粒度已降至 $d_{50}=1.28\mu m$，$d_{97}=5.13\mu m$；1h 后产品中位径已降至 $0.85\mu m$；1.5h 后，产品中位径已降至 $0.77\mu m$。结果还表明，采用 GBP-80 型研磨机两段连续研磨 1.5h 后，水镁石产品的细度已基本上达到"极限"，继续延长研磨时间，粒度基本上不再下降或下降很小。

表 5-6　工业试验中不同研磨时间的取样分析结果

研磨时间/h		0.5	1.0	1.5	2.0
产品细度/μm	d_{50}	1.28	0.85	0.78	0.77
	d_{97}	5.13	2.82	2.29	2.25
取样地点		第 1 段研磨机		第 2 段研磨机	

5.1.1.5　电气石

电气石是一种以含硼为特征、化学组成复杂的环状结构的硅酸盐矿物，主要化学成分为 SiO_2、$FeO+Fe_2O_3$、B_2O_3、Al_2O_3、Na_2O、MgO、Li_2O、MnO_2 等。电气石具有压电性和热电性，在温度、压力变化的情况下，能产生负离子和远红外辐射，可用于涂料或涂层材料、功能纤维、织物、室内空气净化、美容保健、电器等领域。在许多应用领域中，都要求电气石的粒度微细。例如，用于功能纤维的填料，要求中位径小于或等于 $0.5\mu m$，97% 小于或等于 $3.0\mu m$。

电气石自身结构致密，硬度较高（达 7～7.5 度），加工平均粒径 $1\mu m$ 的超微电气石需要采用湿法超细研磨工艺。

笔者等人采用湿式搅拌磨超细粉碎工艺进行了电气石的超细粉碎实验和中试，通过合理使用分散剂、研磨介质，优化工艺条件制备了粒度细、分布窄、颗粒形状规则和负离子释放率高的超细电气石粉体。

原料电气石含量＞95%，粒度为 325 目筛余 9.26%。镜下观察为电气石单晶体，呈蓝绿色，无解理，无横向的裂纹发育，晶体中有少量白云母。

中试主要设备列于表 5-7。中试采用并联两组连续生产、两段循环研磨工艺。每组总研磨时间 5h 左右，每段循环研磨时间约 2.5h。两段循环研磨采用不同的介质制度：第一段 $\phi1.2\sim1.8mm$；第二段 $\phi0.8\sim1.6mm$；该中试工艺流程如图 5-8 所示。

表 5-7 电气石超细研磨中试主要设备

序号	设备名称	型号规格	台数	主要技术参数
1	制浆罐	$\phi800mm\times1000mm$	2	功率 5.5kW，304 不锈钢材质
2	研磨剥片机	GBP-80	2×2	主机功率 30kW，泵功率 2.2kW
3	输送泵		2	
4	中间桶	$\phi800mm\times1000mm$	2×2	功率 2.2kW，304 不锈钢材质
5	储浆罐	$\phi1000mm\times1200mm$	2	功率 2.2kW，速比 1：23，304 不锈钢材质
6	干燥机	XFG-400	1	功率 7.5kW，1Cr18Ni9Ti 材质，总装机功率 25.27 kW（含热风炉和风机、除尘器等）

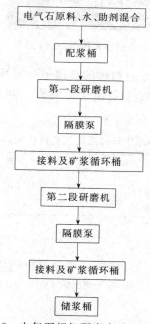

电气石原料、水、助剂混合

配浆桶

第一段研磨机

隔膜泵

接料及矿浆循环桶

第二段研磨机

隔膜泵

接料及矿浆循环桶

储浆桶

图 5-8 电气石超细研磨中试工艺流程

中试连续运转 24h，共取样 10 次，现场采用 JL-1166 型激光粒度分布仪测定粒度。表 5-8 为电气石超细研磨中试结果。表 5-9 为超细电气石粉干燥中试结果。

表 5-8 电气石超细研磨中试结果

样品编号		D01	D02	D03	D04	D05	D06	D07	D08	D09	D10
粒度 /μm	d_{50}	0.69	0.73	0.77	0.77	0.74	0.76	0.75	0.78	0.80	0.79
	d_{90}	1.41	1.33	1.64	1.62	1.53	1.53	1.48	1.66	1.70	1.65
	d_{97}	1.95	1.64	2.30	2.37	2.13	2.12	1.96	2.36	2.40	2.32

表 5-9 超细电气石粉干燥中试结果

样品编号		D01	D02	D03	D04	D05	D06	D07	D08	D09	D10
浆料含水率(质量)/ %		37.28	31.96	29.72	29.20	35.58	31.00	32.44	31.50	30.07	32.24
浆料粒度(d_{50})/μm		0.69	0.73	0.77	0.74	0.77	0.76	0.75	0.78	0.80	0.79
产品粒度 (d_{50}) /μm	集料器	0.75	0.89	0.82		0.88	0.90	0.91	0.92	0.90	0.86
	集尘器	—	0.76	0.73		0.80	0.75	0.77	0.76	0.77	0.76
	加权平均	0.75	0.84	0.85		0.86	0.88	0.89	0.89	0.88	0.83

图 5-9 所示为用 S-450 型扫描电子显微镜测试的超细电气石粉体的 SEM 照片。由此可见，用介质搅拌磨超细研磨后，电气石粉的粒度较均匀，形状较规则。

图 5-9　超细电气石粉体的 SEM 照片（×5000）

为了比较原料和超细粉碎后电气石粉体的负离子释放特性，对中试样品的负离子释放浓度进行了测定。测试仪器为 AK-103 型负离子检测器，测试条件为气温 18℃，湿度 70%，相关结果列于表 5-10。

表 5-10　原料和超细粉碎后电气石粉体的负离子释放浓度

样品名称		原料	D10
负离子释放浓度 /(个/cm³)	静态最大	2220	6236
	静态平均	1510	4225
	动态范围	790～1550	1500～3400

5.1.1.6　二维纳米高岭土

高岭土为层状结构的硅酸盐矿物，因此，可以采用机械磨剥方法将叠层状的高岭土剥分成较薄的径厚比较大的小薄片，即二维纳米粉体（图 5-10）。剥片的方法有研磨法、挤压法和化学浸泡法。

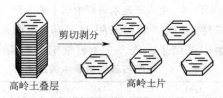

图 5-10　叠层状高岭土磨剥成薄片状高岭土示意

研磨法是借助于研磨介质的相对运动，对高岭土颗粒产生剪切、冲击和磨剥作用，使其沿层间剥离成薄片状微细颗粒。常用设备是研磨剥片机、搅拌磨、砂磨机等。研磨介质常用玻璃珠、氧化铝珠、刚玉珠、氧化锆珠、天然石英砂等，粒径 0.8～3mm。

挤压法使用的设备为高压均浆器。其工作原理是，通过活塞泵使均浆器料筒内的高岭土料浆加压到 20～60MPa，高压料浆从均浆器的喷嘴以大于 950m/s 的线速度相互磨挤喷出。由于压力突然急剧降低，使料浆内高岭土晶体叠层产生"松动"，高速喷出的料浆射到常压区的叶轮上，突然改变运动方向，产生很强的穴蚀效应；松动了的晶体叠层在穴蚀作用下沿层间剥离。

化学浸泡法是利用化学药剂对高岭土进行浸泡，当药剂浸入晶体叠层以氢键结合的晶面间时，晶面间的结合力变弱，晶体叠层出现松解现象，此时再施以较小的外力，即可使叠层的晶片剥离。化学浸泡法使用的药剂有尿素、联苯胺、乙酰胺等。化学浸泡法也是高岭土的插层改性方法之一，是目前生产大径厚比二维（片状）纳米高岭土的主要技术方法。

未经插层改性的高岭土的液相剥片主要为机械力所导致，固态或半固态环境中不含有类似液相环境下的自由空间，难以制备纳米高岭土。2000 年以来，兴起了高岭土纳米片和纳米卷制备技术。这种技术包括插层和液相剥离两个过程，其工艺步骤如图 5-11 所示，具体如下。

① 制备高岭土-脲、高岭土-二甲基亚砜、高岭土-甲基甲酰胺等直接插层复合物的前驱体。
② 醇、醚等液相环境下针对内表面的改性修饰。
③ 烷基胺、季铵盐、脂肪酸类等较大分子的插层和高岭土片层在液相环境下的剥离。

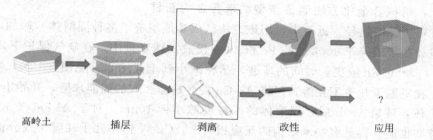

高岭土　　　　　插层　　　　　剥离　　　　　改性　　　　　应用

图 5-11　高岭土纳米片和纳米卷制备过程示意

5.1.2　超微与纳米金属

高能球磨法可以使具有 bcc 结构（如 Cr、Mo、W、Fe 等）和 hcp 结构（如 Zr、Hf、Ru）的金属形成纳米晶结构。但对于具有 fcc 结构的金属（如 Cu）则不易形成纳米晶。表 5-11 列出了一些 bcc 结构和 hcp 结构的金属球磨形成纳米晶的晶粒尺寸、晶界储能和比热容变化。由此可以看出，球磨后所得到的纳米晶粒径小、晶界能高。对于纯金属粉末，如 Fe 粉，纳米晶的形成仅仅是机械驱动下的结构演变。图 5-12 所示为纯铁在不同球磨时间下晶粒粒度和应变的变化曲线。从图中可见，铁的晶粒粒度随球磨时间的延长而下降，应变随球磨时间的增加而不断增大。纯金属粉末在球磨过程中，晶粒的细化是由于粉末的反复形变，局域应变的增加引起了缺陷密度的增加。当局域应变带中缺陷密度达到某临界值时，粗晶内部破碎，该过程不断重复，在粗晶中形成了纳米颗粒或粗晶破碎形成单个的纳米粒子。

表 5-11　几种纯金属高能球磨后晶粒尺寸、晶界储能、比热容的变化

金属	结构	熔点/K	平均粒径(d)/nm	ΔH/(kJ/mol)	比热容增加率/%
Fe	bcc	1809	8	2.0	5
Nb	bcc	2741	9	2.0	5
W	bcc	3683	9	4.7	6
Hf	hcp	2495	13	2.2	3
Zr	hcp	2125	13	3.5	6
Co	hcp	1768	14	1.0	3
Ru	hcp	2773	13	7.4	15
Cr	bcc	2148	9	4.2	10

具有 fcc 结构的金属（如 Cu）不易通过高能球磨法形成纳米晶，但用高能球磨机并发

生化学反应的方法可以制备。J. Din 等人使用机械化学法合成了超细铜粉，将氯化铜和钠粉混合进行机械粉碎，发生固态取代反应，生成铜及氯化钠的纳米晶混合物；清洗去除研磨混合物中的氯化钠，得到超细铜粉。若仅以氯化铜和钠为初始物进行机械粉碎，混合物将发生燃烧，如在反应混合物中加入氯化钠则可以避免燃烧，且生成的铜粉较细，粒径在 20～50nm 之间。

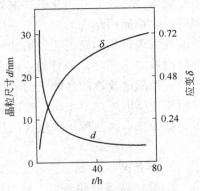

图 5-12　Fe 粉晶粒粒度和应变随球磨时间的变化

5.1.3　不互溶体系纳米结构材料

　　众所周知，用常规熔炼方法无法将相图上几乎不互溶的几种金属制成固溶体，但用机械合金化方法很容易做到。因此，机械合金化方法制备新型纳米合金为新材料的发展开辟了新的途径。近年来，用该方法已成功地制备了多种固溶体。例如，Fe-Cu 合金粉是将粒径小于或等于 $100\mu m$ 的 Fe 粉、Cu 粉放入球磨机中，在氩气保护下，球与粉质量比为 4：1，经过 8h 或更长时间的球磨，晶粒减小到十几纳米（见图 5-13）。对于 Ag-Cu 二元体系，在室温下几乎不互溶，但将 Ag-Cu 混合粉经 25h 的高能球磨，开始出现具有 bcc 结构的固溶体，球磨 400h 后，固溶体的晶粒度减小到 10nm。对于 Al-Fe、Cu-Ta、Cu-W 等用高能球磨也能获得具有纳米结构的亚稳相粉末。Cu-W 体系几乎在整个成分范围内都能得到平均粒径为 20nm 的固溶体，Cu-Ta 体系球磨 30h 后形成粒径为 20nm 左右的固溶体。

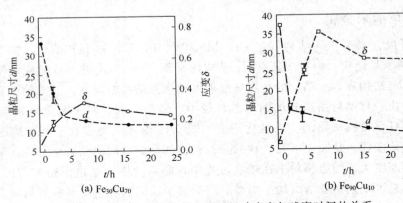

(a) Fe$_{30}$Cu$_{70}$　　　　　　　　(b) Fe$_{90}$Cu$_{10}$

图 5-13　平均粒径和原子尺寸应变与球磨时间的关系

5.1.4　纳米金属间化合物

　　金属间化合物是一类用途广泛的合金材料。纳米金属间化合物，特别是一些高熔点的金属间化合物在制备上比较困难。目前，已在 Fe-B、Ti-Si、Ti-B、Ti-Al、Ni-Si、V-C、W-C、Si-C、Pd-Si、Ni-Mo、Nb-Al、Ni-Zr、Al-Cu、Ni-Al 等十多个合金体系中用高能球磨法制备了不同粒径尺寸的纳米金属间化合物。研究结果表明，在一些合金体系中或一些成分范围内，纳米金属间化合物往往在球磨过程中作为中间相出现。如在球磨 Nb-25％Al 时发现，球磨初期首先形成 35nm 左右的 Nb$_3$Al 和少量的 Nb$_2$Al，球磨 2.5h 后，金属间化合物 Nb$_3$Al 和 Nb$_2$Al 迅速转变成具有纳米结构（10nm）的 bcc 结构固溶体。在 Pd-Si 体系中，球磨首先形成纳米金属间化合物 Pd$_3$Si，然后再形成非晶相。对于具有负混合热的二元或二元以上的体系，球磨过程中亚稳相的转变取决于球磨的体系及合金的成分。如 Ti-Si 合金系，在 Si 的含量为 25%～60% 的成分范围内，金属间化合物的自由能显著低于非晶以及 bcc 结构和 hcp 结构固溶体的自由能，在这个成分范围内球磨容易形成纳米结构的金属化合物；而在此成分之外，因非晶的自由能较低，球磨容易形成非晶相。

表 5-12 所列为用机械合金方法制备二元合金成分及产物的研究结果，同时列出了两种元素的等摩尔原子混合热以及由电荷迁移效应修正的原子体积比。

表 5-12　二元合金成分及产物的研究结果

合金系 A_xB_{1-x}	实验成分 $x=$	混合热/(kJ/mol)	原子体积比 V_{sm}/V_{la}	产物[1]
Ag-Cu	0.5	2	0.69	amor
Al-Cr	0.75,0.8	−10	0.72	Amor
Al-Fe	0.83～0.67	−11	0.71	amor
Al-Hf	0.5	−40	0.73	amor
Al-Nb	0.5	−18	0.92	amor
Al-Ni	0.24	−22	0.66	cryst
Al-Pd	0.5	−46	0.88	inter
Al-Ta	0.1～0.9	−21	0.92	amor
Al-Ti	0.45～0.65	−30	0.95	amor
Al-Zr	0.15～0.4	−44	0.71	amor
B-Fe	0.4～0.5	−11	0.65	amor
C-Fe	0.3～0.83	—	0.48	amor
Co-Cr	0.1～0.9	−4	0.92	sol
Co-Hf	0.1～0.85	−35	0.42	amor
Co-Mn	0.1～0.8	−5	0.9	sol
Co-Nb	0.8～0.9	−25	0.59	amor
Co-Ti	0.8～0.85	−28	0.58	amor
Co-V	0.4～0.67	−14	0.8	amor
Co-Zr	0.73～0.8	−42	0.39	amor
Cr-Cu	0.7	12	1	amor
Cr-Nb	0.25～0.8	−7	0.66	amor
Cr-Ni	—	−7	0.91	sol
Cr-Ti	0.6	−7	0.65	sol
Cr-Zr	0.6	−12	0.15	parti
Cu-Fe	—	13	0.98	sol
Cr-Hf	0.3～0.7	−23	0.52	amor
Cr-Nb	0.5	3	0.66	sol
Cu-Ni	—	4	0.93	sol
Cu-Ta	0.3	2	0.62	amor
Cu-Ti	0.1～0.87	−9	0.68	amor
Cu-V	0.5	5	0.33	parti
Cu-W	0.05～0.95	22	0.74	parti
Cu-Zr	0.6	−23	0.49	amor
Fe-Hf	0.35	−21	0.46	amor
Fe-Mo	0.5～0.7	−2	0.78	amor
Fe-Nb	0.35～0.75	−16	0.6	amor
Fe-Nd	—	5	0.2	sol
Fe-Si	0.5～0.95	−18	0.82	parti
Fe-Ti	0.6	−17	0.62	amor
Fe-V	0.5	−7	0.35	sol
Fe-Zr	0.3～0.78	−26	0.42	amor

合金系 A_xB_{1-x}	实验成分 $x=$	混合热/(kJ/mol)	原子体积比 V_{sm}/V_{la}	产物①
Ge-Nb	0.25	−24	0.8	parti
Hf-Ni	0.35～0.85	−42	0.40	amor
Hf-Ru	0.5	−51	0.49	inter
Mn-Nb	0.45,0.55	−4	0.68	sol
Mn-Ni		−8	0.9	sol
Mn-Ti	0.6	−8	0.68	parti
Mn-Zr	0.6	−15	0.49	amor
Mo-Ni	0.5	−7	0.71	parti
Mo-Si	0.33	−18	0.77	amor
Mo-Ti	12.2%(质量)	−4	0.93	sol
Nb-Ni	0.2～0.69	−32	0.59	amor
Nb-Si	10%(质量)	−39	0.9	amor
Nb-Sn	0.75	−5	0.67	amor
Ni-Si	0.5,0.33,0.75	−23	0.55	amor
Ni-Sn	0.75	−1	0.41	amor
Ni-Ti	0.3～0.7	−35	0.57	amor
Ni-V	0.3～0.5	−18	0.76	amor
Ni-Zr	0.24～0.83	−51	0.38	amor
Pd-Si	0.8～0.83	−37	0.73	amor
Pd-Ti	0.24～0.54	−65	0.88	amor
Pd-Zr	0.15～0.6	−117	0.56	amor
Pd-Zr	0.15～0.6	−117	0.56	amor
Pt-Zr	0.5,0.33	−100	0.54	amor
Ru-Zr	0.21	−59	0.71	amor
Si-Ta	—	−39	0.9	amor
Ti-V	0.4	−2	0.78	sol
V-Zr	0.29	−4	0.57	amor

① amor 为非晶；sol 为固溶体；inter 为金属相；parti 为部分非晶；cryst 为晶体。

表 5-12 中未列入三元系金属材料，研究人员曾对 Cu-Ti-Ni、Fe-Zr-B、Ti-Cu-Pd、Fe-Ni-B、Nb-Cu-Ge 等几种三元系材料进行了研究。用机械合金化方法制备多元合金是较有前途的方向之一。

自从 Ermakor 采用机械研磨使 CoY 金属间化合物转化成非晶合金后，人们对金属间化合物的高能球磨进行了较多研究。本书不再详述。

5.1.5 聚合物/无机物纳米复合材料

利用高能球磨法制备聚合物/无机物纳米复合材料也有报道，现已制备出聚氯乙烯（PVC）/氧化铁纳米复合材料、聚四氟乙烯（PTFE）/铁等纳米复合材料。制备 PVC/氧化铁纳米复合材料用的实验材料为化学纯的 Fe_2O_3 及微米级 PVC 粉末，按质量比 10:1 混合均匀，放入球磨机在空气中球磨，球径为 8mm，球料比为 30:1，转速为 200 r/min。在球磨过程中，PVC 在机械作用下降解，脱除 HCl 或主链断裂，形成双键；然后，在氧气存在的情况下双键氧化，形成活性官能团，它与 Fe_2O_3 作用，生成纳米 Fe_2O_3，其可能的反应为：

$$ROOH + Fe^{2+} \longrightarrow RO + Fe^{3+} + OH^-$$

Fe_2O_3/PVC 在空气中球磨 90 h，样品与未球磨的原始样品的 XRD 谱如图 5-14 所示。

未球磨的原样的 XRD 谱为尖锐的衍射峰；在空气中球磨 90 h 后，与 Fe_2O_3 对应的衍射峰强度降低；出现了新的 $\alpha\text{-}Fe_2O_3$ 衍射峰，且谱线较宽，表明有 $\alpha\text{-}Fe_2O_3$ 小颗粒产生，Fe_3O_4 与 PVC 以一定比例在空气中球磨后，电镜下观察，复合在 PVC 中的部分 Fe_3O_4 转化为直径为 10nm 左右的颗粒。

制备 PTFE/氧化铁纳米复合材料用的实验材料为化学纯的 Fe 粉（过 200 目筛）和微米级聚四氟乙烯（PTFE）粉末，按 10∶1 的质量比混合均匀，放入球磨机在氩气保护下球磨，球径为 8mm，球料比为 30∶1，转速为 200r/min。在球磨过程中，PTFE 在机械作用下激发所谓高能机械电子，发生如下反应：

$$-CF_2-CF_2-CF_3 \begin{cases} \longrightarrow CF_2-\overset{\cdot}{C}F-CF_3 + F \\ \longrightarrow CF_2-CF_2-\overset{\cdot}{C}F_2 + F \end{cases}$$

这导致 C—F 键断裂，F 原子与 Fe 作用，生成 FeF_2。在球磨过程中，通过反复冷焊、断裂、组织细化，使粉末颗粒间发生固态相互扩散反应，导致部分铁与 PTFE 一起形成非晶状物质。从球磨 120h 后样品的高分辨电镜照片中可以看到，在铁晶粒周围存在类似非晶状物质的边界，晶粒取向随机分布，没有明显优势取向。根据电镜照片计算出铁晶粒的平均粒径约 8nm。

高能球磨法制备纳米金属与合金结构材料具有产量高、工艺简单等优点，但也存在一些不足，主要是晶粒尺寸不均匀，还易引入某些杂质。然而它能制备出用常规方法难以获得的高熔点的金属或合金纳米材料，受到材料科学工作者的高度重视。

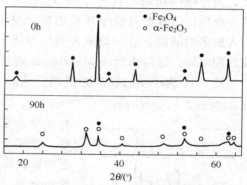

图 5-14　Fe_2O_3/PVC 在空气中球磨 90h 样品与原始样品的 XRD 谱图

5.1.6　Li 铁氧体纳米粒子

Li 铁氧体（$Li_{0.5}Fe_{2.5}O_4$）具有高的居里温度、低的磁致伸缩系数和较大的磁晶各向异性等，是微波器件中的重要材料。利用传统的方法制备 Li 铁氧体时，由于需要高温条件（>100℃）而导致锂和氧的挥发，严重影响 Li 铁氧体的磁性能。因此，降低 Li 铁氧体的制备温度是 Li 铁氧体制备研究中的重要课题。目前这方面的研究工作主要集中在湿化学方法方面，即利用有机前驱体方法制备 Li 铁氧体。

近年来，通过高能球磨的机械化学处理，可以获得 Li 铁氧体纳米粒子，其工艺过程是：以 Li_2CO_3 和 $\alpha\text{-}Fe_2O_3$ 粉体为原料，将两种粉体过筛后按一定比例在玛瑙研钵中混合均匀，再经高能球磨一定时间后，将前驱体在较低温度下热处理，制得 Li 铁氧体纳米粒子。所得 Li 铁氧体纳米粒子的粒径大多数在 30nm 左右。下面具体分析机械化学法制备 Li 铁氧体超微粉体的过程。

（1）高能球磨的作用

高能球磨的作用首先反映在前驱体上，如图 5-15 所示。a 为球磨前样品的室温 Mossbauer 谱，这是典型的 $\alpha\text{-}Fe_2O_3$ 的磁分裂六线峰，表明在玛瑙研钵中的简单机械混合并不能引起 Li_2CO_3 和 $\alpha\text{-}Fe_2O_3$ 之间发生明显的相互作用；b 为高能球磨后的样品 Mossbauer 谱，与 a 相比，该谱发生了明显的变化。通过计算机解谱，可将该谱分解为两部分：四极分裂双峰和显著不对称向内加宽的磁分裂六线峰。前者可以归因于超顺磁性的 α-Fe_2O_3 的小颗粒（<10nm），由于谱面积近似地与相应的物质量成正比，因此这部分的含量很小。而后者虽与小粒子的表面效应有关，但根据向内加宽的显著程度看，更主要的是由于非磁性的 Li_2CO_3 进入了 α-Fe_2O_3 晶格，减弱了 Fe^{3+} 之间的磁相互作用。即通过130h的高能球磨，在使原料颗粒不断细化的同时，更主要的是使 Li_2CO_3 和 α-Fe_2O_3 之间发生强烈的相互作用，结果使得 Li_2CO_3 进入了 α-Fe_2O_3 晶格形成以 α-Fe_2O_3 为基质的固溶体。

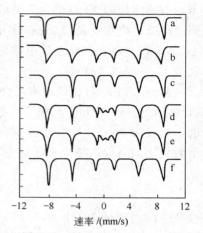

图 5-15　样品的 Mossbauer 谱
a—室温（高能球磨前）；
b—300℃（高能球磨后）；
c—400℃（高能球磨后）；
d—500℃（高能球磨后）；
e—600℃（高能球磨后）；
f—800℃（高能球磨后）

图 5-16 为样品的 XRD 谱。图中的各衍射峰均显著宽化，但各峰的衍射角度基本与 α-Fe_2O_3 各衍射角度相同。前一现象说明球磨过程中样品的颗粒发生了细化，同时能引入较多的缺陷；后一现象表明已形成了以 α-Fe_2O_3 为基质的固溶体，这与前面的 Mossbauer 谱分析极为相似。

图 5-17 为样品的红外光谱图。纯的无水 Li_2CO_3 晶体在 $1430cm^{-1}$、$1090cm^{-1}$、$860cm^{-1}$、$740cm^{-1}$ 波数附近有 4 个主要的晶格振动吸收峰。曲线 a 表明，130h 球磨后，$1090cm^{-1}$、$740cm^{-1}$ 波数附近的吸收峰基本消失，$1430cm^{-1}$ 波数处的吸收峰则发生了位移和分裂，表明原 Li_2CO_3 的结构已被破坏，CO_3^{2-} 的配位环境发生了很大的变动。而来自于 α-Fe_2O_3 的晶格振动吸收峰仍然存在，只是峰位稍有移动，同时各吸收峰明显宽化。结合前面的 Mossbauer 谱和 XRD 的结果，进一步证明在高能球磨的作用下，Li_2CO_3 溶入 α-Fe_2O_3 形成了以 α-Fe_2O_3 为基质的固溶前驱体。

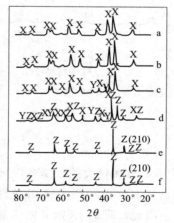

图 5-16　样品的 XRD 谱
a—室温；b—300℃；c—400℃；
d—500℃；e—600℃；f—800℃

（2）Li 铁氧体形成过程的分析

在高能球磨法制备 Li 铁氧体纳米粒子的过程中，对前驱体进行热处理是另一个关键。图 5-16 中 b~f 分别为不同温度下处理样品的 XRD 谱。可以看到，300℃下处理的体系中并无新相生成，而 400℃热处理后，体系中发生了化学反应并生成了新相 $LiFeO_2$，在 500℃下体系中已有较多 $Li_{0.5}Fe_{2.5}O_4$ 的新相生成，而在 600℃下体系已全部反应生成 $Li_{0.5}Fe_{2.5}O_4$，比通常条件低 200℃左右。

图 5-15 中 b~f 给出的是不同温度下热处理后样品的室温 Mossbauer 谱。结果表明，300℃下热处理中虽然没有使体系发生化学反应生成新的物质，但使体系中原来存在的少量极细小（超顺磁性）的颗粒长大了。但在 400℃热处理的 Mossbauer 谱中又出现了双峰，根据谱面积的结果可知，体系中的原 Li_2CO_3 已有 76% 与 α-Fe_2O_3 反应生成了 $LiFeO_2$。从 500℃热处理后的 Mossbauer 谱中可以看到，除了 $LiFeO_2$ 顺磁性的双峰仍然存在外，六线峰进一步加宽，解谱结果表明，这是由于体系中生成了 $Li_{0.5}Fe_{2.5}O_4$ 的缘故。600℃、800℃下热处理的 Mossbauer 谱显示，组成相全部为 $Li_{0.5}Fe_{2.5}O_4$。

（3）Li 铁氧体纳米粒子的表征

Li 铁氧体为尖晶石型结构，其中密堆积的 O^{2-} 组成了四面体（A）和八面体（B）两种空位，对 $Li_{0.5}Fe_{2.5}O_4$ 而言，其中一个 Fe^{3+} 占据 A 位，其余的 Fe^{3+} 和 Li^+ 占 B 位。因此，又可将 $Li_{0.5}Fe_{2.5}O_4$ 表示（Fe^{3+}）$[Li_{0.5}^+Fe_{1.5}^{3+}]$ O_4^{2-}，其中（ ）表示 A 位，[ ] 表示 B 位。根据 Fe^{3+} 和 Li^+ 在八面体中的排列方式的差异，Li 铁氧体又分为无序和有序两种结构。在前者中，Fe^{3+} 在八体位中随机分布；而在后者中，Fe^{3+} 和 Li^+ 在八面体中沿 [110] 方向按三个 Fe^{3+} 和一个 Li^+ 的有序方式排列。表 5-13 为 800℃下热处理后所得样品的室温 Mossbauer 谱的计算机解谱参数，与无序和有序的

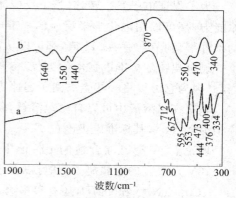

图 5-17　样品的红外光谱
a—高能球磨前；b—高能球磨后

Li 铁氧体的 Mossbauer 谱参数均相近。但图 5-16 显示 600℃、800℃ 热处理的样品中来自有序的 $Li_{0.5}Fe_{2.5}O_4$ 所特有的（210）衍射峰清晰可见，说明本方法所制得的 Li 铁氧体为有序结构。

表 5-13　800℃下热处理后所得样品的室温 Mossbauer 谱

项目	H/kOe	I. S. /(mm/s)	Q. S. /(mm/s)
Fe^{3+}（A）	499.31 ± 0.01	0.22 ± 0.01	-0.02 ± 0.01
Fe^{3+}（B）	509.87 ± 0.26	0.31 ± 0.01	0.01 ± 0.00

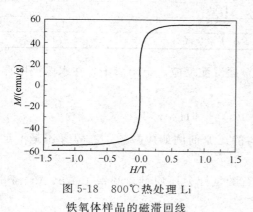

图 5-18　800℃热处理 Li
铁氧体样品的磁滞回线

图 5-17 中 b 为 800℃热处理样品的 IR 吸收光谱图，这是典型的 Li 铁氧体的 IR 吸收谱图。一般尖晶石结构的铁氧体具有 4 个红外振动吸收峰，但 Li 铁氧体的 IR 谱分析显示出的每一红外吸收峰均发生分裂。对这一现象有两种不同解释：一种是认为由于在八面体中的 Fe^{3+} 和 Li^+ 的有序排列导致了所允许的振动模式数目的增加；另一种是认为由于样品中存在一定量的 Fe^{2+} 引起的晶格变形所致。

图 5-18 为 800℃热处理的样品的磁滞回线，其比饱和磁化强度 $\sigma_S = 54.64\text{emu/g}$（$1\text{emu} = 1\text{A} \cdot \text{m}^2/\text{kg}$），矫顽力为 77.57Oe（$1\text{Oe} = 79.5775\text{A/m}$）。其 σ_S 虽然比大块样品低，但明显高于用柠檬酸盐前驱体所制得的 $Li_{0.5}Fe_{2.5}O_4$ 纳米粒子，同时其矫顽力比大块样品要高出一个数量级。

5.2　化学法

5.2.1　超微与纳米金属

超微或纳米金属颗粒在众多行业中被广泛用作催化剂。液相沉积法制备金属纳米颗粒一直是研究的热点之一。金属纳米颗粒从溶液中析出的过程实质上是金属阳离子在溶液中被还

原的过程。通常采用的还原剂有气相 H_2、硼氢化物、水合肼(联氨)以及二盐酸联氨等。

为了保证电子发生转移,整个反应体系的自由能必须小于 0。对于一种化合物的氧化-还原能力,都可以用电化学半反应的标准电极电位表示。大多数金属阳离子在有气相 H_2 存在的条件下,调节合适的 pH 值,都可以从水溶液中被还原成金属。

硼氢化物的标准电极电位为:$E° = -0.481V$。在水溶液中,选用硼氢化物的时候,要非常当心,因为它可以将一些金属离子还原为硼化金属。

联氨在水溶液中可以自由地溶解,联氨或二盐酸联氨,在水溶液中一般认为化学活性自由离子为 $N_2H_5^+$,其标准电极电位 $E° = -0.23V$。

理论上,在室温和合适的 pH 值下,使用合适的还原剂,只要电极电位比 $-0.481V$ 和 $-0.23V$ 还要正的金属离子,就可以在水溶液中被还原为金属。第一族过渡离子,例如 Fe^{2+}、Fe^{3+}、Co^{2+}、Ni^{2+} 和 Cu^{2+},还有很多第二族和第三族的过渡金属离子都可以还原为金属。表 5-14 列出了在水溶液中通过还原反应制备的金属颗粒。

表 5-14 水溶液中制备纳米金属颗粒

金属	初始原料	还原剂	稳定剂	平均粒径/nm
Co	$Co(OAc)_2$	$N_2H_4 \cdot H_2O$	—	约 20
Ni	$NiCl_2$	$N_2H_4 \cdot H_2O + NaOH$	十六烷基三甲基溴化铵	10~30
Ni	$Ni(OAc)_2$	$N_2H_4 \cdot H_2O + NaOH$		(10~20)×(200~300)
Cu	$CuSO_4$	$N_2H_4 \cdot H_2O$	十二烷基磺酸钠	约 35
Ag	$AgNO_3$	抗坏血酸	Daxad 19	15~26
Ag	$AgNO_3$	$NaBH_4$	TADDD	3~5
Ag	$AgNO_3$	水合肼	十六烷基三甲基溴化铵,十二烷基磺酸钠,Triton X-100	约 15
Pt	H_2PtCl_6	酒石酸氢钾	TDPC	<1.5
Au	$HAuCl_4$	柠檬酸钠	S_3MP	2~10
Au	$HAuCl_4$	柠檬酸钠	RAFT 聚合物	30~70

金阳离子还原制备金颗粒是一个被广泛研究的金属沉淀反应。金阳离子,在水溶液中存在的形式为 $AuCl_4^-$,非常容易地被气相 H_2 还原:

$$2AuCl_4^- (aq) + 3H_2(g) \longrightarrow 2Au(s) + 6H^+ + 8Cl^-$$

尽管 $AuCl_4^-$ 具有很强的氧化性,但是一些较弱的还原剂例如羧酸盐、乙醇等还是不足以使其还原。

Tank 等人在合适稳定剂存在的情况下,以酒石酸氢钾为还原剂,制备了 Au、Pt、Pd 以及 Ag 纳米颗粒。

一些用来阻止颗粒团聚的封端剂也可以用来作为还原剂还原金属离子。Tuikevich 等人在煮沸 $HAuCl_4$ 和柠檬酸钠的水溶液中制备了金纳米颗粒。

如果选用硫醇作为稳定剂,在水溶液中 $AuCl_4^-$ 可以与硫醇形成稳定的复合物,一些弱的还原剂例如柠檬酸盐不能够将其还原,要选用硼氢化物作为还原剂。但是 Yonezawa 等人的研究表明如果硫醇和柠檬酸钠同时加入到 $AuCl_4^-$ 水溶液中,也可以制备金颗粒。如果溶液中硫醇与金的摩尔比比较大,可以合成得到粒径为 2~10nm、粒径分布很窄的金颗粒。

一些具有比较低的标准电极电位的金属离子,弱还原剂例如胺类、羧基烃酸或者乙醇等不能够将其还原,这类金属离子的还原需要还原能力很强的还原剂。例如 Ni^{2+}($E° = -0.257V$)、Co^{2+}($E° = -0.28V$)以及 Fe^{2+}($E° = -0.447V$)只能用硼氢化物盐将其还原。

Fe 和 Cu 都可以在水溶液中通过还原反应制备金属单质，Chow 等人用硼氢化物盐为还原剂，在 $FeCl_2$ 和 $CuCl_2$ 的水溶液中制备了 fcc 相的 $Fe_{1-x}Cu_x$ 合金。Harris 等人热处理 CuO-CoO 的混合物制备了 $Cu_{80}Co_{20}$ 合金。样品在 H_2 气氛下，在 $200\sim650℃$ 下热处理，得到粒径为 $10\sim20nm$ 的合金颗粒。

5.2.2　超微与纳米氧化物

5.2.2.1　纳米 ZrO_2（3Y）粉体

Y_2O_3 稳定的四方相 ZrO_2 陶瓷（Y-TZP）由于马氏体相变的增强增韧效应成为具有最高室温强度和断裂韧性的一类陶瓷材料，主要化学制备方法有乳浊液法、醇-水溶液加热法等。

（1）乳浊液法

纳米 ZrO_2（3Y）陶瓷粉体的制备过程中最主要的问题是颗粒的团聚现象。粉体中硬团聚的存在会直接影响到素坯的成型以及材料的烧结行为和显微结构，从而不利于实现陶瓷的低温烧结和晶粒细化。

硬团聚体的形成有多种原因，其中一个主要的原因是凝胶粒子间水分子的存在。水的表面张力较高，凝胶在干燥过程中，在毛细管作用的影响下容易在凝胶粒子间形成较强的结合力，而这种结合力在随后的煅烧过程中又可能得到进一步的加强而形成硬团聚体。为了避免粉体中硬团聚体的形成，较为常用的是用乙醇清洗凝胶，或对凝胶进行冷冻干燥处理等。

利用乳浊液法可以制得平均晶粒尺寸为 $13\sim14nm$ 的四方相纳米 ZrO_2（3Y）粉体；并通过非均相共沸蒸馏，有效地排除了凝胶中所含水分，所制备出的粉体中的团聚属软团聚。此外，这种方法有一个显著特点，就是纳米级尺寸的晶粒可以团聚成形状较为规则甚至是球形的二次颗粒。

乳浊液法制备纳米 ZrO_2（3Y）粉体的工艺过程如下：将纯度＞99％的 $Zr(NO_3)_4$ 和 $Y(NO_3)_3$ 结晶体溶解于蒸馏水中，配成一定浓度的溶液，按 Y_2O_3 含量为 3％（物质的量浓度）的配比分别量取两种溶液并配成混合溶液。将混合液逐渐加入含 3％（体积）乳化剂的二甲苯溶剂中，不断搅拌并经超声处理形成乳浊液，在这种乳浊液中盐溶液以尺寸为 $10\sim30\mu m$ 的小液滴形态分散于有机溶剂中；往乳浊液中通氨气，使分散的盐溶液小液滴凝胶化，然后将凝胶放入蒸馏瓶中进行非均相共沸蒸馏处理，经过共沸蒸馏处理的凝胶进行过滤的同时加入乙醇清洗，以尽可能地滤去剩余的二甲苯和乳化剂，滤干的凝胶于红外灯下烘干，最后在 700℃ 条件下煅烧即得纳米 ZrO_2（3Y）粉体。图 5-19 为该工艺流程。

图 5-19　乳浊液法 ZrO_2（3Y）粉体制备工艺流程

图 5-20 为粉体的 X 射线衍射谱，由图可知粉体只含有四方相氧化锆。粉体的 BET 比表面积测量结果为 $52.5m^2/g$。根据公式

$$A_s = 3/r\rho$$

式中，A_s 为比表面积；r 为理想球形晶粒的半径；ρ 为晶粒的理论密度。可计算出与此比表面积相对应的理想晶粒的直径为 $18.7nm$。

乳浊液法制备的纳米 ZrO_2（3Y）粉体具有特殊形貌的团聚体。一般情况下，纳米尺寸

的晶粒团聚成不规则形状的二次大颗粒，但是乳浊液法制备的纳米 ZrO_2（3Y）粉体团聚成完好的球形颗粒。这是乳浊液法粉体制备技术的特点之一。

共沸蒸馏处理不仅可以将氢氧化物凝胶粒子间的残余水分除去，还可以将氢氧化物凝胶分子中的—OH 基团脱去。图 5-21 为粉体的 DTA-TG 曲线。从图中可见在 193℃ 和 316℃ 处出现明显的放热峰，它们分别对应于残存有机物（主要是乳化剂）的挥发和硝酸盐的分解；同时，在 TG 曲线上表现出显著的失重现象。另外，在 380℃ 和 446℃ 处还分别可看到有不明显的放热峰出现。

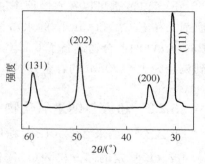

图 5-20　ZrO_2（3Y）粉体的 XRD 谱

它们分别对应于氢氧化物胶体脱去基团和晶态氧化物的开始形成。这两个不明显的放热峰的出现，与对凝胶进行了共沸蒸馏处理有关，即在共沸蒸馏处理时发生如下反应：

$$(Zr,Y)(OH)_x \longrightarrow (Zr,Y)O_x$$

由于这种 $(Zr,Y)O_x$ 前驱体的形成，可能使粉体的—OH 基团脱去和晶化这两个行为变得相对容易，从而在 DTA 曲线上没有明显的反映。

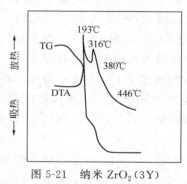

图 5-21　纳米 ZrO_2（3Y）
粉体的 DTA-TG 曲线

乳浊液法制备纳米 ZrO_2（3Y）时，溶液浓度的影响并不明显。SEM 分析显示，600℃ 时，浓度为 0.25mol/L 和 0.5mol/L 的溶液所得粉体粒径均为 8～10nm；而在 700℃ 时，浓度为 0.25mol/L 和 0.5mol/L 的溶液所得粉体的粒径为 12～14nm；而煅烧温度对最后粉体尺寸的影响要明显很多。

（2）醇-水溶液加热法

$ZrOCl_2$ 的醇-水溶液在加热时，由于溶液的介电常数下降，使得 $ZrOCl_2$ 的溶解度下降而产生沉淀。这一特性最早被用于制备单分散球形 ZrO_2 粉体。同样，可以利用这一特性制备纳米 ZrO_2（3Y）粉体。

图 5-22 是醇-水溶液加热法制备纳米 ZrO_2（3Y）粉体的工艺流程。采用 $ZrOCl_2 \cdot 8H_2O$ 和 $Y(NO_3)_3 \cdot 6H_2O$ 为反应前驱体，按 Y_2O_3 含量为 3%（物质的量浓度）的组成配制成一定浓度的混合溶液。按醇水比为 5：1 加入无水乙醇，同时加入适量的 PEG 为分散剂。将配好的醇-水溶液置于恒温水浴中缓慢加热至 75℃，溶液很快转变为不透明。保温适当时间后，液体转变成白色凝胶状沉淀。将沉淀取出，在机械搅拌的同时滴加氨水到 pH>9 后陈化 12 h，然后用蒸馏水反复洗涤凝胶至无 Cl^-（用 3mol/L $AgNO_3$ 检验），再用无水乙醇洗 3 次后烘干，最后煅烧得到 ZrO_2（3Y）粉体。

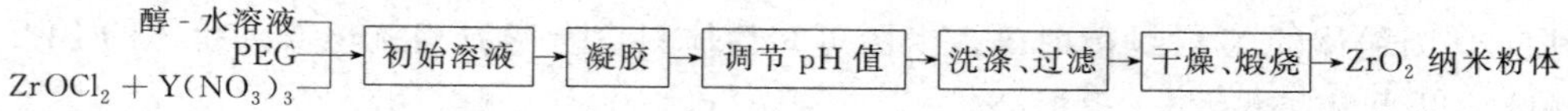

醇-水溶液 ──→
PEG ──→ | 初始溶液 | → | 凝胶 | → | 调节 pH 值 | → | 洗涤、过滤 | → | 干燥、煅烧 | →ZrO_2 纳米粉体
$ZrOCl_2 + Y(NO_3)_3$ ──→

图 5-22　醇-水溶液加热法制备纳米 ZrO_2（3Y）粉体工艺流程

① 醇-水溶液加热法制备 ZrO_2（3Y）粉体的特点。醇-水溶液加热法的特点可从粉体的 XRD 谱上反映出来。图 5-23 是不同温度下煅烧的 ZrO_2（3Y）粉体的 X 射线衍射谱。由此图可知，用醇-水溶液加热法所得粉体在 600℃ 煅烧后主要为四方相，另有少量单斜相。随

着煅烧温度的提高，粉体中单斜相逐渐减少，在 900℃时基本上全部为四方相。通常共沉淀法所得 $ZrO_2(3Y)$ 粉体的单斜相含量随煅烧温度提高而明显增加。这是由于共沉淀法制备纳米 $ZrO_2(3Y)$ 粉体时，常常由于过程控制不够严格，使 Y_2O_3 在 ZrO_2 中分布不均匀，导致单斜相含量往往随煅烧温度提高而增加。而醇-水溶液加热法则不同：由 $ZrOCl_2$ 生成沉淀是在加热过程中均匀进行的；而滴加氨水时，$Y(OH)_3$ 是均匀沉淀在 $Zr(OH)_4$ 凝胶中的。这样当粉体煅烧时，Y_2O_3 均匀地渗入 ZrO_2 晶粒中，使单斜相转变为四方相，煅烧温度越高，Y_2O_3 渗入越多，最后全部单斜相都转变成为四方相。

当粉体在更高温度煅烧时，所有单斜相都要转变为四方相并引起坯体的收缩。如果粉体中的单斜相含量因煅烧温度升高而增多，则在烧结过程中要转变的单斜相量就多，收缩量也大。因此，常需要采用一些措施来控制单斜相的形成和增加。而利用醇-水溶液加热法，可有效地避免煅烧阶段单斜相的增加。

② 沉淀反应的过程。醇-水溶液加热法制备纳米 ZrO_2 粉体过程中一个重要阶段是在溶液加热时产生凝胶状沉淀。由于 $Y(NO_3)_3 \cdot 6H_2O$ 单独在醇-水溶液中加热时基本不反应，所以沉淀主要是 $ZrOCl_2 \cdot 8H_2O$ 发生以下反应的结果：

$$4ZrOCl_2 + 6H_2O \longrightarrow Zr_4O_2(OH)_8Cl_4 \downarrow + 4HCl$$

首先，当醇-水溶液加热时，溶液中 $ZrOCl_2 \cdot 8H_2O$ 发生水解反应生成 $Zr_4O_2(OH)_8Cl_4$ 胶粒

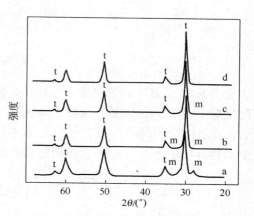

图 5-23　不同温度下煅烧 $ZrO_2(3Y)$
粉体的 XRD 谱
a—600℃，2h；b—750℃，2h；
c—800℃，2h；d—900℃，2h

并逐渐聚合形成凝胶。在这期间，Y^{3+} 自由地分散在凝胶中。由于加热过程是均匀进行的，没有外部的干扰，因此这种分散也是比较均匀的。接着，当氨水加入后，$Zr_4O_2(OH)_8Cl_4$ 凝胶将水解而完全转变成 $Zr(OH)_4$ 凝胶，而 $Y(NO_3)_3$ 则转变成 $Y(OH)_3$ 依然均匀地分散在凝胶中。当凝胶被烘干、煅烧时，$Zr(OH)_4$ 脱水转变成 ZrO_2 粉体，而 $Y(OH)_3$ 也脱水成为 Y_2O_3 并渗入 ZrO_2 颗粒中使之以四方相的形式稳定下来。

③ 加热温度对反应的影响。加热温度对反应有明显影响。表 5-15 是在不同加热温度下醇-水溶液中产生沉淀所需时间。从表 5-15 可知，当加热温度过低时，没有沉淀产生；当加热温度逐渐升高时，沉淀产生所需时间迅速减少，从 90min 减至 2min 左右。这一现象是由溶液介电常数的变化引起的。图 5-24 是乙醇-水溶液介电常数随温度的变化曲线。图 5-24 表明：随着温度逐渐升高，溶液的介电常数迅速减小，导致溶剂的溶剂化能和溶解能力下降，溶液出现过饱和而产生沉淀。比较表 5-15 和图 5-24 可知，溶液产生沉淀时的介电常数在 25 左右。

表 5-15　不同加热温度下醇-水溶液中产生沉淀反应所需时间

温度/℃	50	60	70	75	80
时间/min	—	90	30	10	2

④ 加热时间对反应过程和粉体的影响。图 5-25 是乙醇-水溶液加热过程中 pH 值的变化。从图 5-25 可见：溶液的 pH 值在反应的前 1.5h 变化较大；而 1.5h 后变化较小，说明

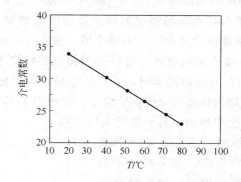

图 5-24　乙醇-水溶液介电常数随温度的变化

在反应 1.5h 后基本达到平衡。根据图 5-25 所示的 pH 值的变化及反应式，计算得到 $ZrOCl_2$ 的反应率如图 5-26 所示。由图 5-26 可见，$ZrOCl_2$ 的反应率在 1.5h 后就达到 94％以上。虽然在没有醇加入时，$ZrOCl_2$ 直接在水中加热水解的反应率也可达 99％，但所需时间长达数十小时。相比之下，乙醇-水溶液加热法的速率快得多。

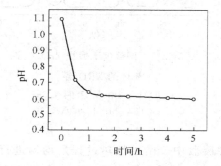

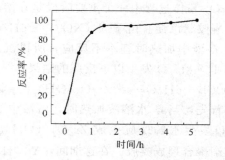

图 5-25　乙醇-水溶液加热过程中 pH 值的变化　　　图 5-26　$ZrOCl_2$ 反应率与时间的关系

　　加热时间对所得的粉体的性能也有影响，主要表现在比表面积的变化上。表 5-16 是不同加热时间所得粉体的粒径和比表面积。可以看到：虽然粉体颗粒的粒径基本相同，比表面积却从加热 1h 的 $46m^2/g$ 增长为加热 5h 的 $66m^2/g$。原因是醇-水溶液加热产生沉淀的过程，首先是发生了如下反应。

$$4ZrOCl_2 + 6H_2O \longrightarrow Zr_4O_2(OH)_8Cl_4 \downarrow + 4HCl$$

　　计算可知，当加热时间过短时（1h），$ZrOCl_2$ 的反应率为 88％左右，反应不完全，而且已反应的 88％的 $ZrOCl_2$ 还需要完成胶粒成核、生长和聚集的过程，也需要一定时间。因此，在反应仅进行 1h 就滴入氨水，实际上等于在醇加热反应未完全的情况下又进行共沉淀反应。由于共沉淀反应进行很快，产生的沉淀迅速聚集，这就容易产生团聚。而反应 4h 后，计算可知反应率已达 97％，再经 1h 的沉淀，就是在过饱和的溶液中胶粒成核、生成和聚集的过程，反应率已达 99.5％。PEG 分子已能较好地将沉淀分散。此时再加入氨水，就不会影响沉淀的均匀性，从而使产生的团聚体较少。表 5-17 是激光散射法测得的不同时间所得胶团的粒度。表 5-17 表明，随着反应时间的增加，所得胶团的有效粒径减小，粒度分布变窄，这和以上分析的结果是相吻合的。

表 5-16　不同加热时间所得粉体的粒径和比表面积

时间/h	颗粒大小/nm	比表面积/(m²/g)
1	10~15	46
5	12~14	66

表 5-17　激光散射法测得的不同时间所得胶团的粒度

时间/h	1	3	5
有效直径/nm	585.9	375.2	316.1

⑤ 醇-水比对粉体性能的影响。表 5-18 是不同醇-水比条件下所得粉体的粒径及比表面积。如表 5-18 所示，当醇-水比过低时（2∶1），由于溶液的介电常数的下降不足以导致沉淀产生，基本无反应。当醇-水比大于 5∶1 时，所得粉体的粒径及比表面积都无明显区别。故采用醇水比为 5∶1 效果最好。

表 5-18　不同醇水比所得粉体的粒径及比表面积

醇水比	2∶1	5∶1	10∶1
颗粒大小/nm	—	10~15	19~15
比表面积/(m²/g)	—	54	50

⑥ 表面活性剂对粉体的影响。表面活性剂对粉体颗粒大小无明显影响，在 600℃/2h 条件下煅烧，所得粉体的粒径（由 TEM 观察）都为 10~15nm 左右。但表面活性剂对粉体的 BET 值有明显影响。当无表面活性剂存在时，粉体的 BET 值为 53m²/g；而加入适量 TEG 时，BET 值提高到 66m²/g，这可能是由于在沉淀过程中，PEG 大分子吸附在沉淀粒子的表面，削弱了粒子间的吸引力，从而减小粉体的团聚。

⑦ 陈化对粉体的影响。除添加表面活性剂外，对沉淀物进行醇洗也是目前最常用的消除粉体团聚的方法。具体做法是：将乙醇加入沉淀物中机械搅拌一段时间后，置于水浴中陈化，控制水浴温度在 65℃ 左右，陈化 24 h（整个过程未加表面活性剂）。结果表明，陈化对粉体的比表面积有明显影响。经 400℃ 煅烧 2h 后，未经陈化所得的粉体比表面积为 108m²/g；而经过陈化所得粉体的比表面积为 133m²/g，后者明显高于前者，说明陈化过程显著减轻了粉体的团聚，提高了粉体的分散性。

5.2.2.2　超微与纳米 TiO₂

TiO₂ 广泛用于电子陶瓷、催化剂、高级涂料、化妆品等领域。在这些应用中，TiO₂ 颗粒尺寸是影响其性能的一个重要因素。氧化钛光催化材料是近十年来发展起来的一种新型材料，提高氧化钛光催化活性有两种方法：增大催化剂的比表面积和减小其粒径。氧化钛是一种化合物半导体，粒径小的纳米氧化钛粉体能有效地阻止光生电子和光生空穴的复合，使更多的电子和空穴能参与氧化、还原反应。同时纳米氧化钛粉体巨大的比表面能将反应物吸附于其表面也有利于光催化反应的进行。因此，在光催化反应中，纳米粒子的尺寸效应和表面效应是显著的。TiO₂ 用于电子陶瓷时，以超细的 TiO₂ 纳米粉体为原料，可降低其烧结温度，得到 TiO₂ 纳米陶瓷。

超微与纳米 TiO₂ 的主要制备技术有钛盐或钛醇盐气相沉积或水解、钛盐液相沉淀、溶胶-凝胶等。

（1）钛盐或钛醇盐气相沉积或水解法

　　其原理是将钛的无机盐，如 $TiCl_4$、$TiO(SO_4)$ 或钛的有机醇盐，在气相中与 O_2 发生氧化反应或与水蒸气发生水解反应，或钛的有机醇盐发生热裂解得到 TiO_2 粒子，涉及的主要化学反应如下。

$$TiCl_4 + O_2 \longrightarrow TiO_2 + 2Cl_2$$
$$TiO(SO_4) + H_2O \longrightarrow TiO_2 + H_2SO_4$$
$$Ti(OR)_4 \longrightarrow TiO_2 + C_nH_{2n} + H_2O$$

　　气相沉积（水解法）制备纳米 TiO_2 工艺流程如图 5-27 所示。用高纯氮气（99.999%）作为载气和惰性稀释气体，通过 $TiCl_4$ 与水汽化器进入反应器，产物 TiO_2 粒子用膜过滤收集，膜孔径为 $0.1\mu m$。得到的 TiO_2 粒子为球形，未经热处理前为锐钛矿型，950℃热处理后变为金红石型。TiO_2 粒径随反应温度的升高而迅速减小，温度由 550℃ 升至 900℃，粒径由 200nm 减小至 75nm。原因是升高温度，反应速率增大，提高了 TiO_2 的气相过饱和度使成核数目增加，从而使粒径减小。另外，TiO_2 的粒径随着 $TiCl_4$ 的分压增加而变大，随着 O_2 分压增加而减小。

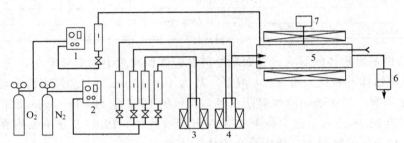

图 5-27　气相沉积（水解法）制备纳米 TiO_2 工艺流程

1—O_2 纯化器；2—N_2 纯化器；3—$TiCl_4$ 汽化器；
4—水汽化器；5—反应器；6—收集器；7—温度控制器

（2）钛盐液相沉淀法

　　该法一般是将钛的无机盐，如 $TiCl_4$、$TiO(SO_4)$ 或钛的有机醇盐，在溶液中水解生成 TiO_2 水合物，经洗涤、过滤、干燥和煅烧后得到超微或纳米 TiO_2。液相法包括无机钛盐水解沉淀法、钛醇盐为前驱体的水解沉淀法。以下在较详细介绍一种 $TiCl_4$ 水溶液的控制水解制备纳米氧化钛方法的基础上再简单介绍钛醇盐为前驱体的水解沉淀法。

　　① $TiCl_4$ 水溶液的控制水解法。这种制备方法的工艺流程如图 5-28 所示。采用 $TiCl_4$（化学纯）作为前驱体，在冰水浴下强力搅拌，将一定量 $TiCl_4$ 滴入蒸馏水中。将溶有硫酸铵和浓盐酸的水溶液加到所得的 $TiCl_4$ 溶液中，搅拌，混合过程中温度控制在 15℃ 以下。此时，$TiCl_4$ 的浓度为 1.1mol/L，$[Ti^{4+}]/[H^+]=15$，$[Ti^{4+}]/[SO_4^{2-}]=1/2$。将混合物升温到 95℃ 并保温 1h 后，加入浓氨水，调节 pH 值为 6 左右。冷却至室温，陈化 12h，过滤，用蒸馏水洗去 Cl^-（用 0.1mol/L 的 $AgNO_3$ 溶液检验）后，用乙醇洗涤三次，过滤，室温条件下将沉淀物真空干燥，将真空干燥后的粉体于不同温度下煅烧（升温速率为 3℃/min），得到不同形貌的 TiO_2 粉体。这种方法所得粉体常温下即有锐钛矿相存在，经 400℃ 煅烧 2h，粒径为 7nm 且晶粒大小均匀。

　　图 5-29 是 TiO_2 粉体的 XRD 谱。由图可知，室温下真空干燥后不经过任何热处理即有锐钛矿相存在，这与用 $Ti(SO_4)_2$ 为前驱体热水解得到的结果有很大差异。用 $Ti(SO_4)_2$ 热水解

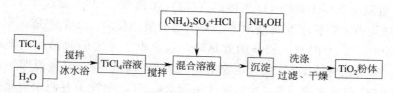

图 5-28　TiCl$_4$ 水溶液控制水解制备纳米氧化钛示意图

制备的氧化钛室温下为无定形，400℃处理 2h 开始出现很弱的衍射峰，600℃为锐钛矿相，800℃以金红石相为主。另外，Ti（SO$_4$）$_2$ 的水溶液或正丙醇溶液热水解所得粉体极易形成硬团聚，最终制备的粉体尺寸为微米级。而在该方法中，采用较高浓度的 TiCl$_4$ 水溶液，添加硫酸铵和氨水改变反应条件，控制了氧化钛晶粒的生长与团聚。XRD 结果还表明，650℃保温 2h 得到的粉体没有出现金红石相，700℃保温相同时间的粉体部分相变为金红石相。

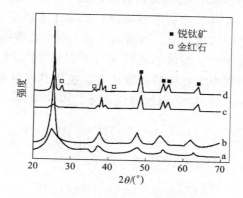

图 5-29　TiO$_2$ 粉体的 XRD 谱
a—25℃真空干燥；b—400℃保温 2h；c—650℃保温 2h；d—700℃保温 2h

图 5-30 是 TiO$_2$ 粉体（25℃真空干燥）的电子衍射照片，有明显的多晶衍射环存在，表明室温下不经热处理粉体中有锐钛矿相存在，与 XRD 结果一致。用 X 射线衍射宽化法，根据谢乐方程计算的粒径为 3.8nm。粉体于 400℃煅烧 2h 后，由 TEM 照片计算出平均粒径为 7nm。由于晶粒尺寸均匀，TEM 照片计算出的平均粒径与 X 射线衍射宽化法计算出的粒径（6.8nm）十分接近。

图 5-30　TiO$_2$ 粉体（25℃真空干燥）
的电子衍射照片

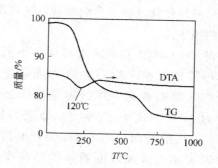

图 5-31　室温下真空干燥 TiO$_2$
粉体的 TG-DTA 曲线

图 5-31 是室温下真空干燥 TiO_2 粉体的 TG-DTA 曲线。DTA 曲线在 120℃时所对应的一个宽大的凹峰是由于颗粒表面吸附水的散失引起的吸热反应。文献报道，用钛醇盐制备的无定形粉体在 400~450℃时有一较强的放热峰，这是由于无定形向锐钛矿型转变放热的结果。而用 $TiCl_4$ 制备的粉体 DTA 曲线上没有出现类似的放热峰，间接说明不经热处理的粉体为锐钛矿相。TG 曲线表明，至 700℃粉体失重 26.2%，曲线上有两个失重台阶，第一个失重台阶是由表面物理吸附水的脱附造成的，第二个失重台阶的温度范围 500~700℃，与纳米晶表面吸附的—OH 基团的脱附有关。

在图 5-28 所示的流程中，添加了硫酸铵作为锐钛矿相 TiO_2 的促进剂。未加酸的 $TiCl_4$ 稀溶液中，$TiCl_4$ 水解过程可表示为：

$$TiCl_4 + 2H_2O \longrightarrow TiO_2 + 4H^+ + 4Cl^-$$

此反应可用来制备直径为 2nm 的氧化钛胶体，但 $TiCl_4$ 浓度增大后，TiO_2 胶体容易聚集。降低反应体系的温度，有利于抑制水解反应。采取冰水浴措施，水解速度缓慢，$TiCl_4$ 溶于水后得到的是稍显黄色的清亮溶液。当滴加溶有少量浓盐酸的硫酸铵溶液到三分之一体积时，溶液开始浑浊；继续滴加，溶液不再透明。升温至 70℃时，溶液重新澄清透明，至 95℃时，又开始浑浊。硫酸铵中溶有少量盐酸是为了控制升温过程中含钛离子的水解速度。因此，冰水浴及强酸介质中，$TiCl_4$ 的水解可能是分三步进行的。

$$TiCl_4 + H_2O \longrightarrow TiOH^{3+} + H^+ + 4Cl^-$$

$$TiOH^{3+} \longrightarrow TiO^{2+} + H^+$$

$$TiO^{2+} + H_2O \longrightarrow TiO_2 + 2H^+$$

其中第一步是快速反应，由于 $TiCl_4$ 浓度较大，反应产生的氢离子抑制了第二步和第三步反应的进行，得到的是清亮的含 $TiOH^{3+}$ 的溶液。滴加溶有盐酸的硫酸铵溶液后，当 SO_4^{2-} 浓度较大时，能与 TiO^{2+} 形成沉淀，$TiOSO_4$ 沉淀促进了第二步反应的进行。由于温度升高后，$TiOSO_4$ 的溶解度增大，浑浊重新变澄清，此时，钛主要以 TiO^{2+} 形式存在。温度升到 95℃时，第三步反应开始进行。但由于第一、第二、第三步反应均产生氢离子，此时氧化钛的生成速度是适中的。保温一定时间，有利于晶核的生成与发育。添加氨水，由于 NH_4^+ 的缓冲作用，溶液的 pH 值缓慢升高，这样既能中和反应产生的氢离子，使反应向有利于形成氧化钛晶核的方向移动，又可避免 pH 值迅速改变造成快速沉淀，导致沉淀成分不均匀的现象。

表 5-19 列出了不同水解条件下所得粉体的性能。室温下水解 1h 后，用稀氨水中和后的粉体真空干燥后主要为无定形结构。70℃水解 1h，粉体为金红石与锐钛矿的混合物，根据普遍采用的定量分析公式 $[\chi = 1/(1 + 0.8I_A/I_R)]$ 可以算出金红石相的含量为 63%。式中 I_A 和 I_R 分别为锐钛矿和金红石的（101）衍射面（$2\theta = 25.4°$）和（110）衍射面（$2\theta = 27.4°$）的衍射强度。图 5-32 的 X 射线衍射结果表明，提高水解温度能有效地改变粉体的结晶度。另外，无定形的粉体经 400℃煅烧后相变为锐钛矿相。无定形粉体的比表面积较大，两相并存的纳米晶（样品 C）的比表面积为 271m^2/g，根据 Scherrer 公式计算其中的金红石相和锐钛矿相的一次粒径分别为 4.3nm 和 5.9nm。

表 5-19 不同水解条件下所得粉体的性能

样品	[Ti]／[SO₄²⁻]	水解温度/℃	室温干燥 颗粒大小/nm	煅烧颗粒大小 (400℃)/nm	室温比表面积 /(m²/g)
A	1：2	95	3.8(A)	6.8(A)	290
B	20：1	70	3.5(A)	9.5(A)	388
C	1：0	70	5.9(A)，4.3(R)	10.7(A)，14.2(R)	271
D	20：1	20	无定形	10.2(A)	501
E	1：0	20	无定形	10.5(A)	449

注：(A) 表示锐钛矿相，(R) 表示金红石相。

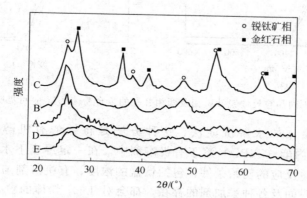

图 5-32 TiO₂ 粉体的 XRD 谱

制备过程中往 TiCl₄ 溶液中添加硫酸铵，能显著地改变粉体的性能。相同的水解温度下，添加少量硫酸铵后，所得粉体比表面积显著提高。由表 5-19 可见添加的硫酸根离子的量相当于钛的 1/20 时（物质的量之比），室温下的 TiCl₄ 溶液水解产物同样为无定形结构，但它的比表面积提高了 11％。图 5-33 是真空干燥的样品 D 和样品 E 的孔径分布。从孔径分布曲线可见这种无定形粉体的孔径在 2~5nm，平均孔径为 3.8nm。而没有添加硫酸铵得到的无定形固体，孔径分布较宽，在 2~8nm 的范围内。

与未添加硫酸铵所制备的无定形粉体一样，400℃煅烧后相变为锐钛矿相。添加有硫酸铵的 TiCl₄ 溶液在 70℃水解 1h 所得的粉体为纯锐钛矿相，其一次粒径为 3.5nm，比表面积为 388m²/g。

图 5-34 为不同晶粒尺寸锐钛矿相[图 5-34(a)]及两相并存的复合粉体[图 5-34(b)]的紫外-可见吸收光谱（A 代表锐钛矿相，R 代表金红石相）。可以看出，随着粒径的减小，锐钛矿相氧化钛纳米晶的吸收带边界蓝移，吸收谱的形状与金红石相纳米晶的吸收光谱相比显得平坦。两相并存的复合粉体

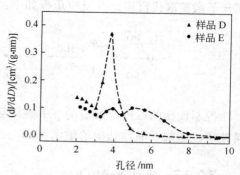

图 5-33 TiO₂ 粉体真空干燥样品孔径分布

的吸收光谱有同样的蓝移现象（波长 λ<450nm）；400℃煅烧后变为浅黄色，能吸收部分可见光（波长 λ<500nm）。由于它们吸收了可见光中的部分紫光，而使粉体呈现黄色，我们把锐钛矿相纳米晶（粒径 3.8nm）和金红石相纳米晶（粒径 7.2nm）机械混合（金红石含量 60％），其吸收光谱在可见光区没有复合粉体中类似的弱吸收，表明在化学制备过程中形成的两相并存的复合粉体不同于两相简单地机械混合形成的粉体，部分混晶在晶面水平的混

合，其能隙比纯锐钛矿相或金红石相都要小。400℃煅烧的混晶的高分辨电镜照片显示，混晶有很好的结晶度，较大的晶粒为立方状，较小的为球状，联系到表 5-19 中计算出的晶粒尺寸，推测较大的晶粒为金红石相，球状晶粒为锐钛矿相。

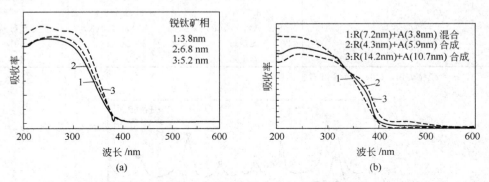

图 5-34　不同晶粒尺寸锐钛矿相及两相并存的复合粉体的紫外-可见吸收光谱

② 钛醇盐为前驱体的水解沉淀法。这种方法是将钛的有机醇盐，如钛酸四丁酯（TBOT）和钛酸四异丙酯（TIPO）溶于有机溶剂中，在一定温度下水解，得到纳米 TiO_2 粉体。在水解过程中，反应的初始条件，包括钛盐的浓度、有机溶剂与水的量、溶液的 pH 值、反应温度、反应时间及各种添加剂的存在，都会对 TiO_2 粉体的粒径分布、形貌、晶体结构、表面性质及晶体缺陷等有显著影响，从而影响 TiO_2 的光催化活性。

与钛的无机盐水解沉淀法相比，钛的有机醇盐反应较温和，更易于控制产物性质，得到的 TiO_2 粉体粒径更细、纯度更高。

（3）溶胶-凝胶法

这种方法是将钛盐（多为钛的有机醇盐）水解直接形成溶胶或经解凝形成溶胶，然后使溶胶聚合凝胶化，再将凝胶干燥、焙烧去除有机成分，得到 TiO_2。将 TiO_2 粉体在一定温度下进行煅烧或热处理，得到锐钛型或金红石型纳米 TiO_2 粉体。钛盐的水解过程可看成是双分子亲核取代反应。其反应历程如下：

控制钛盐的浓度、溶液的 pH 值、反应温度等反应条件以及加入不同的添加剂可得到不同粒径、形貌及晶体结构的纳米 TiO_2。

5.2.2.3　纳米 $\alpha\text{-}Al_2O_3$

Al_2O_3 粉体广泛应用于电子器件、冶金化工及精细陶瓷等领域。纳米 Al_2O_3 粉体颗粒细、比表面积大，有着更大的应用价值。但由于 $\alpha\text{-}Al_2O_3$ 通常是需要经过高温煅烧才可得到的稳定相，因而较难得到纳米尺寸的 $\alpha\text{-}Al_2O_3$ 粉体；此外，用一般的湿化学方法（如沉淀法）制备 Al_2O_3 粉体容易产生硬团聚。

高分子网络凝胶法制备纳米 $\alpha\text{-}Al_2O_3$ 粉体的特点在于在凝胶过程中所形成的高分子网络阻止煅烧过程中的传质过程，减轻了团聚和晶粒长大。用这种方法制备 Al_2O_3 粉体，可获得颗粒大小为 10nm 左右的 $\alpha\text{-}Al_2O_3$ 纳米粉体，其晶化温度比尺寸大的粉体降低约 100℃。

图 5-35 是高分子网络凝胶法制备 $\alpha\text{-}Al_2O_3$ 纳米粉体的工艺流程。首先，在硝酸铝水溶液中，加入丙烯酰胺单体、$N,N'\text{-}$亚甲基双丙烯酰胺网络剂及过硫酸铵引发剂，在 80℃ 聚合获得凝胶，将所得凝胶干燥、煅烧，就可获得 $\alpha\text{-}Al_2O_3$ 粉体。

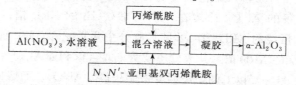

图 5-35　高分子网络凝胶法制备 $\alpha\text{-}Al_2O_3$ 纳米粉体的工艺流程

（1）高分子网络凝胶过程

高分子网络凝胶法利用了丙烯酰胺自由基聚合反应，同时在此体系中加入 $N,N'\text{-}$亚甲基双丙烯酰胺，利用它的有两个活化双键的双功能效应，将高分子链联结起来构成网络从而获得凝胶，其过程如图 5-36 所示。由于凝胶的形成，Al^{3+} 离子在溶液中的移动受到限制，在以后的干燥和煅烧过程中，Al_2O_3 纳米颗粒相互间接触和聚集的机会减少，有利于形成颗粒尺寸小、团聚少的纳米粉体。

引发：
$$S_2O_8^{2-} \longrightarrow 2SO_4^{2-}$$
$$SO_4^{2-} + CH_2 = CHCONH_2 \longrightarrow SO_4\dot{C}H_2 - \dot{C}HCONH_2$$

聚合：
$$SO_4\dot{C}H_2 - \dot{C}HCONH_2 = CHCONH_2 \longrightarrow SO_4\dot{C}H_2 - CH - CH_2 - \dot{C}HCONH_2 \cdots \longrightarrow$$
$$\underset{CONH_2}{}$$

$$SO_4CH_2 - CH \cdots CH_2 - \dot{C}HCONH_2 \longrightarrow \{CH_2 - CH\}_n$$

丙烯酰胺凝胶：

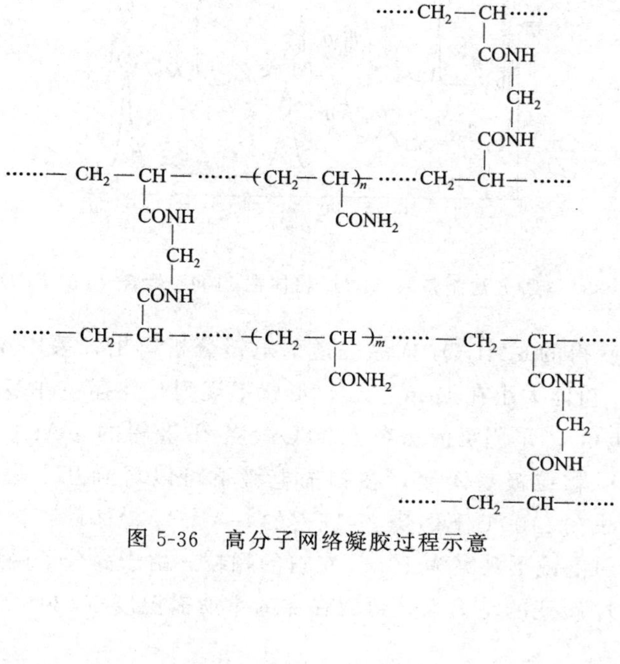

图 5-36　高分子网络凝胶过程示意

（2）煅烧温度与相的变化

α-Al$_2$O$_3$ 是一种高温稳定相，干燥的凝胶需经高温煅烧才能得到 α-Al$_2$O$_3$，其间的相变过程如图 5-37 所示。通常 α-Al$_2$O$_3$ 需经 1200℃以上的高温才能获得，而粉体的大小与煅烧温度很大关系，降低煅烧温度有利于减小颗粒尺寸。通过计算 Al$_2$O$_3$ 从 γ-α 相转变的吉布斯自由能可知：γ-Al$_2$O$_3$ 在较低的温度下就能转变为 α-Al$_2$O$_3$，其中的关键在于颗粒尺寸的大小。图 5-38 为 3 种方法制备的 Al$_2$O$_3$ 粉体在 1100℃煅烧 2h 的 XRD 谱。其中，曲线 a 为市售 γ-Al$_2$O$_3$ 粉体经 1100℃煅烧的 XRD 谱，可见其成分主要是 α-Al$_2$O$_3$；曲线 b 为沉淀法获得的 Al(OH)$_3$ 经 1100℃煅烧的 XRD 谱，其成分主要为 θ-Al$_2$O$_3$ 和 α-Al$_2$O$_3$。这说明用 γ-Al$_2$O$_3$ 煅烧法和沉淀法都需要在 1100℃以上的煅烧温度才能获得 α-Al$_2$O$_3$，而煅烧温度越高，粉体的颗粒尺寸越大，不利于制备 α-Al$_2$O$_3$ 纳米粉体。曲线 c 为在高分子网络凝胶过程中的干凝胶经 1100℃煅烧后的 XRD 谱，可见其成分全部为 θ-Al$_2$O$_3$，表明高分子网络凝胶法可以在更低的温度煅烧获得高温稳定的 θ-Al$_2$O$_3$；而较低的煅烧温度有利于 θ-Al$_2$O$_3$ 纳米粉体的获得。

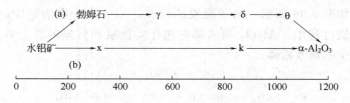

图 5-37　从干凝胶到 α-Al$_2$O$_3$ 期间的相变过程

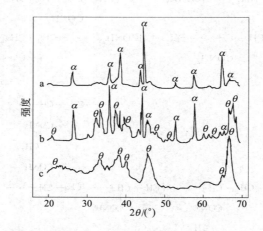

图 5-38　3 种方法制备的 Al$_2$O$_3$ 粉体在 1100℃煅烧 2h 的 XRD 谱

从上述 3 种方法获得的 α-Al$_2$O$_3$ 样品的透射电镜分析得出，采用 γ-Al$_2$O$_3$ 在 1200℃煅烧 2h 获得的 α-Al$_2$O$_3$ 粉体大小在 1μm 左右，形状不规则，并存在许多小的纳米颗粒，可能是转变不完全的 γ-Al$_2$O$_3$。采用沉淀法在 1200℃煅烧 2h 获得的 α-Al$_2$O$_3$ 粉体由于脱水过程中氢键的作用，Al$_2$O$_3$ 颗粒极易团聚，在扫描电镜下可以看到几十个微米大小的硬团聚。而用高分子网络凝胶法在 1100℃下煅烧 2h 获得的 α-Al$_2$O$_3$ 粉体，直接观察其外观为疏松的絮状白色粉末，在透射电镜下观察为 10nm 左右的颗粒。由于高分子网络凝胶法获得的粉体颗粒小，其向 α-Al$_2$O$_3$ 转变的动力大，可以在比通常所需温度（1200℃）低 100℃的情况下

获得 Al_2O_3 粉体。

5.2.2.4　超微与纳米 SiO_2

超微和纳米二氧化硅是一种用途广泛的无定形（非晶质）无机超微粉体材料。其制备方法目前主要有气相法和液相法两种。

（1）气相法

气相法生产工艺又称热解法、干法或燃烧法。其原料一般采用四氯化硅、氧（或空气）和氢，在高温下反应而成，反应式为：

$$SiCl_4 + (n+2)H_2 + (n/2+1)O_2 \longrightarrow SiO_2 \cdot nH_2O + 4HCl$$

空气和氢气分别经过加压、分离、冷却脱水、硅胶干燥、除尘过滤后送入合成水解炉。将四氯化硅原料送至精馏塔精馏后，在气化器中气化，并以干燥、过滤后的空气为载体，送到合成水解炉。四氯化硅在高温下气化（火焰温度 $1000 \sim 1200℃$）后，与一定量的氢和氧（或空气）在 $1800℃$ 左右的高温下进气相水解；此时生成的气相二氧化硅颗粒极细，与气体形成溶胶，不易捕集，首先在聚集器中集成较大颗粒，然后经旋风分离器收集，再送入脱酸炉，用含氨空气吹洗气相二氧化硅至 pH 值 $4 \sim 6$ 即为成品。

气相法生产的 SiO_2 也称为 "气相白炭黑"，是一种高纯度、高分散性、表面羟基少、颗粒呈球形的无定形超微或纳米粉体材料。

（2）液相法

液相法目前主要有化学沉淀法、溶胶-凝胶法、微乳液法等。目前工业上主要采用化学沉淀法。

① 化学沉淀法。化学沉淀法是以硅酸钠或水玻璃与盐酸或硫酸为原料制备超微和纳米二氧化硅。其原理如下：

$$Na_2O \cdot mSiO_2 + H_2SO_4 + nH_2O \longrightarrow mSiO_2 \cdot qH_2O \downarrow + Na_2SO_4 \cdot (n-q) \text{或}$$
$$Na_2O \cdot mSiO_2 + 2HCl + nH_2O \longrightarrow mSiO_2 \cdot qH_2O \downarrow + 2NaCl \cdot (n-q)$$

反应式中的 m 为硅酸钠中 SiO_2 与 Na_2O 的比值（硅钠比），俗称水玻璃的模数。

将沉淀反应产物过滤、洗涤、干燥和解聚后得到超微或纳米 SiO_2，又称沉淀法白炭黑。

用此法制备超微或纳米 SiO_2 的问题是：由于沉淀 SiO_2 粒子的比表面积大、含水率高，容易在后续脱水，特别是干燥作业中形成团聚。因此，一方面要改进沉淀反应的条件或者在沉淀反应过程中及时地进行表面处理；另一方面是要在干燥后用高速气流或机械冲击方法进行打散解聚。

② 溶胶-凝胶法。该方法是将硅酸酯与无水乙醇按一定摩尔比混合成溶液，在搅拌状态下缓慢加入适量去离子水，并调节溶液的 pH 值，再加入合适的表面活性剂。反应分为两步：第一步，硅酸酯水解生成硅酸和相应的醇；第二步，生成的硅酸之间通过相互碰撞，彼此交联、缩合形成 SiO_2 的微晶核，经过一定时间的生长和发育，形成粒径大小均匀的 SiO_2 单分散球形粒子，然后再经陈化、过滤、洗涤、干燥即得到超微或纳米 SiO_2 粉体。

5.2.2.5　纳米莫来石粉体

莫来石具有密度低、热膨胀系数小、化学稳定性好、抗蠕变、高温性能优异和中红外光可透过性好的特点，是一种重要的电子、光学和结构材料。水解-共沉淀法是制备纳米莫来石粉体常用的方法之一。水解-共沉淀法首先使难水解组分部分水解后与第二组分混合，通过调节 pH 值达到共沉淀目的，从而避免由于两种组分水解速率的差异而导致组分混合不均，具有制备工艺简单、易于实现批量生产等特点。以下介绍以正硅酸乙酯[$Si(OC_2H_5)_4$]和氯化铝（$AlCl_2 \cdot 6H_2O$）为原料制取纳米莫来石粉体。

由于正硅酸乙酯的水解速率远小于氯化铝，首先将正硅酸乙酯在一定温度下 pH<3 的乙醇-水溶液中进行 24h 预水解，然后以莫来石（$3Al_2O_3 \cdot 2SiO_2$）化学计量比与氯化铝水溶液混合。经 70℃搅拌 1h 后，缓慢滴加 4mol/L NH_4OH 使之共沉淀。所得沉淀物经水洗除去氯离子再经乙醇脱水后干燥、煅烧得到纳米莫来石粉体。

溶胶沉淀法制备纳米莫来石粉体的过程中影响因素很多，其中最重要的是煅烧温度。

图 5-39 所示为粉体前驱体随煅烧温度变化的相转移过程。新制备的莫来石粉体前驱体中有拜耳石（Bayerite）存在，600℃煅烧后粉体完全转化为无定形状态，进一步提高煅烧温度在 920℃和 1150℃分别生成 γ-Al_2O_3 和 (δ, θ)-Al_2O_3。在 1150℃以下温度范围内粉体中的 SiO_2 始终以无定形状态存在，在 1125℃的 X 射线衍射中，莫来石衍射峰开始居于主导地位，同时伴随有弱的残余 (δ, θ)-Al_2O_3 衍射峰，至 1350℃粉体已完全转化为莫来石。

粉体在加热过中结构会出现一系列变化，变化过程可通过红外光谱来测定。如图 5-40 所示，$1640cm^{-1}$ 外的吸收带由吸附水的振动导致，随着温度的升高和试样脱水的进行，该吸收带强度逐渐减弱直至消失。由于新制备的沉淀中缺少具有 4 配位的铝离子（Al^{IV}），其 IR 光谱中 Al^{IV}-O 吸收带（$380cm^{-1}$）几乎不存在，只有强的 Al^{VI}-O（Al^{VI}，6 配位铝离子）吸收带出现在 $650cm^{-1}$ 位置。但是，随着温度升高和 Al^{VI} 浓度的上升，上述 Al^{VI}-O 吸收带强度逐渐增大，在 920℃ Al^{VI}-O 和 Al^{VI}-O 吸收带强度几乎相当，它们相互叠加在 $500\sim900cm^{-1}$ 形成一个宽的吸收带。进一步提高煅烧温度，该 Al-O 吸收带几乎保持不变，直至 1350℃形成莫来石，此时它分裂为 3 个独立的吸收带，$560cm^{-1}$（Al^{VI}-O）、$740cm^{-1}$（Al^{VI}-O）

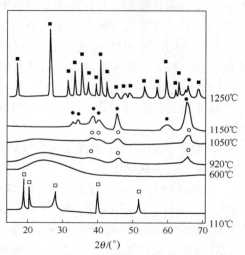

图 5-39　莫来石粉体前驱体随煅烧
温度变化的相转变过程

和 $830cm^{-1}$（Al^{VI}-O）。在沉淀物中，过渡 Al_2O_3 中的部分 Al^{3+} 被 Si^{4+} 所取代使得 4 配位和 6 配位的铝离子分布趋于更加无序可能是导致 Al-O 吸收带相互叠加的原因。

在 Al-O 吸收带变化的同时，Si-O 吸收带也发生了急剧变化。如图 5-40 中的虚线所示，随着 γ-Al_2O_3 和莫来石在 1050℃和 1350℃的析晶，$1100cm^{-1}$ 处的 Si-O 吸收带向高波数方向呈阶跃式偏移。同时，另一个 Si-O 吸收带（$470cm^{-1}$）也向高波数方向同步移动，但其幅度较小。另外，在 1050℃和 1150℃间，红外光谱中的 Si-O 吸收带在波数和形状上表现出与纯无定形 SiO_2 相同的特征。这说明在此温度区间粉体中无定形 SiO_2 几乎由纯 SiO_2 组成。

在水解-共沉淀法中，虽然莫来石双相凝胶是在高得多的水解速率下制得的，但是 Al^{3+} 在无定形 SiO_2 中仍然不可避免地产生一定程度的固溶，由此导致 Si—O 键的键强、键角和键长的变化是使红外光谱中 Si-O 带在低于 1050℃下向低波数方向移动的根本原因。在热处理过程中，凝胶在 1000℃附近发生相反应。首先，在拜耳石分解生成的富 Al_2O_3 区域内 γ-Al_2O_3 逐渐成核，其后伴随着 γ-Al_2O_3 晶粒的长大，Al^{3+} 从无定形 SiO_2 中脱溶，生成纯

的无定形 SiO_2，并导致 Si-O 吸收带向高波数方向移动。最后，无定形 SiO_2 与 (δ,θ)-Al_2O_3 通过固相反应合成莫来石，从而使 Si-O 带进一步向高波数方向偏移。

　　煅烧温度对莫来石粉体的比表面积的影响非常明显。图 5-41 为莫来石粉体比表面积随煅烧温度的变化曲线。刚制备的新鲜粉体的比表面积高达 $427m^2/g$，随着煅烧温度的提高其比表面积呈直线下降，并在 920℃出现一个转折点。高于此温度，由于粉体析晶的原因，比表面积显著下降。

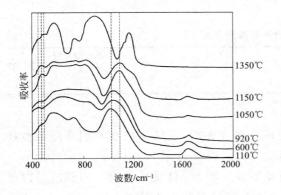

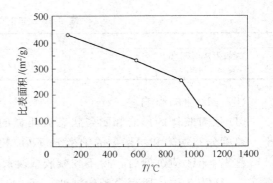

图 5-40　不同温度下莫来粉体的红外光谱　　　　图 5-41　莫来石粉体比表面积随煅烧温度的变化曲线

5.2.2.6　纳米 $BaTiO_3$ 粉体

　　$BaTiO_3$ 具有很好的介电性，是电子陶瓷领域应用最广的材料之一。传统的 $BaTiO_3$ 制备方法是固相合成，生成的粉末颗粒粗且硬。现代高科技要求陶瓷粉体具有高纯、超细、粒径分布窄等特性。溶液化学法是制备超微粉体的一种重要方法，其中以溶胶-凝胶法和溶胶-沉淀法最为常用。

　　溶胶-凝胶法合成 $BaTiO_3$ 纳米粉体工艺流程如图 5-42 所示，在完全溶解的 $Ba(OH)_2$ 乙二醇甲醚溶液中，加入钛酸丁酯的乙醇溶液，形成均匀的溶胶，并使 Ba、Ti 物质的量之比为 1:1，往溶胶中缓慢加入乙二醇单甲醚的水溶液，放置片刻即有均匀的凝胶析出，将凝胶干燥，研磨后进行热处理，得到 $BaTiO_3$ 纳米粉体。下面具体分析溶胶-凝胶法合成 Ba-TiO_3 纳米粉体的过程。

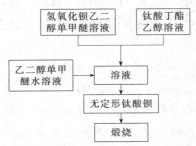

图 5-42　溶胶-凝胶法合成 $BaTiO_3$ 纳米粉体工艺流程

（1）溶胶的选择

　　溶胶-凝胶法中，最终产物的结构在溶胶中已初步形成，其后续工艺与溶胶的性质直接相关，因而溶胶的质量是十分重要的。醇盐的水解和缩聚反应是均相溶液转变为溶胶的根本原因，控制醇盐水解缩聚的条件是制备高质量溶胶的关键。

　　溶剂的选择是溶胶制备的前提，由于醇盐中的—OR 基与醇溶剂中的—OR 基易发生交换，造成醇盐水解活性的变化，所以同一醇盐，由于选用的溶剂不同，其水解速率和胶凝时间都会随之变化。试验发现，用乙醇、正丁醇和乙二醇单甲醚三种溶剂都能形成溶胶，但溶胶向凝胶转化的时间，即胶凝时间有很大的差别，得到的粉体粒径也有所不同，这是由于各种溶剂的极性、偶极矩及路易斯碱性不同，导致在溶胶中发生交换反应时产生了不同的影响，如表 5-20 所示。用正丁醇作溶剂的胶凝时间最长，达 72h，且容易产生胶溶现象。但不同溶剂中粉体的粒径分布差别不大。

表 5-20 溶剂与粉体性能的关系

溶剂	乙醇	正丁醇	乙二醇甲醚
凝胶形成时间/h	15	72	49
颗粒大小/nm	19	23	17

（2）pH 值的影响

pH 值对胶体的形成和团聚状态有明显的影响。研究表明，pH 值较高有利于制备粒径小、粒度分布均匀和团聚少的纳米 $BaTiO_3$ 粉体。

首先，pH 值过低时，得不到凝胶或凝胶质量不好。如在 pH 值为 4 时，得到的是白色沉淀；pH 为 7 时，所得凝胶较混浊；而 pH 为 9 时，所得凝胶为透明的。

不同 pH 值下所得粉体的晶相也不同。图 5-43 是凝胶经 600℃ 煅烧后所得粉体的 XRD 谱。从图 5-43 中可见，pH 值为 4 和 7 时，所得粉体为四方相，（001）、（002）等晶面的衍射峰发生了分裂；而 pH 值为 9 时，所得粉体为立方相。

从透射电镜下明显可见 pH 值对粉体特性的影响。pH 值为 4 时，所得的粉体团聚很严重，大部分颗粒聚集在一起，只有少量离散的单个颗粒；在 pH 值为 7 时，粉体部分团聚，其中团状结构由许多小晶粒组成；当 pH 值为 9 时，所得粉体颗粒极小，粒径分布均匀，极少团聚。

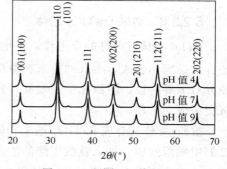

图 5-43 不同 pH 值下所得
粉体的 XRD 谱

pH 值对粉体性能的影响与反应过程有关。由于 $Ti(OR)_4$ 极易与 H_2O 发生反应，生成 $Ti(OH)_4$ 沉淀，在碱性条件下，羟基与醇钛及水分子相互作用，生成 $[Ti(OH)_6]^{2-}$ 络合阴离子，然后这种含钛络合阴离子与钡离子发生中和反应。反应方程表示为：

$$Ti(OR)_4 + 4H_2O + Ba^{2+} + 2OH^- \longrightarrow [Ti(OH)_6]^{2-} + Ba^{2+} + 4ROH \longrightarrow$$
$$BaTiO_3 + 4ROH + 3H_2O$$

其中钛离子的生成必须在碱性条件下进行。在溶液 pH=9 时，水解反应由 OH^- 的亲核取代引起，水解速率大于聚合速度，水解比较完全，凝胶的形成主要由缩聚反应机理控制，凝胶结构有序程度好，当 pH 值减小到 7 以下时，由于缩聚反应速率远大于水解反应，水解由 H_3O^+ 的亲电机理引起，缩聚反应在水解完全进行前即已开始，得到的是水合二氧化钛，不能形成钛络离子。在中性溶液中，由于水的电离为反应提供了 OH^-，因而能够得到胶凝骨架，但由于 OH^- 浓度较低，形成的水合二氧化钛沉淀包容在凝胶中，使得凝胶的颜色变白，粉体的性能略差。

pH 值对粉体性能的影响还与 ξ 电位的变化有关。图 5-44 是粉体 pH 值与 ξ 电位关系。粉体的等电点在 1.7～1.9 之间，在低于等电点的一端，随 pH 值的减小，粉体的 ξ 电位迅速增大；在

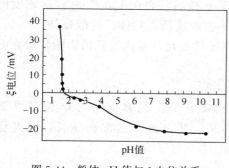

图 5-44 粉体 pH 值与 ξ 电位关系

高于等电点端，ξ 电位随 pH 值的增大缓慢降低；pH＝8 以上时，ξ 电位保持不变。从图 5-44 可以看到，当 pH 值较大时，由于偏离了等电点，胶粒间的相互排斥作用增加，减小了颗粒间的团聚作用，使得粉体的分散性较好。

（3）加水量的影响

实验采用五种不同的加水量，得到的结果如表 5-21 所示。由于所用的水是过量的，随 R 的增大，胶体的浓度下降，且胶凝时间延长。整个过程中均未出现胶溶现象。粉体的晶粒尺寸（TEM）随加水量的增多而增大，比表面积则在 $R=40$ 处有一个极大值。将五种粉体经冷等静压后，在 1200℃ 烧结，得到的陶瓷密度在 88%～93% 之间。

表 5-21　加水量与粉体性能的关系

性能	a	b	c	d	e
水-醇盐比 R	10	20	40	60	100
颗粒大小/nm	11	13	19	25	33
比表面积/(m²/g)	15.85	17.28	18.43	10.65	8.53
烧结密度/%	88.13	90.17	92.58	89.32	92.14

（4）陈化时间的影响

由表 5-22 可知，随陈化时间的增加，在 4h 以内，粒子缓慢生长，之后随陈化时间的延长，粉体的粒径显著增长。测量粉体的比表面积随陈化时间的变化，发现陈化时间为 4h 时有一个最大值，说明此时的颗粒发育正好，陈化时间继续增加，则颗粒迅速长大。

表 5-22　陈化时间对粉体性能的影响

时间/h	0	2	4	15	24
颗粒大小/nm	13	13	14	17	20
比表面积/(m²/g)	14.31	14.85	18.43	16.40	15.08

（5）煅烧温度的影响

煅烧温度对粉体晶相的影响非常明显。图 5-45 是不同煅烧温度下所得 $BaTiO_3$ 粉体的 XRD 谱。由此可见在 400℃ 时，粉体为无定形态，升温到 500℃ 时有部分晶体析出，到 600℃ 结晶完全，此时主晶相为 $BaTiO_3$，并含有少量 $BaCO_3$。继续升温到 800℃ 时，$BaTiO_3$ 峰被加强并变锐，说明随煅烧温度的升高，晶粒长大。同时 $BaCO_3$ 峰逐渐减弱，在煅烧到 1000℃ 时 $BaCO_3$ 峰消失，粉体变为纯 $BaTiO_3$。

（6）粉体的烧结性能和介电性能

粉体显微结构的差别直接影响到陶瓷的性能。图 5-46 是不同方法制备的粉体（G：溶胶-凝胶法；P：溶胶-沉淀法）经冷等静压后在不同温度下烧结得到的陶瓷

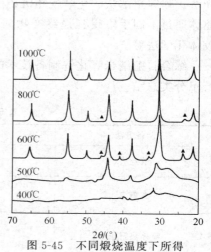

图 5-45　不同煅烧温度下所得 $BaTiO_3$ 粉体的 XRD 谱

相对密度。结果显示，G 的素坯密度、烧结温度都高于 P 样品，它在 1250℃时相对密度即达 93%，比微米粉体烧结温度降低约 100℃。表明溶胶-凝胶法所得粉体的性能较佳。

将 1250℃烧结的陶瓷在 1kHz 时测量介电常数随温度的变化。考虑气孔的影响，对介电常数用下式修正：

$$\varepsilon = \varepsilon_m (2+P)/[2(1-P)]$$

式中，P 为气体的体积分数；ε_m 为实验测得的介电常数。经修正后的介电-温度谱如图 5-47 所示，结果显示 G 样品的介电性好于 P 样品，其室温介电常数较高，温度稳定性较好。

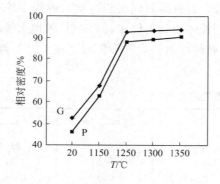

图 5-46　不同方法制备粉体的烧结曲线

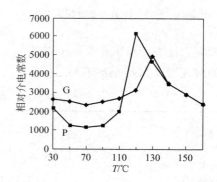

图 5-47　介电-温度谱的比较

5.2.2.7　超微与纳米 ZnO

ZnO 是半导体化合物，当其尺寸达到纳米数量级时，由于具有量子限域效应、尺寸效应、表面效应等重要的结构特性，与普通材料迥然不同，在电子、涂料、催化、气敏器件和压敏电阻器件等领域有广泛应用。因此，近年来，纳米 ZnO 的制备成为纳米材料制备领域的热点之一。

根据制备过程的化学反应，通常将纳米氧化锌的制备分为一步法和二步法两大类。一步法，即由锌或锌盐与其他物质的混合物通过采用一步工艺直接得到所需产物，如水热法、激光法、喷雾热解法、化学气相沉积法等；二步法，即首先制备纳米氧化锌的前驱体，再由前驱体通过不同手段得到最终产物的方法，如溶胶-凝胶法、化学沉淀法、乳液或微乳液法、胶体化学法等。

综合目前纳米氧化锌制备技术的研究状况，表 5-23 和表 5-24 分别对一步法和二步法进行了分类总结。

表 5-23　一步法制备纳米氧化锌

制备方法	原料	产品形貌和粒径/nm
激光法	锌盐	10～20
	锌片	多面体，10～40
水热法	$Zn(CH_3COO)_2$,$ZnCl_2$,$Zn(NO_3)_2$,KOH, $NH_3 \cdot H_2O$,$NaNO_2$	短柱状，15
		纤维，16:1(长径比)
喷雾热解法	$Zn(CH_3COO)_2$,甲醇	棒状
	硝酸锌，氮气	球形，150
	二水合乙酸锌	<1000
化学气相沉积法	Zn	球形 50；类四角锥体 25

表 5-24　二步法制备纳米氧化锌

制备方法	原料	产品形貌和粒径/nm
化学沉淀法	硝酸锌,氨水	约 500
	碳酸铵,锌盐	球形或近球形,50
	$ZnCl_2$,草酸铵	球形,10～80
	$ZnCl_2$,草酸	六角晶体,20～40
	$ZnCl_2$,氨水,乙醇	6～17
	氧化锌矿,碳酸铵	8～60,15～80
	硝酸锌,尿素	约 120;球形约 100
	硝酸锌,氨水	球形,约 100
	$ZnCl_2$,HMTA	针状约 500,球形
	$ZnSO_4 \cdot 7H_2O$,$ZnCl_2$	8～10
	锌盐,表面活性剂	20～50
	锌盐,碱	棒状、针状、球状团
	硝酸锌,氯化锌,HMTA	聚体、棒状与针状混合体
乳液或微乳液法	硝酸锌,碳酸钠	约 10
	$Zn(NO_3)_2$,$NH_3 \cdot H_2O$	球形,20～50
	乙酸锌,NaOH,乙醇,表面活性剂	约 30
	锌盐,表面活性剂(甲苯)	球形,4～90
	乙酸锌,NaOH,氨水,氯化铵,聚乙二醇	六角片状,约 50
胶体化学法	乙酸锌,氢氧化锂,无水乙醇,正己烷,镁粉	3～5
	硝酸锌,柠檬酸,聚乙二醇	球形,20
	硫酸锌,氢氧化钠,碳酸氢铵	10～20
	硝酸锌,醋酸锌,碳酸钠,氨水	球形,20～80
	$ZnSO_4 \cdot 7H_2O$,$FeSO_4 \cdot 7H_2O$,NaOH	球形,10～20
	硫酸锌,碳酸钠,六偏磷酸钠,二甲苯	约 110
	$Zn(NO_3)_2$,NaOH	针状
	$Zn(CH_3CO_2)_2 \cdot 2H_2O$,丙醇,NaOH	近球形,约 4
溶胶-凝胶法	硝酸锌,氢氧化钠	球形,40～80
	乙酸锌,$Zn(NO_3)_2$,LiOH	<107
	乙酸锌,LiOH	约 6
固相化学反应法	草酸,乙酸锌	球形,20
	硫酸锌,碳酸钠	棒球形,6～12.7
热爆法	硝酸锌,NaOH,H_2O_2,P_2O_5	针棒状,(8～20)×(50～100)
临界干燥法	硝酸锌,氨水等	20 或更大

一步法制备纳米氧化锌工艺流程如图 5-48 所示。

图 5-48　一步法制备纳米氧化锌工艺流程

二步法是采用第一步的沉淀反应首先得到分散性良好、热分解温度较低的前驱体[$Zn_5(CO_3)_2$ $(OH)_6$];然后对前驱体进行第二步热分解反应而得到纳米氧化锌,工艺流程如图 5-49 所示。

图 5-49　二步法制备纳米氧化锌的工艺流程

化学沉淀法是制备纳米 ZnO 粉体常用的一种合成方法，具有工艺简单、易实现工业化生产的特点。采用这种方法，可以获得分散性好的纳米 ZnO 粉体。其制备工艺介绍如下。

首先，将 Na_2CO_3 溶液在剧烈搅拌下与 $ZnNO_3$ 溶液反应获得前驱体——碱式碳酸锌沉淀，所得沉淀经水洗后，用无水乙醇洗涤脱水，滤饼在 100℃ 烘干后再在 250℃ 下煅烧得到纳米 ZnO 粉体。

沉淀法制备纳米 ZnO 粉体，最重要的一点是如何减少其团聚。减少团聚的方法很多，如控制反应溶液的初始浓度和沉淀反应的速率、添加分散剂、改进干燥方式等。其中，对洗涤工艺进行改进，是一种有效的方法。

在用化学沉淀法制备纳米 ZnO 粉体工艺过程中，沉淀条件为碱性，而其等电点接近中性，因此采用蒸馏水洗涤，将使沉淀所处的溶液环境向等电点移动，从而将使沉淀颗粒的表面电位降低，团聚情况加剧。解决的方法是用 0.1mol/L 的稀 NH_4OH 水溶液对沉淀所得的碱性碳酸锌进行洗涤，如表 5-25 所示为两种不同洗涤工艺所得沉淀物的结果比较。

表 5-25　两种不同洗涤工艺所得沉淀物的结果比较

洗涤工艺	pH 值	ξ 电位/mV	团聚体大小/nm
蒸馏水洗	7.60	0.64	1274
0.1mol/L 稀 NH_4OH 水溶液洗	10.3	−27.9	413

沉淀反应结束时，溶液的 pH＝10.3，碱式碳酸锌沉淀的二次粒径为 751nm。从表 5-25 可见，采用蒸馏水洗涤所得粉体 pH 值减少到 7.6，接近等电点，ξ 电位很低，二次粒径 1274nm；而采用稀 NH_4OH 洗涤的沉淀，保持溶液的 pH 值，因此 ξ 电位很高（−27.9mV），二次粒径明显减小，为 413nm。

两种洗涤工艺所得到的沉淀分散性能对后续工艺中粉体团聚状态有很大影响，对不同洗涤工艺处理后的粉体经干燥及煅烧工艺后，同样进行粒度分析，二次粒径有很大差别，如表 5-26 所示。

表 5-26　两种洗涤工艺所得粉体干燥及煅烧后的二次粒径

洗涤工艺	二次颗粒大小(干燥)/nm	二次颗粒大小(煅烧)/nm
蒸馏水洗	1034	673
0.1mol/L 稀 NH_4OH 水溶液洗	318	214

5.2.2.8　纳米 ZrO_2 (6Y)粉体

氧化钇稳定的氧化锆（YSZ）是一种重要的陶瓷材料。它不仅有很高的强度和韧性，而且由于高温下的导电性和氧离子传导性能而被应用于燃料电池及氧传感器等方面。纳米 ZrO_2(6Y)是制备 YSZ 陶瓷比较理想的粉体。合成纳米 ZrO_2(6Y)粉体有多种方法，如金属蒸气浓缩法、溶胶-凝胶法、喷雾干燥法、水热法、共沉淀法等。以下介绍炭黑包裹燃烧法。其特点是：从均匀附着在炭黑表面的金属硝酸盐前驱体合成团聚较少的 ZrO(6Y)纳米颗粒，在相对温和的条件下合成氧化物纳米粉体，工艺比较简单，产率较高。

炭黑包裹燃烧法合成纳米 ZrO_2（6Y）粉体的基本过程是：分别将 $Zr(HO_3)_4$ 和 $Y(NO_3)_3$ 溶解在去离子水中，调节 pH 值到 3。由合成的粉体中 Y∶Zr 的化学计量比确定两种溶液配比值。将制备的硝酸盐混合溶液与炭黑混合均匀，为了防止炭黑的团聚，应加入足够量的溶液。然后将湿的混合物在 95℃ 干燥，干燥后的混合物主要由炭黑和硝酸盐组成。将干燥后混合物再放入按配比配制的硝酸盐溶液中，混合均匀后再在 95℃ 干燥。重复这个过程数次，以保证混合物中有足够的硝酸盐。最后达到硝酸盐与炭黑的比例为 1∶4。比例高于 1∶4 的混合物由于分散在炭黑表面的硝酸盐不能均匀分散而不能使用。干燥后的混合物分两个步骤进行热处理：首先在 500℃ 处理 10h，然后升温至 600～800℃ 处理 2h。在这个过程中金属盐分解为金属氧化物。而且，处理温度高于硝酸盐分解温度后，炭黑被氧化，残余物质即为纳米 ZrO_2（6Y）粉体，晶粒大小约为 5～6nm，基本没有团聚。

如图 5-50 所示，随着煅烧温度的升高，粉体的 BET 值不断下降，这是随着煅烧温度的提高晶粒不断长大的结果。但是，虽然粉体的比表面积随煅烧温度的升高有明显下降，但在 900℃ 煅烧时仍然达到 43m²/g，换算成晶粒尺寸约为 20nm，这说明粉体中的团聚体较少。

$Zr(NO_3)_4$ 和 $Y(NO_3)_3$ 的分解和炭黑的气化过程是决定粉体煅烧温度的关键因素，一般选择煅烧温度为 600℃。这是由于：煅烧温度过低，$Zr(NO_3)_4$ 和 $Y(NO_3)_3$ 的分解和炭黑的气化未完成，而煅烧温度过高，晶粒会长得过大。$Zr(NO_3)_4$-$Y(NO_3)_3$ 在 200～400℃ 时分解，形成纳米 ZrO_2（6Y）粉体，在 450℃ 时完成纳米 ZrO_2（6Y）粉体从无定形到立方相的转变；而炭黑在 $Zr(NO_3)_4$-$Y(NO_3)_3$ 混合物中，由于 ZrO_2 和 $Y(NO_3)_3$ 所起的催化作用，可在 450～

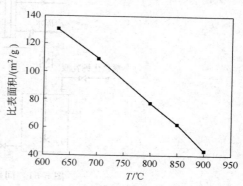

图 5-50　不同温度下煅烧粉体的比表面积

500℃ 范围内基体气化完全，比纯炭黑的气化温度低 100℃ 左右。由此可见：虽然 $Zr(NO_3)_4$ 和 $Y(NO_3)_3$ 的分解温度都不到 500℃，但在炭粉包裹燃烧制备纳米 ZrO_2（6Y）粉体时，温度必须高于 500℃。

5.2.3　纳米碳酸钙

纳米碳酸钙是指粒径分布在 0.1～100nm 范围内的粉体；纳米碳酸钙，按照颗粒形状的不同可以分为纺锤形、立方形、球形、链状、纤维状、棒状、片状和无定形等多种，其中以纺锤形、立方形、纤维状、链状和片状最为普遍。

纳米碳酸钙是目前产量和用量最大的一种无机超微粉体材料，广泛应用于橡胶、塑料、建材、纸张、涂料、医药、食品、饲料、牙膏、化妆品和油墨等领域。

纳米碳酸钙主要采用碳化法生产。碳化方法可分为间歇碳化法和连续喷雾碳化法两类。间歇碳化法主要有间歇鼓泡式、间歇搅拌式和间歇超重力式三种。

5.2.3.1　间歇碳化法

间歇碳化法类似于传统轻质碳酸钙的制备方法，是目前研究开发较多以及工业生产中应用最多的方法，具有投资较少的特点。

间歇碳化法必须对反应条件进行严格控制，主要控制因素有 $Ca(OH)_2$ 浓度、CO_2 流量、反应温度、添加剂用量、添加剂加入时间等。通过控制不同的条件，可以制备出单体粒径（或短径）大于 10nm 的多种纳米碳酸钙产品，晶体颗粒形状包括链状、针状、球形、立方形及片状等。用该法得到的大部分产品为方解石型晶体，一部分为球霰石型，它们是通过在反应过程中加入聚合物添加剂得到的。另外，在反应系统中加入大量醇类进行碳化可得到非晶质碳酸钙。

（1）间歇鼓泡式碳化法

该法是将石灰乳降温到 25℃ 以下，泵入碳化塔，保持一定液位，由塔底通入窑气（CO_2）进行碳化反应，通过控制反应温度、浓度、气液比、添加剂等工艺条件，间歇制备纳米级碳酸钙。该法产品的粒度分布较宽。其工艺流程见图 5-51。

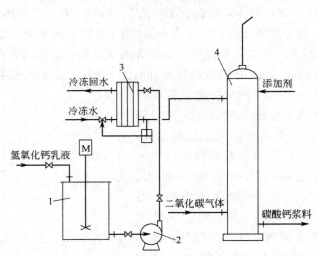

图 5-51　间歇鼓泡式碳化法工艺流程

1—浆液槽；2—浆料泵；3—换热器；4—碳化塔

（2）间歇搅拌式碳化法

也称釜式碳化法。该法是将 25 ℃ 以下的石灰乳放入碳化反应釜中，通入 CO_2 混合气，在搅拌状态下进行碳化反应，通过控制反应温度、浆液浓度、搅拌速度、添加剂等工艺条件，间歇制备纳米级碳酸钙。该法反应较均匀，产品的粒度分布较窄。其工艺流程见图 5-52。

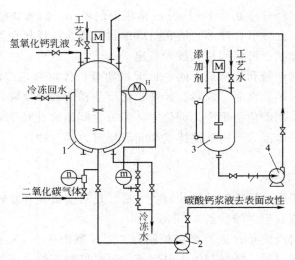

图 5-52　间歇搅拌式碳化法工艺流程

1—碳化罐；2—浆料输送泵；3—添加剂罐；4—添加剂泵

（3）间歇超重力式碳化法

该法是将石灰乳置于超重力（或离心力）反应旋转填充床反应器中并通入 CO_2 气体进行碳化反应制备纳米碳酸钙。超重力法强化了反应器内的物质传递过程和微观混合过程，且碳酸钙成核过程和生长过程分别在两个反应器中进行。这种组合工艺确保了结晶过程满足较高的产物过饱和度，产物浓度空间分布均匀，所有晶核有相同的生长时间等要求。间歇超重力式碳化法可制备出粒径较小且分布较窄的纳米碳酸钙产品。其工艺流程见图 5-53。

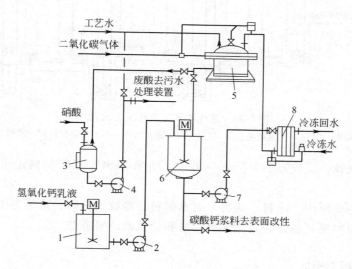

图 5-53　间歇超重力式碳化法工艺流程

1—精浆槽；2—浆料泵；3—硝酸罐；4—硝酸泵；5—超重力反应器；6—循环罐；7—循环泵；8—循环冷却塔

5.2.3.2　连续喷雾碳化法

连续喷雾碳化法，又称多级喷雾碳化法，是将精制的石灰乳在空心锥形压力式喷嘴的作用下，雾化成直径约为 0.1mm 的液滴，均匀地从碳化塔顶部淋下，与从塔底进入的二氧化碳混合气体逆流接触，进行碳化反应。一般采用两段或三段连续碳化工艺，即石灰乳经第一段碳化塔碳化得反应混合液，然后喷入第二段碳化塔进行碳化得最终产品，或再喷入第三段碳化塔进行三段碳化得最终产品。连续喷雾碳化法的工艺流程见图 5-54。

连续喷雾碳化法由于碳化过程是分段进行的，因此可以对晶体的成核和生长过程进行分段控制，与间歇碳化法相比晶体的粒径和形状更容易控制，产品粒度细小且均匀。目前已用连续喷雾碳化法制得了平均粒径为 5～40nm 的纳米碳酸钙，晶体形状有片状、针状等。连续喷雾碳化法的主要控制参数有喷雾液滴直径、氢氧化钙浓度及碳化塔内的气液比、反应温度、每段的碳化率等。

5.2.4　超微与纳米硫酸钡

$BaSO_4$ 是一种重要的无机化工产品，全世界每年用量在 100 万吨以上。普通 $BaSO_4$ 粒度较大，具有光蔽性，在涂料中形成的干涂料膜往往透明性差，表面光泽不好，黏结不牢固。采用纳米 $BaSO_4$ 可使上述问题得到解决。纳米 $BaSO_4$ 突出的特点是：①优越的光学性

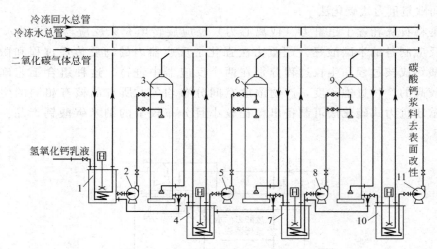

图 5-54　连续喷雾碳化法工艺流程

1—精浆槽；2，5，8—浆料泵；3，6，9—碳化塔；4，7，10—浆液槽；11—浆料输送泵

能；②良好的分散性；③较好的吸附性。另外，纳米 $BaSO_4$ 用于涂料还可以改善涂料的流动性，防止沉淀。

纳米硫酸钡主要应用于涂料、油墨、美术颜料、橡胶、塑料、造纸等工业领域。

纳米硫酸钡的主要制备方法是化学沉淀法和分散液体喷雾法。

5.2.4.1　化学沉淀法

将重晶石粉溶解于浓硫酸中，进行搅拌溶解；在温度不超过 $50℃$，硫酸钡过饱和度大于 $1.1×10^{-3}$ g/L 条件下可保证成核速率大于生长速率；反应完毕后倾出清液，向其中加入一定的蒸馏水，使硫酸钡析出，然后进行离心沉淀；用质量分数为 5% 的氢氧化钠洗涤后再用水洗净；然后在 $80℃$ 条件下喷雾干燥，即可制得纳米级硫酸钡，其工艺流程如图 5-55 所示。

图 5-55　化学沉淀法合成硫酸钡的工艺流程

5.2.4.2　分散液体喷雾法

在约 0.1mol/L 的 $BaCl_2$ 溶液中加入一定量的分散剂（如聚氧化乙烯十二烷胺），以 $1500\sim2000$r/min 速度搅拌，同时以 $100\sim150$mL/h 的速度喷雾约 0.2mol/L 的 Na_2SO_4，使其充分反应，反应完毕后离心，水洗数次，干燥，可得到粒度小于 150nm 颗粒占 90% 以上的超微硫酸钡。在制备硫酸钡沉淀时，为了防止颗粒之间相互团聚，可选用次亚磷酸钠和聚氧化乙烯十二烷胺作为分散剂。从工业角度考虑，应选用价格比较低廉的次亚磷酸钠作为分散剂。当使用次亚磷酸钠作为分散剂时，由于 PO_4^{3-} 能与 Ba^{2+} 生成磷酸钡沉淀，从而影响 $BaSO_4$ 的纯度。为解决这一问题，一方面，可将分散剂先加入 Na_2SO_4 中而喷雾 $BaCl_2$ 溶液，但 $BaCl_2$ 的喷雾量不能超过额定量；另一方面，由于 $BaCl_2$ 对人体有害，喷雾时钡离子易进入人体在血液中形成 $BaSO_4$ 沉淀，因此从工厂的环境条件和工人的身心健康方面考

虑，应选用聚氧化乙烯十二烷胺作为分散剂。

5.2.5　超微与纳米氮化物

5.2.5.1　纳米氮化钛

氮化钛是一种新型材料，具有硬度高（显微硬度为 21GPa）、熔点高（2950℃）、化学稳定性好等特点，是一种很好的耐熔耐磨材料。氮化钛还具有良好的导电性，可用于熔盐电解的电极和电触头等导电材料和较高超导临界温度的超导材料。此外，它还具有良好的生物相容性，可用于生物材料。但氮化钛微粉的烧结性能差，影响和限制了这种材料的广泛应用。

用纳米氮化钛代替微米级氮化钛可以降低烧结温度、提高烧结性能；用它作为增强相，可有效提高金属、陶瓷基体的强度和韧性；而且由于颗粒小、比表面积大，能分散在其他材质中形成导电网络，提高复合材料的导电性能。因此，纳米氮化钛是一种具有广阔应用前景的材料。目前，制备纳米氮化钛的常用方法有等离子体气相沉积法和高能球磨法，前一种方法需要昂贵的生产设备，难以工业化生产。后一种方法生产效率低，且产品中含有杂质、颗粒的形状不规整，难以得到纯度高的纳米氮化钛粉体。

以下介绍一种制备纳米氮化钛的新方法——二氧化钛氮化法。这种方法以含钛的化合物为主要原料，将含钛的化合物在适当条件下水解，得到纳米二氧化钛粉体；再将纳米二氧化钛粉体在管式反应炉中，在流动氨气条件下，高温氮化制得纳米氮化钛。用这种方法制备的氮化钛具有粒径小、分散性好、形状规整和纯度高等特点，颗粒尺寸约为 20nm 左右，分布均匀。现将制备工艺简述如下。

首先，将钛酸丁酯溶于无水乙醇溶液中，加入适量草酸作为水解催化剂，将钛酸丁酯的无水乙醇溶液，在剧烈搅拌下，逐滴加入到含有水解催化剂的蒸馏水中，将水解产物过滤，用蒸馏水洗涤，除去杂质；再用无水乙醇洗涤，滤饼在 120℃烘干后，研磨、过筛，然后在 450℃煅烧 2h，得到锐钛矿相纳米二氧化钛粉体。

将第一步制取的锐钛矿相纳米二氧化钛粉体，放入石英坩埚中，装入管式气氛炉，通入氨气，氨流量为 0.5～5L/min，升温至 800～1000℃，在此温度下保温 2～5h；然后在流动氨气下，自然冷却至室温，得到纳米氮化钛粉体。图 5-56 是所得纳米氮化钛的 XRD 谱。

氮化温度对所得纳米氮化钛的粒径有显著影响，氮化温度越高，所得纳米氮化钛的晶粒越大。如在 900℃下氮化所得的纳米氮化钛颗粒大小为 20nm 左右，1100℃下所得纳米氮化钛颗粒尺寸就长大到 70nm 左右。

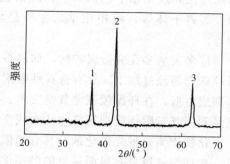

图 5-56　纳米氮化钛的 XRD 谱

5.2.5.2　纳米 ZrN

ZrN 是一种难溶硬质化合物，分解温度高，化学稳定性好，所以具有良好的耐腐蚀、耐磨性能，是良好的高温结构材料、超硬工具材料及表面保护材料。纳米 ZrN 粉体具有更好的烧结性能和潜在的新的特性，有更好的应用价值。

目前制备无团聚的 ZrN 粉体的主要方法有三种：第一种是金属 Zr 在电子束或激光中气化后，在氮气中氮化，这种方法所得的 ZrN 粉体往往是黑色的，表明 ZrN 是非化学计量的，其中氮过量，且颗粒容易长大。第二种方法是采用 $ZrCl_4$ 为前驱体，反应在氮气和氨气的混合气体中进行。但这种方法所需温度较高，一般在 1400℃ 以上，甚至高达 2000～2400℃，而低于 1400℃ 下氮化不可能完成。第三种是微波等离子体法，可以在 750℃ 的低温下，获得纳米 ZrN 粉体。

微波等离子体是一种"非均衡"等离子体。这种等离子体中，电子的能量比离子的能量高，而不带电的粒子的能量更低。这是因为：在振动电场中，传给带电颗粒的能量（E/m）f^2 与 成正比（其中，E 为电场强度，m 为带电粒子的能量，f 为频率）。在微波等离子体中，能量的传递通过电子与中性粒子的碰撞来实现，因此能量的传递与 $E/m[z/(f^2+z^2)]$ 成正比（z 是电子与中性粒子的碰撞频率）。很明显，当 $z<f$ 时，能量传递随碰撞频率的提高而加大；而当 $z>f$ 时，能量传递随碰撞频率的提高而减小。在频率不变的条件下，可以通过控制气体的压力和电场强度来控制能量的传递。

纳米 ZrN 粉体的制备采用 $ZrCl_4$ 为前驱体。首先将 $ZrCl_4$ 在反应室外气化，导入进气口中。携带 $ZrCl_4$ 的气体[4%NH_3（体积）+N_2]必须保持足够低的温度以避免沉淀反应发生而生成大颗粒。反应的条件是：气体压力为 75mbar（1bar=10^5Pa），温度为 750℃，气流速度为 8m^3/h。

5.2.6 纳米复合粉体材料

纳米复合粉体材料是指通过在一种微米或纳米粉体表面包覆或复合金属、无机氧化物、氢氧化物等而获得的性能优化的或具有新功能的材料。这种复合粉体材料表面包覆或复合的无机物（金属、无机氧化物、氢氧化物等）一般是超微颗粒、纳米粒子或纳米晶粒，因此，也称纳米/微米复合材料或纳米/纳米复合材料。现有的纳米复合粉体材料制备方法大体可分为物理法和液相化学法两种。物理法包括机械力化学复合、超临界流体快速膨胀、气相沉积、等离子体等；液相化学法主要是化学沉淀、溶胶-凝胶、醇盐水解、非均相成核、浸渍等。

许多天然多孔非金属矿物，如沸石、硅藻土、蛋白土、海泡石、电气石、凹凸棒石、膨胀珍珠岩等经过加工，具有选择性吸附各种有机、无机污染物的功能，而且原料易得，单位处理成本低，在环保领域尤其是废水、废气治理方面有着很好的应用前景。但天然多孔矿物只是利用其吸附性能把污染物从水或空气中转移出来，有害的物质并没有分解或降解。纳米二氧化钛作为一种光催化剂，具有光催化活性高、化学性质稳定、使用安全和无毒无害等优点，在环保领域具有显而易见的潜在优势。但是，采用化学方法制备的纯 TiO_2 光催化材料往往是高分散的微细粉末，直接使用存在着分散性差、难以回收、吸附捕捉能力不强等问题。自 20 世纪 90 年代末以来，人们开始研究采用多孔材料等作为载体负载纳米 TiO_2 制成载体复合型光催化材料以达到实用目的。

笔者团队将硅藻土提纯后采用水解沉淀法在硅藻土粉体表面包覆 TiO_2，制备了纳米 TiO_2/硅藻土复合光催化材料。研究成果经过中试，于 2013 年实现了产业化生产和工业应用。

制备方法：将一定量的硅藻土、水、少量盐酸配制成悬浮液，然后在一定温度下依次加

入 $TiCl_4$ 溶液、硫酸铵或氯化铵水溶液、碳酸铵或氨水溶液进行水解和沉淀负载反应，反应一定时间后过滤、干燥、煅烧晶化，即得到纳米 TiO_2/硅藻土光催化材料。其产业化生产工艺流程如图 5-57 所示。

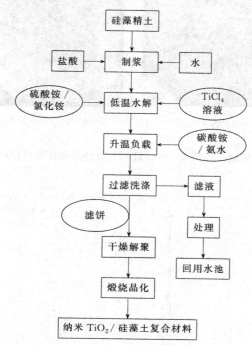

图 5-57　纳米 TiO_2/硅藻土复合材料生产工艺流程图

制备原理：以四氯化钛为前驱体，利用水解沉淀法制备纳米 TiO_2/硅藻土复合光催化材料时，光催化活性物质锐钛晶型 TiO_2 粒子负载在硅藻土表面上的形成过程主要如下。

① $TiCl_4$ 的水解，决定了无定形 TiO_2 粒子的粒径大小和分布。在低温和强酸介质中，$TiCl_4$ 水解反应是分三步进行的。

$$TiCl_4 + H_2O \longrightarrow TiOH^{3+} + H^+ + 4Cl^-$$
$$TiOH^{3+} \longrightarrow TiO^{2+} + H^+$$
$$TiO^{2+} + H_2O \longrightarrow TiO_2 + 2H^+$$

② 纳米 TiO_2 在硅藻土颗粒表面的沉积，决定纳米 TiO_2 在硅藻土表面的异相成核和生长，从而影响纳米 TiO_2 在硅藻土颗粒表面负载或包覆的均匀性。

③ 煅烧过程 TiO_2 晶粒的生成和固定，决定硅藻土颗粒表面 TiO_2 粒子的晶型及晶粒尺寸，从而最终影响复合材料的光催化性能。

图 5-58～图 5-60 分别为硅藻土和纳米 TiO_2/硅藻土复合光催化材料的扫描电镜图（SEM）、纳米 TiO_2/硅藻土复合光催化材料 XRD 图及剖面透射电镜图（TEM）。表征结果表明，负载在硅藻土表面的 TiO_2 为锐钛型，晶粒平均尺寸 12nm，纳米 TiO_2 在硅藻土表面形成了均匀包覆。

表 5-27 为纳米 TiO_2/硅藻土复合材料降解甲醛的检测结果。结果表明，该复合材料对甲醛气体具有良好的降解效果。

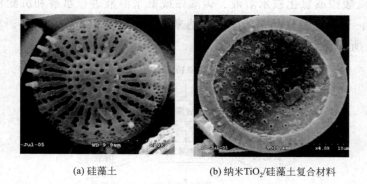

(a) 硅藻土　　　　　　　　　(b) 纳米TiO₂/硅藻土复合材料

图 5-58　硅藻土与纳米 TiO_2/硅藻土复合光催化材料扫描电镜图

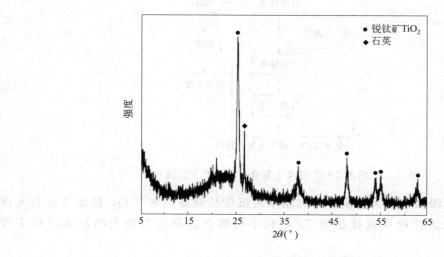

图 5-59　纳米 TiO_2/硅藻土复合光催化材料 XRD 图

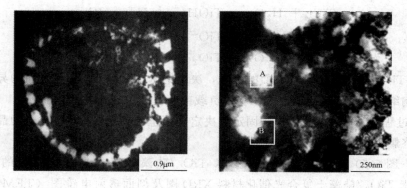

图 5-60　纳米 TiO_2/硅藻土复合光催化材料剖面透射电镜图

图 5-61 为纳米 TiO_2/硅藻土复合材料与 P25 的光催化活性试验结果。结果表明，其对罗丹明 B 的光降解性能（脱色率）明显高于德国 Degussa 公司的纳米 TiO_2 商品 P25。

表 5-27　纳米 TiO_2/硅藻土复合材料降解甲醛检测结果

检验项目	开灯时间/h	采样时间/h	检测值/(mg/m³)	
			对照组	样品组
甲醛	24	1.5	0.420	0.188
		3	0.455	0.125
		5	0.445	0.100
		7	0.427	0.091
		9	0.385	0.080
		24	0.391	0.076

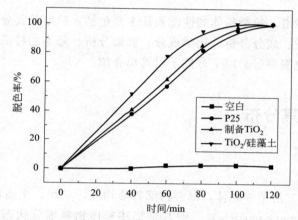

图 5-61　纳米 TiO_2/硅藻土复合材料与 P25 的光催化活性试验结果

第**6**章

超微粉体的性能表征

根据相关的国家标准，超微粉体的性能表征主要包括：粒度及其分布、比表面积、团聚体特征、显微结构分析、成分分析、化学成分、表面分析、晶态的特征、表面润湿性、表面吸附类型、包覆量与包覆率等。以下分别予以简单介绍。

6.1 粒度及其分布

6.1.1 基本概念

（1）颗粒

① 晶粒（grain） 指单一晶体，晶粒内部物质均匀，单相，无晶界和气孔存在。

② 一次颗粒（primary particle） 颗粒是描述粉体物料细分状态的离散的单元，一次颗粒是指一种分离的低气孔率的粒子单体，颗粒内部可以有界面，例如相界、晶界等。其特点是不可渗透。

③ 团聚体（agglomerate） 指由一次颗粒通过表面力或固体桥键作用形成的更大颗粒。团聚体内含有相互联结的气孔网络。团聚体可以分为硬团聚和软团聚，硬团聚一般指一次颗粒之间通过键合作用形成的团聚体，这种团聚体有一定的机械强度，较难通过机械力恢复为一次颗粒或单分散体。超微颗粒团聚体的形成是体系自由能下降的过程。

④ 二次颗粒（granules） 是指通过机械、化学或人为制造的粉料团聚粒子。

⑤ 胶粒（colloidal particle） 即胶体颗粒。胶粒尺寸小于100nm，并可在液相中形成稳定悬浮体（胶体）而无沉降现象。

超微颗粒一般指一次颗粒。其结构可以是晶态、非晶态和准晶态，可以是单相、多相或多晶结构。只有一次颗粒为单晶时，微粒的粒径才与晶粒尺寸（晶粒度）相同。

（2）颗粒的尺寸

对球形颗粒来说，颗粒尺寸（粒径）即其直径。对不规则颗粒，尺寸的定义常为等当量直径，如体积直径、投影面积直径等。几种等当量直径的定义见表6-1。

表 6-1 几种等当量直径的定义

符号	名称	定义
d_V	体积直径	与颗粒同体积的球直径
d_S	表面积直径	与颗粒同表面积的球直径

续表

符号	名称	定义
d_f	自由下降直径	相同流体中,与颗粒相同密度和相同自由下降速度的球直径
d_{St}	Stokes 直径	层流中与颗粒具有相同自由沉降末速的同密度球形颗粒的直径
d_c	周长直径	与颗粒投影轮廓相同周长的圆直径
d_a	投影面积直径	与处于稳态下颗粒相同投影面积的圆直径
d_A	筛分直径	颗粒可通过的最小方孔宽度

（3）颗粒分布

颗粒分布用于表征多分散颗粒体系或粒群中,粒径大小不等的颗粒的组成情况,分为频率分布和累积分布。频率分布表示与各个粒径或粒级相对应的粒子占全部颗粒的百分含量;累积分布表示小于或大于某一粒径的粒子占全部颗粒的百分含量。累积分布是频率分布的积分形式。其中,百分含量一般以颗粒质量、体积、个数等为基准。颗粒分布常见的表达形式有粒度分布曲线、平均粒度、特征（分布）粒径、标准偏差、分布宽度等。

粒度分布曲线,包括累积分布曲线和频率分布曲线,如图 6-1 所示。

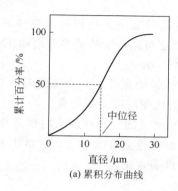
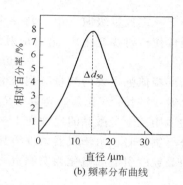

图 6-1　粒度分布曲线

平均粒度是指颗粒出现最多的粒度值,即频率分布曲线中峰值对应的颗粒尺寸;d_{10}、d_{25}、d_{50}、d_{75}、d_{90}、d_{97} 分别是指在累积分布曲线上占颗粒总量为 10%、25%、50%、75%、90% 及 97% 所对应的粒子直径,称之为特征（分布）粒径。

标准偏差 σ 用于表征粉体的粒度分布范围。

$$\sigma = \left[\Sigma n(d_i - d_{50})^2 / \Sigma n\right]^{1/2} \tag{6-1}$$

式中,n 为体系中的颗粒数;d_i 为体系中任一颗粒的粒径。

粉体粒度分布范围也可用分布宽度 SPAN 表示:

$$\text{SPAN} = (d_{90} - d_{50})/d_{10} \tag{6-2}$$

超微及纳米粉体的颗粒尺寸及分布、颗粒形状等是其最基本的性质之一,对其应用有直接影响。因此,超微及纳米颗粒的尺寸及分布的表征具有极其重要的意义。另外,由于团聚体对超微及纳米粉体的性能有极重要的影响,所以一般情况下将团聚体的表征单独归为一类讨论。

6.1.2　X 射线小角度散射法

小角度 X 射线是指 X 射线衍射中倒易点阵原点附近的相干散射现象。散射角 ε 大约为十分之几度到几度的数量级。ε 与颗粒尺寸 d 及 X 射线波长 λ 的关系为:

$$\varepsilon = \lambda / d \tag{6-3}$$

假定粉体粒子为均匀大小，则散射强度 I 与颗粒的重心转动惯量的回转半径 R 的关系为：

$$\ln I = (a - 4\pi R^2 \varepsilon^2)/(3\lambda^2) \tag{6-4}$$

式中，I 为常数，如得到 $\ln I$-ε^2 直线，由直线斜率 a 得到 R：

$$R = [3\lambda^2/(4\pi)]^{1/2}(-a)^{1/2} \tag{6-5}$$

X 射线波长约为 0.1nm，而可测量的 ε 为 $10^{-2} \sim 10^{-1}$ rad，故可测量的颗粒尺寸为几纳米到几十纳米。

6.1.3 X 射线衍射线宽法

用一般的表征方法测定得到的是颗粒尺寸，而颗粒不一定是单个晶粒，X 射线衍射线宽法测定的是颗粒的晶粒尺寸。这也是纳米二氧化钛国家标准规定的测定纳米 TiO_2 平均晶粒的方法。同时，这种方法不仅可用于分散颗粒的测定，也可用于晶粒极细的纳米陶瓷的晶粒大小的测定。

当晶粒度小于一定数量级时，由于每一个晶粒中某一族晶数目的减少，使得 Debye 环宽化并漫射（同样使衍射线变化），这时衍射线宽度与晶粒度的关系可由谢乐公式表示：

$$B = (0.89\lambda)/(D\cos\theta) \tag{6-6}$$

式中，B 为半峰值强度处所测量得到的衍射线条的宽化度，以弧度计；D 为晶粒直径；λ 为所用单色 X 射线波长；θ 为入射光束与某一组晶面所成的折射角。

谢乐公式的适用范围是微晶的尺寸在 $1 \sim 100$nm 之间。晶粒较大时误差增加。用衍射仪对衍射峰宽度进行测量时，由于仪器条件等其他原因也会有线条宽化。故上式的使用中，B 值应校正，即由晶粒度引起的宽化为实测宽化与仪器宽化之差。

6.1.4 沉降法

沉降法测定颗粒尺寸是以 Stokes 方程为基础的。该方程表达了一球形颗粒在层流状态的流体中，自由沉降速度与颗粒尺寸的关系。所测得的尺寸为等量 Stokes 直径。

沉降法测定颗粒尺寸分布有增值法和累计法两种。增值法测定初始均匀的悬浮液在固定已知高度处颗粒浓度随时间的变化，或固定时间测定浓度-高度的分布；累计法测量颗粒从悬浮液中沉降出来的速度。目前以高度固定法使用得最多。

依靠重力沉降的方法，一般只能测定大于 0.1 μm（100nm）的颗粒尺寸，因此在用沉降法测定纳米粉体的颗粒时，需借助于离心沉降法。在离心力的作用下使沉降速率增加，并采用离心力场分级装置，配以先进的光学系统，以测定 10nm 甚至更小的颗粒。

目前，沉降法测定粉体的粒度大小和分布大多通过自动化程度较高的仪器来完成。

沉降法的优点是可分析颗粒尺寸分布范围宽的样品，颗粒大小比至少为 100∶1，缺点是分析时间长。另外，沉降法测定的是分散颗粒的粒径，不是晶粒尺寸。如果颗粒在制备过程中形成了硬团聚体，在测定粒度时不能用机械或超声波分散打开团聚体，则测定的是团聚体颗粒的尺寸。

6.1.5 激光散射法

粒子和光的相互作用，能发生吸收、散射、反射等多种形式，就是说在粒子周围形成各角度的光的强度分布取决于粒径和光的波长。但这种通过记录光的平均强度的方法只能表征一些颗粒比较大的粉体。对于超微和纳米粉体，主要是利用光子相关谱来测量粒子的尺寸。即以激光作为相干光源，通过探测由于纳米颗粒的布朗运动所引起散射光的波动速率测定粒子的大小分布，其尺寸参数不取决于光散射方程，而是取决于 Stocks-Einstein 方程。

$$D_0 = k_B T / (3\pi\eta_0 d) \tag{6-7}$$

式中，D_0 为微粒在分散体系中的平动扩散系数；k_B 为玻尔兹曼常数；T 为热力学温度，K；η_0 为溶剂黏度；d 为等价圆球直径。只要测出 D_0 值，就可获得 d 的值。

这种方法称为动态光散射法或准弹性光散射。基于这种原理开发的激光粒度分析仪已被广泛用于超微粉体的粒度大小和粒度分布的测定。其特点如下。

① 测定速度快。测定一次只用十几分钟，而且一次可得到平均粒径、特征分布粒径以及频率分布、累计分布等多种数据和图表。

② 自动化程度高，操作简单，自动处理数据。

③ 能在分散最佳的状态下进行测定，重复性较好。

6.1.6　库尔特计数器

库尔特计数器又称电阻法颗粒计数器，是基于小孔电阻原理的超微颗粒粒度测量仪。测量时将颗粒分散在液体中，颗粒就跟着液体一起流动。当其经过小孔时，两电极之间的电阻增大。当电源是恒流源时，两极之间会产生一个电压脉冲，其峰值正比于小孔电阻的增量，即正比于颗粒体积；在圆球假设下，脉冲峰值电压可换算成粒径。仪器只要准确测出每一个电压脉冲的峰值即可得出各颗粒的大小，统计出粒度分布。这种粒度测定仪的主要特点如下。

① 分辨率较高。由于该仪器是一个一个地分别测出各颗粒的粒度，然后再统计粒度分布的，所以能分辨各颗粒之间粒径的细微差别。

② 测量速度快。测一个样品一般只需几十秒。

③ 重复性较好。一次要测量 1 万个左右的颗粒，测量重复性较高。

④ 操作简便。整个测量过程基本上自动完成，操作简便。

但是，这种测定仪器的动态范围较小，一般只能测量粒径 2～40 μm 的颗粒。另外，容易发生堵孔故障。当样品或电解液（一般为生理盐水）中含有大于小孔的颗粒时，小孔就容易被堵塞，使测量不能继续进行。

6.1.7　电镜法

中华人民共和国国家标准（GB/T 19591—2004）规定了"电镜平均粒径"的测定方法。具体如下：取粉体试样，以乙醇溶液（1+1）作为溶剂，经超声波振荡仪分散后，取 1～2 滴滴于制样薄膜上，置于电子显微镜的样品台上，在约 10 万放大倍数下，选择颗粒明显、均匀和集中的区域，用照相机摄下电子显微镜图。在照片上用纳米标尺测量不少于 100 颗粒中每个颗粒的长径和短径（可用计算机软件进行处理），取算术平均值。平均粒径 d 按下式计算：

$$d = [\Sigma(d_1 + d_s)]/(2n) \tag{6-8}$$

式中，$\Sigma(d_1 + d_s)$ 为微粒标尺直径之和，nm；n 为量取微粒的个数。

6.1.8 比表面积法

球形颗粒的比表面积 S_w 与其直径 d 的关系为：

$$S_w = 6/(\rho d) \tag{6-9}$$

式中，S_w 为质量比表面积；d 为颗粒直径；ρ 为颗粒密度。测定粉体的比表面积 S_w，就可根据上式求得颗粒的一种等当粒径，即表面积直径。

可以通过透过法和氮吸附法测定超微粉体的比表面积，然后用式（6-9）换算成粉体的平均粒径。

透过法是比较简单的粉体物料的比表面积测定方法。但是，作为测定基础理论的 Kozeny-Carman 公式包含着许多假设的因素。在测定中需要特别注意的是，要将物料紧密充填，以使空隙率达到最小值。

氮吸附法测定颗粒粒度，原则上只适用于无孔隙及裂纹的颗粒。因为如果颗粒中有孔隙或裂纹，用这种方法测得的比表面积包含了孔隙内或裂纹内的表面积，这样就比其他比表面积测定方法（如透过法）测得的比表面积大，由此换算得到的颗粒的平均粒径则偏小。

6.2 比表面积

比表面积和孔径分布是超微粉体最主要的物理性能之一，特别是用于吸附、催化和环保的超微粉体材料，如 SiO_2、TiO_2、沸石分子筛等。

测定粉体比表面积的标准方法是利用气体的低温吸附法，即以气体分子占据粉体颗粒表面，测量气体吸附量计算颗粒比表面积的方法。目前最常用的是 BET 吸附法。该理论认为气体在颗粒表面吸附是多层的，且多分子吸附键合能来自气体凝聚相变能。BET 公式如下。

$$p/[V(p_0-p)] = 1/(V_m C) + (C-1)p/(V_m C p_0) \tag{6-10}$$

式中，p 为吸附平衡时吸附气体的压力；p_0 为吸附气体的饱和蒸气压；V 为平衡吸附量；C 为常数；V_m 为单分子层饱和吸附量。在已知 V_m 的前提下，可求得样品的比表面积 S_w。

$$S_w = V_m N \sigma/(M_V W) \tag{6-11}$$

式中，N 为阿伏伽德罗常量；W 为样品质量；σ 为吸附气体分子的横截面积；V_m 为单分子层饱和吸附量；M_V 为气体摩尔质量。

6.3 团聚体特征

团聚体的性质可分为几何性质和物理性质两类。几何性质指团聚体的尺寸、形状、分布及含量，除此以外还包括团聚体内的气孔率、气孔尺寸和分布等。物理性质指团聚体的密度、内部显微结构、团聚体内一次颗粒间的键合性质、团聚体的强度等。

6.3.1 团聚系数法

在 BET、TEM 的颗粒尺寸测定中，观察到或测到的常是一次颗粒尺寸，而沉淀法、相干光谱（激光）法中所得到的是粉体所有颗粒的尺寸。为了得到团聚体尺寸的大致信息，可定义一团聚系数为：

$$团聚系数 = d_{50}/d_{BET} \tag{6-12}$$

式中，d_{50} 表示由相干光谱（激光）法或沉降法得到的颗粒粒度累积分布［见图 6-1 (a)］中累计产率 50% 所对应的颗粒尺寸，而 d_{BET} 是由 BET 法测得的一次颗粒尺寸。这一系数反映了团聚体平均尺寸与一次颗粒尺寸的比值。

6.3.2　瓶颈数法

与团聚系数类似的方法是用团聚体中晶粒相连成的瓶颈数来表示团聚体的大小，其公式如下：

$$n = 2d_X / \left[d_{Ar}(1 - S/S_t) \right] \tag{6-13}$$

式中，n 为团聚体中晶粒相连形成的瓶颈数；d_X 为 X 射线衍射线宽法测定的晶粒直径；d_{Ar} 为氩分子的直径；S 为氩吸附所得的比表面积；S_t 为假设每个晶粒都可被氩覆盖所得到的理论比表面积。根据 n 的数值，再根据晶粒的堆积结构，就可得到团聚体中晶粒数。由此可判断团聚体的大小，这种方法表示的是硬团聚体的尺寸。

6.3.3　素坯密度-压力法

素坯密度-压力法主要用于测定团聚体的强度。在含有团聚体的粉体的成型过程中，成型密度与压力对数的关系往往由两条直线组成，如图 6-2 所示。在低压下，这一关系代表粉体中团聚体的重排过程，这一过程中团聚体结构没有任何变化；而高压下则代表团聚体破碎，团聚体内部结构被破坏的过程。两条直线的交点即转折点对应的压力为团聚体开始破碎压力，定义为团聚体屈服强度。

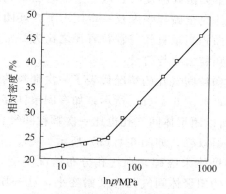

图 6-2　成型密度与压力对数关系

从密度-压力关系中，还可大致推断出粉体中团聚体含量。假设粉体团聚体初始密度与基体相同，在较高压力时，含团聚粉体的成型密度与无团聚体的相同粉体的成型密度相等，则粉体中的团聚体含量 C_{agg} 为：

$$C_{agg} \approx 1 - \frac{a_m}{a_{agg}} \tag{6-14}$$

式中，a_m 表示图 6-2 中低压部分直线的斜率；a_{agg} 表示高压部分直线的斜率。

6.3.4　压汞法

研究纳米粉体中的孔结构有助于了解一次颗粒和二次颗粒的堆积特点。假定四个一次颗粒松散地堆积为图 6-3 所示的平面四边形,虚线所示的孔隙的直径均小于颗粒的直径。借助这一模型,我们能算出其面积当量直径为球形颗粒的 0.523 倍。实际上多数粉体能采用更密集的堆积方式,堆积后形成的孔径比上面计算出的孔径更小。假定这四个球形颗粒组成的是一个二次颗粒,四个二次颗粒仍用这种方式堆积,就可以得到二次孔径。二次孔径的大小比二次颗粒尺寸小,但往往要大于一次颗粒直径。很多纳米粉体的孔径分布出现双峰,就是因为它既包含一次孔径又包含二次孔径。从孔径的分布范围可以定性推断出一次颗粒、二次颗粒的粒径以及二次颗粒的分散度等重要信息。通过改变制备条件,添加一些无机或有机物以及解胶等后处理手段可以进一步控制孔径和颗粒的堆积形式。

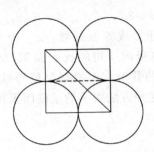

图 6-3　四个一次颗粒松散堆积的平面示意

一次颗粒形成的孔径与一次颗粒的粒径密切相关,如果超微粉体的尺寸小于 20nm,其一次孔径很难用压汞法测定。这时可用氮气等温吸附法来进行测定。压汞法比较适合于测定团聚体的气孔分布。

压汞法主要用于测量团聚体破碎强度与含量。这种方法是利用测定成型过程中粉体素坯中气孔分布变化以推断团聚体完全破碎强度及一定压力下素坯团聚体含量。由于在球形颗粒堆积状态下,气孔的开口圆面积当量直径与颗粒直径之比为一常数,因而气孔的尺寸及数量大致反映了对应这种气孔的颗粒大小与含量。

无团聚的粉体中,一次颗粒间气孔的情况代表了一次颗粒的情况,反映在压汞实验结果中,气孔频率分布是单峰的,如图 6-4(a)所示;如有团聚体存在,由于团聚尺寸往往比一次颗粒大 1～3 个数量级,所以团聚体间气孔也比一次颗粒间气孔大 1～3 个数量级,投影在压汞实验结果上,气孔分布呈双峰,如图 6-4(b)所示。

一定压力下,如粉体团聚体未破碎,则气孔分布情况不变,压力增大,团聚体开始破碎,代表团聚体的较大尺寸的团聚体间气孔峰开始变小,这一压力即为团聚体屈服强度 p。一定压力下如该峰完全消失,则素坯中无团聚体存在,这一压力认为是团聚体完全破碎强度。

由气孔分布曲线中峰的大小可推出团聚体含量。如认为颗粒间气孔体积与相应颗粒体积成正比,则团聚体含量 C_{agg} 可表示为

$$C_{agg}(\%) = KV_a/V_p \qquad (6-15)$$

式中,K 为一常数;V_a 为团聚体间气孔体积;V_p 为团聚体内一次颗粒间气孔体积。

6.3.5　多状态比较法

这种方法是通过使用超声波、湿磨和干磨等方法对粉体进行处理来改变粒子的分散状态,通过测定相应的粉体粒径变化来表征团聚体的强度,如图 6-5 所示。图 6-5 中(a)和

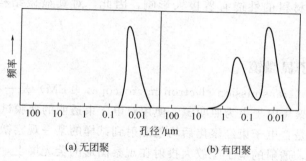

图 6-4 不同粉体中的气孔分布曲线

（b）分别为两种粉体经不同方法处理后的粒径分布曲线，①、②和③分别代表超声波、湿磨和干磨处理。可以看到粉体（a）经处理后测得的结果大致相同，表明粉体中的硬团聚体少或强度低；而粉体（b）经处理后测得粒径分布相差很大，表明该种粉体中包含坚固的团聚体。

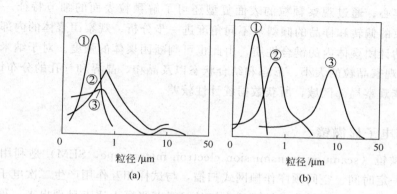

图 6-5 不同粉体经不同方法处理的粒径分布曲线

6.3.6 团聚指数表示法

中华人民共和国国家标准（GB/T 19591—2004）规定了"团聚指数"的测定或表征方法，具体如下。

取约 0.05g 纳米二氧化钛试料，置于 50mL 烧杯中，加 2～3 滴十二烷基苯磺酸钠分散液，用玻璃棒搅匀润湿分散，再加 10～20mL 水，用功率为 250W 的超声波分散 10min，即可按激光粒度仪（测量范围 0.02～100μm）进样要求测定样品平均粒径 D；由 X 射线衍射线宽法测得的平均晶粒尺寸作为一次粒子的平均粒径 d。团聚指数 T 按下式计算：

$$T = D/d \tag{6-16}$$

式中，D 为分散后激光粒度分析仪测定的颗粒平均粒径，nm；d 为 X 射线衍射线宽法测得的一次粒子的平均粒径，nm。

6.4 显微结构分析

显微结构分析包括超微颗粒及团聚体的形貌观测、晶界及相界分析、晶体缺陷特征分析等。由于显微结构对材料的性能有着极大影响，因此，对其显微结构进行分析是非常重要的。

6.4.1　透射电子显微镜

透射电子显微镜（transmission electron microscope，TEM）是一种高分辨率、高放大倍数的显微镜，它以聚焦电子束为照明源，使用对电子束透明的薄膜试样，以透射电子为成像信号。其工作原理是：电子束经聚焦后均匀照射到试样的某一观察微小区域上，入射电子与试样物质相互作用，透射的电子经放大投射在观察图形的荧光屏上，显出与观察试样区的形貌、组织、结构一一对应的图像。

作为显微技术的一种，透射电子显微镜是一种准确、可靠、直观的测定与分析仪器。由于电子显微镜以电子束代替普通光学显微镜中的光束，而电子束波长远短于光波波长，结果使电子显微镜分辨率显著提高，成为观察和分析超微颗粒、团聚体及纳米陶瓷的最常用的方法之一。对于纳米颗粒，它不仅可以观察其大小、形状，还可根据像的衬度来估计颗粒的厚度，是空心还是实心；通过观察颗粒的表面复型还可了解颗粒表面的细节特征。对于团聚体，可利用电子束的偏转和样品的倾斜从不同角度进一步分析、观察团聚体的内部结构，从观察到的情况可估计团聚体内的键合性质，由此也可判断团聚体的强度。对于纳米材料（如纳米陶瓷），它可观察晶粒的大小、形态和结合状态以及晶相、晶界和气孔的分布情况。

其缺点是只能观察局部区域，所获数据统计性较差。

6.4.2　扫描电子显微镜

扫描电子显微镜（scanning transmission electron microscope，SEM）是利用聚焦电子束在试样表面按一定时间、空间顺序作栅网式扫描，与试样相互作用产生二次电子信号发射（或其他物理信号），发射量的变化经转换后在镜外显微荧光屏上逐点呈现出来，得到反映试样表面形貌的二次电子像。

二次电子像不但分辨率高（3~10nm）而且焦点深度大，远大于 TEM，因而可利用 SEM 的二次电子像观察表面起伏的样品和断口，同时特别适合于粉体样品，可观察颗粒三维方向的立体形貌。另外，扫描电镜可大范围地观察较大尺寸团聚体的尺寸、形状分布等几何性质。

6.4.3　高分辨电子显微镜

电镜的高分辨率来自电子波极短的波长。电镜分辨率 r_{min} 与电子波长 λ 关系如下。

$$r_{min} \propto \lambda^{3/4}$$

因此，波长越短，分辨率越高。现代高分辨电子显微镜的分辨率可达 $0.1~0.2nm$。其晶格像可用于直接观察晶体和晶界结构，结构像可显示晶体结构中原子或原子团的分布，这对于晶粒小、晶界薄的纳米材料的研究特别重要。高分辨电子显微结构分析的特点如下。

①分析范围极小，可达 10nm×10nm，绝对灵敏度可达 10^{-16}g。

②电子显微分析可同时给出正空间和倒易空间的结构信息，并能进行化学成分分析。

但是，高分辨电子显微像，即晶体的条纹像、晶格相、结构像和原子像中，要得到结构像、原子像甚至原子内精细结构像是比较困难的。结构像和原子像获得条件十分苛刻，并且结构像的完整解析目前还做不到。

6.4.4　扫描隧道显微镜

扫描隧道显微镜（scanning tunneling microscope，STM）是 20 世纪 80 年代初发展起来的一种原子分辨率的表面结构研究工具。其基本原理是基于量子隧道效应，利用直径为原子尺度的针尖，在离样品表面只有 10^{-12} m 量级的距离时，双方原子外层的电子云略有重叠。这时在针尖和样品之间加一定电压，便会引起量子隧道效应，样品和针尖间产生隧道电流，其大小与针尖到样品的间距不变，这样可由电流的变化反馈出样品表面起伏的电子信号。扫描隧道显微镜自发明以来发展迅猛。目前在 STM 的基础上，又出现了一系列新型显微镜，包括原子力显微镜、激光力显微镜、摩擦力显微镜、磁力显微镜、静电子显微镜、扫描热显微镜、弹道电子发射显微镜、扫描隧道电位仪、扫描离子电导显微镜、扫描近场光学显微镜和扫描超声显微镜等。

扫描隧道显微镜是一种直接研究物质表面微观结构的新型显微镜，其横向分辨率为 $0.1\sim0.2$nm，深度分辨率达 0.001nm，并克服了一般电镜中高能电子对样品的辐射损伤和对样品表面起伏分辨率低及样品必须处于真空的缺陷。STM 可用于从超高真空到大气甚至液体中无损地观察物质表面结构，能真实地反映材料的三维图像，可观察颗粒三维方向的立体形貌，最突出的特点是：可以对单个原子和分子进行操纵，这对于研究纳米颗粒及组装纳米材料都很有意义。

6.5　成分分析

化学组成包括主要组分、次要成分、添加剂及杂质等。化学组成对超微粉体的应用性能有极大影响，是决定超微及纳米粉体的应用性能最基本的因素之一。因此，对化学组分的种类、含量，特别是微量添加剂、杂质的含量级别、分布等进行表征，在超微及纳米粉体及纳米材料的研究中都是非常必要和重要的。

化学组成的表征方法可分为化学分析法和仪器分析法。而仪器分析法按原理可分为原子光谱分析法、特征 X 射线分析法、光电子能谱法、质谱法等。

6.5.1　化学分析法

化学分析法是根据物质间相互的化学作用，如中和、沉淀、络合、氧化-还原测定物质含量及鉴定元素是否存在的一种方法。该方法的准确性和可靠性都比较高。但是，化学分析法仅能得到试样的平均成分。

6.5.2　特征 X 射线分析法

特征 X 射线分析法是一种显微分析和成分分析相结合的微区分析，特别适用于分析试样中微小区域的化学成分。其基本原理是用电子探针照射在试样表面待测的微小区域上，来激发试样中各元素的不同波长（或能量）的特征 X 射线（或荧光 X 射线）。然后根据射线的波长或能量进行元素定性分析，根据射线的强度进行元素的定量分析。

根据特征 X 射线的激发方式不同，可细分为 X 射线荧光光谱法（X-ray fluorescence

spectroscopy）和电子探针微区分析法（electron probe microanalysis）。根据所分析的特征 X 射线是利用波长不同来展谱实现对 X 射线的检测还是利用能量不同来展谱，还可分为波谱法（wavelength dispersion spectroscopy，WDS）和能谱法（energy dispersion spectroscopy，EDS），这样，可构成四种分析方法：XRFS-WDS、XRFS-EDS、EPMA-WDS、EPMA-EDS。

一般而言，波谱仪分析的元素范围广、探测极限小、分辨率高，适用于多种成分的定量分析；其缺点是要求试样表面平整光滑，分析速度慢，需要用较大的束流，容易引起样品的污染。而能谱仪虽然在分析元素范围、探测极限、分辨率等方面不如波谱仪，但却有分析速度快，可用较小束流和微细电子束及对试样表面要求不严格等优点。四种特征 X 射线分析法的比较见表 6-2。

表 6-2　四种特征 X 射线分析法的比较

分析	XRFS-WDS	XRFS-EDS	EPMA-WDS	EPMA-EDS
元素范围	$F^9 \sim U^{92}$	$Na^{11} \sim U^{92}$	$Be^4 \sim U^{92}$	$Na^{11} \sim U^{92}$
分析区域	整体	整体	表面～$1\mu m$	表面～$1\mu m$
分辨率	高	低	高	低
相对灵敏度	$2 \sim 200mg/kg$	低	$100 \sim 1000mg/kg$	低
绝对灵敏度	$10^{-14}g$	$10^{-14}g$	$10^{-13}g$	$10^{-13}g$
分析速度	慢	快	慢	快
定量分析	适合	误差大	适合	困难

6.5.3　原子光谱分析法

原子光谱分为发射光谱与吸收光谱两类。原子发射光谱是指构成物质的分子、原子或离子受到热能、电能或化学能的激发而产生的光谱。该光谱随不同原子的能态之间的跃迁不同而不同，同时随着元素的浓度变化而变化，因此可用于测定元素的种类和含量。原子吸收光谱是物质的基态原子吸收光源辐射所产生的光谱。基态原子吸收能量后，原子中的电子从低能级跃迁至高能级，并产生与元素的种类和含量有关的共振吸收线。根据共振吸收线可对元素进行定性和定量分析。

原子发射光谱的特点如下。

① 灵敏度高。绝对灵敏度可达 $10^{-8} \sim 10^{-9}g$。

② 选择性好。每一种元素的原子被激发后，都产生一组特征光谱线，由此可准确无误地确定该元素的存在，所以光谱分析法仍然是元素定性分析的最好方法。

③ 适于定量测定的浓度范围小于 5%～20%，高含量时误差高于化学分析法，低含量时准确性优于化学分析法。

④ 分析速度快，可同时测定多种元素，且样品用量少。

原子吸收光谱的特点如下。

① 灵敏度高。绝对检出限量可达 $10^{-14}g$ 数量级，可用于痕量元素分析。

② 准确度高。一般相对误差为 0.1%～0.5%。

③ 选择性较好，方法简便，分析速度快。可以不经分离直接测定多种元素。

原子吸收光谱的缺点是：由于样品中元素需逐个测定，故不适于定性分析。

6.5.4　质谱法

质谱法是 20 世纪初建立起来的一种分析方法。其基本原理是：因为具有不同质荷比（也称质量数，即质量与所带电荷之比）的离子在静电场和磁场中所受的作用力不同，因而运动方向也不同，导致彼此分离，经过分别捕获收集，就可确定离子的种类和相对含量，从而对样品进行成分定性及定量分析。

质谱分析的特点是可进行全元素分析，适于无机、有机成分分析，样品可以是气体、固体或液体；分析灵敏度高，对各种物质都有较高的灵敏度，且分辨率高，对于性质极为相似的成分都能分辨出来；用样量少，一般只需 10^{-6}g 级样品，甚至 10^{-9}g 级样品也可得到足以辨认的信号；分析速度快，可实现多组分同时检测。现在质谱法使用较广泛的是二次离子质谱分析法（SIMS）。它利用载能离子束轰击样品，引起样品表面的原子或分子溅射，收集其中的二次离子并进行质量分析，就可得到二次离子质谱。其横向分辨率达 100～200nm。现在二次中子质谱法（SNMS）也发展很快，其横向分辨率为 100nm，个别情况下可达 10nm。

质谱仪的最大缺点是结构复杂，造价昂贵，维修不便。

6.5.5　中子活化分析

中子活化分析是一种痕量分析方法。它属于活化分析的一种。采用不同能量的中子照射待测试样，使其中所含各种元素的原子核俘获入射中子，从而发生核反应。反应生成的产物多数具有放射性，因此会以一定的半衰期性蜕变或蜕变同时辐射出一种或多种不同波长的 γ 射线。通过检测核蜕变的产物，或通过 γ 谱仪测定试样中待测元素与射线相互作用变成的某种放射性元素辐射的能谱，就可得到待测试样中所含各种元素的定性或定量数据。

中子活性分析的主要特点是：灵敏度高，选择性好，具有非破坏性及可以同时分析多种元素等。

6.6　表面分析

所谓的表面是指固体最外层的 1～10 个原子的表面层和吸附在其上面的原子、分子、离子或其他覆盖层，其深度为小于一到几纳米。表面分析的原理是当一定能量的电子、X 射线或紫外光作用于样品时，与样品的表面原子相互作用后激发出二次粒子（电子、离子），这些粒子带有样品表面的信息，并具有特征能量，收集这类粒子，研究它们的能量分布，就是能谱分析。表 6-3 是主要表面分析方法的比较。

表 6-3　主要表面分析方法的比较

表面分析方法	激发源	发射源	被研究材料的粒子逸出深度/nm	所得信息	特点及其他
俄歇电子能谱	电子、X 射线	俄歇电子	<1～20	表面元素分析、结合能、元素原子价态、结合态	可分析 H、He 以外的所有元素及元素的纵向分布
紫外电子能谱	紫外光电子	光电子（价）电子	<1	电子结合能、电子结构	通过测量光电子能量求电子结合能，进行元素分析
光电子能谱	X 射线	电子（内壳层）	约 10	电子结合能、元素的原子价态、结合态等，表面原子组分、杂质原子能带结构	通过测量光电子能量求电子结合能，进行元素分析

续表

表面分析方法	激发源	发射源	被研究材料的粒子逸出深度/nm	所得信息	特点及其他
离子探针显微分析	离子	二次离子	约 10	微区分析，纵向分析	薄膜表面分析，体内微量分析，纵向浓度分析

超微及纳米粉体颗粒小，表面积大，对其进行表面分析具有特殊的意义。现在常用于超微和纳米粉体的表面分析方法主要有光电子能谱和俄歇电子能谱等。

光电子能谱或 X 光电子能谱（XPS）也称电子能谱化学分析（ESCA）。它是用 X 射线作激发源轰击出样品中元素的内层电子，并直接测量二次电子的能量，表现为元素内层电子的结合能 E_b。E_b 随元素不同而不同，并且有较高的分辨力，它不仅可以得到原子的第一电离能，而且可以得到从价电子到 K 壳层的各级电子电离能，有助于了解离子的几何构型和轨道成键特性。除此之外，还有以下特点。

① 适用于除 H、He 之外几乎所有元素的检测，绝对灵敏度达 10^{-18}g。

② 作为表面薄层分析，检测深度为 0.5～5nm。

③ 除了得到有关化学组成的信息外，还可分析分子结构、原子价态等相关数据。

对于配合物来说，配体不同，配位中心原子的化学环境有所不同，这将影响光电子的能量，谱图上出现峰位的变化。价态不同，也会有类似的影响。用这种方法可以分析超微粉体或纳米材料的成分和价态等。如二氧化钛上载少量铂后，能显著改变其光催化活性，但负载量减少后用 XRD 等方法无法检测出铂的含量和价态。若采用 XPS 方法，即使铂的含量只有0.22%（质量），也能测定其价态为零价。

不过，光电子能谱也存在一些缺点，如分辨率不高，X 射线不易聚焦、偏转，故不能实现扫描，分析速度慢。

俄歇电子能谱（AES）是由一定能量的电子束（或 X 射线）激发样品，从众多的二次电子能量分布中找出俄歇电子的信号，以俄歇电子能量的测试分析来推测固体表面元素成分的一种表面分析方法。与光电子能谱（XPS）相比，俄歇电子能谱灵敏度高，在实际测量中灵敏度可达 0.1% 单原子层。俄歇电子能谱可用于定性和定量分析。在进行元素定性分析时，只要把记录到的俄歇电子峰的能量和已经测到的各种元素各类俄歇跃迁的能量加以对照，就能确定元素种类；在定量分析中用得最多的是相对测量，因为俄歇电流近似地正比于被激发的原子数目，把样品的俄歇电子与标准样品的信号在相同条件下比较，有以下近似的关系式：

$$c = c_s \times I/I_s \tag{6-17}$$

式中，c 和 c_s 分别代表样品和标样的浓度；I 和 I_s 分别代表样品和标样的俄歇电流。

俄歇电子能谱还有分析速度快的特点，而且由于作为激发源的电子易于实现扫描，所以 SES 可制成扫描俄歇微探针（scanning auger microprobe，SAM）进行二维扫描分析。如配上离子溅射设备，可对样品进行三维元素分析。

6.7 晶态的表征

6.7.1 X 射线衍射法

X 射线衍射法（X-ray dffraction，XRD）是利用 X 射线在晶体中的衍射现象来测定晶态的。其基本原理是布拉格（Bragg）公式。

$$n\lambda = 2d\sin\theta$$

（6-18）

式中，θ、d、λ 分别为布拉格角、晶面间距、X 射线波长。满足 Bragg 公式时，可得到衍射。根据试样的衍射线的位置、数目及相对强度等确定试样中包含哪些结晶物质以及它们的相对含量。具体的 X 射线衍射方法有劳厄法、转晶法、粉末法、衍射仪法等，其中常用于超微粉体的方法为粉末法和衍射仪法。

6.7.2　电子衍射法

电子衍射法（electron diffraction，ED）与 X 射线法原理相同，遵循劳厄方程或布拉格方程所规定的衍射条件和几何关系，只不过其发射源是以聚焦电子束代替了 X 射线。电子波的波长短，使单晶的电子衍射谱和晶体倒易点阵的二维截面完全相似，从而使晶体几何关系的研究变得比较简单。另外，聚焦电子束直径大约为 $0.1\mu m$ 或更小，因而对这样大小的粉体颗粒上所进行的电子衍射往往是单晶衍射图案，与单晶的劳厄 X 射线衍射图案相似。而纳米粉体一般在 $0.1\mu m$ 范围内有很多颗粒，所以得到的多为断续或连续圆环，即多晶电子衍射谱。

电子衍射法包括以下几种：选区电子衍射、微束电子衍射、高分辨率电子衍射、高分散性电子衍射、会聚束电子衍射等。

电子衍射物相分析的特点如下。

①分析灵敏度高，小到几十甚至几纳米的微晶也能给出清晰的电子图像。适用于试样总量很少、待定物在试样中含量很低（如晶界的微量沉淀）和待定物颗粒非常小的情况下的物相分析。

②可得到有关晶体取向关系的信息。

③电子衍射物相分析可与形貌观察结合进行，得到有关物相的大小、形态和分布等资料。

6.8　表面润湿性的表征

对于表面处理后的超微粉体常用表面润湿性进行表征。表征表面润湿性的方法主要有润湿接触角和活化指数。

6.8.1　润湿接触角

润湿接触角是润湿性的主要判据。固体物料在水中的润湿接触角越大，疏水性就越好。因此，如用有机表面改性剂对超微粉体进行表面改性，则改性剂在表面包覆越完全（包覆率越大），无机超微粉体在水中的润湿接触角越大；润湿接触角越大，粉体的表面能就越低。

测定润湿角的方法很多，如角度测量法、长度测量法、毛细管浸透速度法等。以下介绍适用于测定粉体物料润湿性的毛细管浸透速度法。

毛细管浸透速度法又称动态法，此法的测定程序如下：称取一定量的粉末（样品），装入下端用微孔板封闭后的玻璃管内，并压紧至固定刻度，然后将测量管垂直放置，并使下端与液体接触（图 6-6）。然后测定液体浸润粉体层的高度与时间。

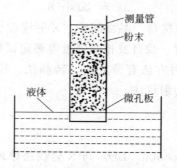

图 6-6　粉末润湿接触角测定装置示意图

将玻璃管内的孔隙视为平均直径为 r 的一束平行毛细管，则由 Poiseulle 公式可得到下式：

$$h^2 = [\, cr\, \gamma_L \cos \theta /\, (2\eta)]t \tag{6-19}$$

式中，h 为液体润湿高度，cm；c 为常数，对指定的体系来说 cr 为定值；γ_L 为液体表面张力，dyn/cm（$1dyn = 10^{-5}N$）；η 为液体的黏度，Pa·s；t 为浸润时间，s；θ 为粉体的润湿接触角，(°)。

令：

$$k = cr\, \gamma_L \cos \theta /(2\eta) \tag{6-20}$$

对于一定的粉体层及液体在一定的温度下，式（6-19）可简写为：

$$h^2 = kt \tag{6-21}$$

这样，测定不同的浸润高度后，以 h^2 对 t 作图，即得一直线。由该直线斜率经式（6-21）可求出润湿接触角 θ。

6.8.2　活化指数

无机粉体一般相对密度较大，而且表面呈极性状态，在水中自然沉降。而有机表面改剂是非水溶性的表面活性剂或偶联剂，因此，经表面改性处理后的无机粉体表面由极性变为非极性，对水呈现出较强的非浸润性。这种非浸润性的细小颗粒，在水中由于巨大的表面张力，使其如同油膜一样漂浮不沉。根据这一现象，提出"活化指数"的概念，用 H 表示，其含义用下式表示：

$$H = \frac{样品中飘浮部分的质量(g)}{样品总质量(g)} \tag{6-22}$$

由式（6-22）可见，未经表面活化（即改性）处理的无机粉体，$H=0$；活化处理最彻底时，$H=1.0$（100%）。H 由 0～1.0 的变化过程，可反映出粉体表面活化程度由小至大，也即表面有机处理的程度。表面处理剂的用量可参考"活化指数"来确定。所谓最佳用量，即表面处理剂在粉体表面上覆盖单分子层的用量。大于此用量，则将形成多层物理吸附的界面薄弱层；低于最佳用量，则粉体表面处理不完全。反映在"活化指数"H 的变化曲线中，随着表面处理剂用量的增加，开始阶段 H 呈上升趋势，H 由 0 升至 1.0 然后不再变化，如图 6-7 所示。图 6-7 曲线中 a 点所对应的横坐标的 A 点，即是表面处理剂在粉体表面形成单分子覆盖层的用量，可作为表面改性剂的最佳用量。但是实际处理中，应略低于该用量。

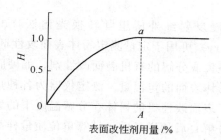

图 6-7　表面改性剂用量与活化指数 H 的关系

应当指出，活化指数不能作为粉体表面改性产品的唯一质量指标。因为用不同的表面处理剂改性后，活化指数可能不同，所以绝不意味着，活化指数越高，表面改性效果就越好，应该结合其他指标，如吸附类型（化学吸附还是物理吸附）、与高聚物基料的作用以及应用性能指标来综合评价。

6.9　表面吸附类型、包覆量与包覆率的表征

在粉体表面改性处理的研究中，不仅需要确定表面改性剂（如偶联剂）与粉体表面的作用类型，同时还需要定量地测定表面改性剂在粉体表面的包覆率或包覆量，以解决诸如确定表面改性剂的最佳用量、选择最佳包覆条件以及验证计算表面改性剂用量的数学模型等问题。

6.9.1　吸附类型

吸附类型可分为物理吸附和化学吸附。测定吸附类型不仅可以了解表面改性剂分子与粉体颗粒之间作用的强弱，而且还有助于研究表面改性剂与无机颗粒之间的作用机理。

吸附类型可通过脂肪提取器（带电动搅拌和回流冷凝装置的三口烧瓶）或热水洗涤来测定。使用脂肪提取器的方法和测定过程如下：将改性后的粉体样品加入盛有一定量甲苯溶剂的三口烧瓶中，加热至沸腾状态回流搅拌，抽滤，充分洗涤，然后在 120 ℃ 下干燥至恒重，则以物理吸附方式包覆于颗粒表面的表面改性剂分子为甲苯所提取，得到已除去表面物理吸附的表面改性粉体。因此，甲苯提取量反映了呈物理吸附的表面改性剂的数量。在一定时间内，甲苯提取量越大，说明物理吸附越多，在吸附表面所占比例越大。

6.9.2　包覆量与包覆率

包覆量是指一定质量的粉体表面所吸附的表面改性剂的质量，可用 "mg/g" 或 "g/kg" 来表示。

包覆率定义为表面改性剂分子在粉体（颗粒）表面的包覆或覆盖面积占粉体（颗粒）总表面积的百分比。设表面改性剂分子在粉体表面单层包覆，一般来说可以根据包覆量和表面改性剂分子的断面积来计算表面包覆率，即：

$$n = [(M/q) \times N_A a_0]/S_w \tag{6-23}$$

式中，n 为包覆率，%；M 为粉体颗粒表面的包覆量，g；q 为表面改性剂分子的相对分子质量；N_A 为阿伏伽德罗常量，6.023×10^{23}；a_0 为表面改性剂分子的截面积；S_w 为被包

覆粉体的比表面积。

红外光谱分析，尤其是漫反射红外傅里叶转换光谱法（diffuse reflectance infra-red Fourier transform spectrometry）可用于定量测定粉体表面改性剂的包覆量。

对于在一定温度下易于烧失或分解的有机表面改性剂，如硬脂酸等，可用热解质量分析法来测定表面改性剂在无机粉体表面的包覆量。测定仪器为各种热分析仪或热天平。测定过程比较简单，即先测定包覆了表面改性机的粉体在分解温度下的失重，根据原样质量和烧失完全（有机表面改性剂完全分解）后的样品质量计算单位质量样品的包覆量，在已知或测得粉体的比表面积后再用式（6-23）计算表面改性剂在样品表面的包覆率。还可采用 X 射线光电子能谱等方法来测定表面包覆量，然后计算包覆率。对于无机表面改性剂，可采用化学分析方法测定粉体表面的包覆量。

参 考 文 献

[1] 一ノ瀬升，尾崎义治，贺集诚一郎. 超微颗粒导论. 赵建修，张联盟，译. 武汉：武汉工业大学出版社，1991.

[2] 张立德. 超微粉体制备与应用技术. 北京：中国石化出版社，2001.

[3] 黄德欢. 纳米技术与应用. 上海：中国纺织大学出版社，2001.

[4] 朱屯，王福明，王习东，等. 国外纳米材料进展与应用. 北京：化学工业出版社，2002.

[5] 张志，催作林. 纳米技术与纳米材料. 北京：国防工业出版社，2000.

[6] 徐国财，张立德. 纳米复合材料. 北京：化学工业出版社，2002.

[7] 高濂，李蔚. 纳米陶瓷. 北京：化学工业出版社，2002.

[8] 邢丽英，等. 隐身材料. 北京：化学工业出版社，2004.

[9] 沈钟，王果庭. 胶体与表面化学. 2版. 北京：化学工业出版社，1997.

[10] 郑水林. 超细粉碎. 北京：中国建材工业出版社，1999.

[11] 郑水林. 非金属矿超细粉碎技术与装备. 北京：中国建材工业出版社，2016.

[12] 张玉龙，张树理. 纳米改性剂. 北京：国防工业出版社，2004.

[13] 陈振兴. 特种粉体. 北京：化学工业出版社，2004.

[14] 刘海飞，王梦雨，贾贤赏，等. 纳米金属粉末的应用. 矿冶，2004，13（3）：65-67.

[15] 中国颗粒学会. 颗粒学学科发展报告（2009—2010）. 北京：中国科学技术出版社，2010.

[16] 孙红娟，彭同江. 氧化还原法制备石墨烯材料. 北京：科学出版社，2016.

[17] 李群. 纳米材料制备与应用技术. 北京：化学工业出版社，2008.

[18] 丁浩，等. 矿物-TiO_2 微纳米颗粒复合与功能化. 北京：清华大学出版社，2016.

[19] Yasuo Arai. Chemistry of Powder Production. Chapman & Hall，1996：90-105.

[20] Stein H N. The Preparation of Dispersions in Liquids. Marcel Dekker，Inc. NewYork，1996：41~55.

[21] Mary C K，and James S R. Grinding Kineties and Grinding Energy. American Ceramic Society Bulletin，Vol. 71 No. 12，Dec. 1992：1809.

[22] 中国硅酸盐学会. 矿物材料学科发展报告. 北京：中国科学技术出版社，2018.

[23] 卢寿慈. 工业悬浮液——性能，调制及加工. 北京：化学工业出版社，2003.

[24] 郑水林. 无机矿物填料加工技术基础. 北京：化学工业出版社，2010.

[25] Mary C K，James S R. Grinding Kinetics and Grinding Energy. American Ceramic Society Bulletin，Vol. 71 No. 12，Dec. 1992：1890-1897.

[26] Sheila A P，James S R. Grinding Kinetics and Media Wear. American Ceramic Society Bulletin，Vol. 72 No. 3，Mar. 1993：101-107.

[27] 卢寿慈. 粉体加工技术. 北京：中国轻工业出版社，1999.

[28] 李凤生，等. 超细粉体技术. 北京：国防工业出版社，2001.

[29] Zoltan Juhasz A，Ludmila Opoczky. Mechanical Activation of Minerals by Grinding. Akademiai kiado，Budapest，1990：10-118.

[30] 陶珍东，郑少华. 粉体工程与设备. 3版. 北京：化学工业出版社，2015.

[31] Li C Z，Shi L Y，Xie D M，et al. Morphology and crystal structure of Al-doped TiO_2 nanoparticles synthesized by vapor phase oxidation of titanium tetrachoride. J Non-Cryst Solids，2006，352：4128-4135.

[32] Strobel R，Madler L，Piacentini M，et al. Two-nozzle flame synthesis of $Pt/Ba/Al_2O_3$ for Nox storage. Chem Mater，2006，18：2532-2537.

[33] Tani T，Watanabe N，Takatori K，et al. Morphology of oxide particles made by the emulsion combustion method. J Am Ceram Soc，2003，86：898-904.

[34] Hu Y J，Li C Z，Gu F. Facile flame synthesis and photoluminescent properties of core/shell TiO_2/SiO_2 nanoparticles. J Alloy Comp，2007，432：L5-L9.

[35] Schulz H，Madler L，Strobel R，et al. Independent control of metal cluster and ceramic particle characteristics during one-step synthesis of Pt/TiO_2. J Mater Res，2005，20：2568-2577.

[36] Hu Y J，Li C Z，Gu F. Preparation and formation mechanism of alumina hollow nanospheres via high-speed jet

flame combustion. Ind Eng Chem Res，2007，46：8004-8008.

[37] Liu J，Hu Y J，Gu F，et al. Flame synthesis of ball-in-shell structured TiO$_2$ nanospheres. Ind Eng Chem Res，2009，48：735-739.

[38] Yang H G，Sun C H，Qiao S Z，et al. Anatase TiO$_2$ single crystals with a large percentage of reactive {001} facets. Nature，2008，453：638-641.

[39] Yang D，Hu J，Fu S. Controlled Synthesis of Magnetite-silica Nanocomposites via a Seeded Sol-Gel Approach. J Phys Chem C，2009，113：7646-7651.

[40] 宁桂玲. 高等无机合成. 上海：华东理工大学出版社，2007.

[41] Boutonnet M，Lögdberg S，Svensson E E. Recent developments in the application of nanoparticles prepared from W/O microemulsions in heterogeneous catalysis. Curr Opin Colloid Interface Sci，2008，13：270-286.

[42] Voigt A，Adityawarman D，Sundmacher K. Size and distribution prediction for nanoparticles produced by microemuision precipitation：A Monte-Carlo Simulation study. Nanotechnology，2005，16：S429-434.

[43] Chen Z，Jiao Z，Li Z. Preparation of magnetic nanospheres from a reverse microemulsion stabilized by a block copolymer surfacatant. J Appl Polym Sci，2008，110，1664-1670.

[44] Zhang D E，Tong Z W，Li S Z，et al. Fabrication and characterization of hollow Fe3O4 nonospheres in amicroemulsion. Mater Lett，2008，62：4053-4055.

[45] 任俊，沈健，卢寿慈. 颗粒分散科学与技术. 北京：化学工业出版社，2005.

[46] 王宝利，朱振峰. 无机纳米粉体的团聚与表面改性. 陶瓷学报，2006，(27)：135-138.

[47] 高濂，孙静，刘阳桥. 纳米粉体的分散及表面改性. 北京：化学工业出版社，2003.

[48] 张万忠，乔学亮，陈建国，等. 纳米材料的表面修饰与作用. 化工进展，2004，(23)：1067-1071.

[49] Lins F F. Middea A. Adamian R. 2nd Swedish Brazilian Workship on miner. Techn. Forssberg E. BossR. V. (eds)，Sala，1995：14.

[50] 任俊，卢寿慈，沈健，等. 科学通报，2000，45 (6)：583.

[51] 任俊，郭志清，沈健，等. 中国粉体技术，2000，6：177.

[52] 任俊，沈健，卢寿慈，等. 中国粉体技术，2001，7：13.

[53] 郑水林. 粉体表面改性. 3 版. 北京：中国建材工业出版社，2019.

[54] 郑水林. 非金属矿物材料. 2 版. 北京：化学工业出版社，2016.

[55] 冯胜玉，张洁，李美江，等. 有机硅高分子及其应用. 北京：化学工业出版社，2004.

[56] 郑水林，张清辉，李杨，等. 超细氧化铁红颜料的表面改性研究. 矿冶，2003，12 (2)：69.

[57] Zheng Shuilin，Zhang Qinghui. PARTICUOLOGY，Vol. 1 NO. 4 (2003)：176~180.

[58] 王世敏，许祖勋，傅晶. 纳米材料制备技术. 北京：化学工业出版社，2002.

[59] 张立德，牟季美. 纳米材料与纳米结构. 北京：科学出版社，2001.

[60] 沈钟，王果庭. 胶体与表面化学. 2 版. 北京：化学工业出版社，1997.

[61] Van Der Leeden M C，Kashchiev D，Van Rosmalen G M. Precipitation of barium sulfate：Induction time and the effect of an additive on nucleation and growth. Journal of Colloid and Interface Science，1992，152 (2)：338-350.

[62] 马亚鲁，张彦军，孙小兵. BaTiO$_3$ 纳米粉体的制备与表征. 中国粉体技术，2000，6 (zl)，254-256.

[63] 常玉芬，宁桂玲，林源，等. 一种新型耐温表面活性剂在球形 Al$_2$O$_3$ 纳米粉制备中的应用研究. 中国粉体技术，2000，6 (zl)，257-259.

[64] 高琪君，陈烨璞，刘俊康，等. 纳米 CaCO$_3$ 的表面改性及其在软 PVC 中的应用. 化工矿物与加工，2002，31 (1)：1-3.

[65] 杜振霞，贾志谦，饶国瑛，等. 纳米碳酸钙表面改性及在涂料中的应用研究. 北京化工大学学报（自然科学版），1999，26 (2)：83-85.

[66] 邹海魁，陈建峰，刘润静，等. 纳米 CaCO$_3$ 的制备、表面改性及表征. 中国粉体技术，2001，7 (5)：15-19.

[67] 李晓娥，邓红，张粉艳，等. 纳米二氧化钛有机化改性工艺研究. 无机盐工业，2001，33 (4)：5-7.

[68] 吴唯，钱琦，浦伟光，等. 纳米 SiO$_2$ 改性 PP 的结晶结构与特性研究. 中国塑料，2002，16 (1)：23-27.

[69] 艾德生，戴遐明，李庆丰. 纳米 ZrO$_2$ 粉的表面电性研究. 中国粉体技术，2001，7 (4)：34-37.

[70] 左美祥，黄志杰，张玉敏，等. 纳米 SIO$_X$ 在涂料中的分散作用. 化工新型材料，2000：22-24.

[71] 李国辉，李春忠，吕志敏. 纳米氧化钛颗粒表面处理及表征. 华东理工大学学报（自然科学版），2000，26（6）：639-641.

[72] 刘福来，郑水林，李杨. 超细二氧化硅的制备与应用. 中国非金属矿工业导刊，2003，(4)：33-35，37.

[73] Tsubokawa Norio. Functionalization of carbon black by surface grafting of polymers [J]. Progress in Polymer science, 1992, 17 (3)：417-470.

[74] 丁延伟，范崇政. 纳米二氧化钛表面包覆的研究. 现代化工，2001，21 (7)：18-22.

[75] 陈爽，刘维民. 高等学校化学学报，2000，21 (3)：472-476.

[76] 钱逢麟，竺玉书. 涂料助剂. 北京：化学工业出版社，1990.

[77] 严瑞瑄. 水溶性高分子. 北京：化学工业出版社，1998.

[78] 郑水林，杜高翔，李杨，等. 用水镁石制备超细氢氧化镁的研究. 矿冶，2004，13 (2)：47-50.

[79] Marcano D C, Kosynkin D V, Berlin J M, et al. Improved Synthesis of Graphene Oxide. Acs Nano, 2010, 4：4806.

[80] 杨剑波. 石墨烯/ZnO 纳米阵列复合材料制备及性能. 武汉：中国地质大学出版社，2015.

[81] Stankovich S, Dikin D A, Piner R D, et al. Synthesis of graphene-based nanosheets via chemical reduction of exfoliated graphite oxide. Carbon, 2007, 45：1558-1565.

[82] Li D, Mueller M B, Gilje S, et al. Processable aqueous dispersions of graphene nanosheets. Nature Nanotechnology, 2008, 3：101.

[83] Gómez-Navarro C, Meyer J C, Sundaram R S, et al. Atomic structure of reduced graphene oxide. Nano Letters, 2010, 10：1144.

[84] Erickson K, Erni R, Lee Z, et al. Determination of the local chemical structure of graphene oxide and reduced graphene oxide. Advanced Materials, 2010, 22：4467-4472.

[85] Ganguly A, Sharma S, Papakonstantinou P, et al. Probing the Thermal Deoxygenation of Graphene Oxide Using High-Resolution In Situ X-ray-Based Spectroscopies. Journal of Physical Chemistry C, 2011, 115：17009-17019.

[86] Gao W, Alemany L B, Ci L, et al. New insights into the structure and reduction of graphite oxide. Nature Chemistry, 2009, 1：403.

[87] Yang D, Velamakanni A, Bozoklu G, et al. Chemical analysis of graphene oxide films after heat and chemical treatments by X-ray photoelectron and Micro-Raman spectroscopy. Carbon, 2009, 47：145-152.

[88] Mattevi C, Eda G, Agnoli S, et al. Evolution of Electrical, Chemical, and Structural Properties of Transparent and Conducting Chemically Derived Graphene Thin Films. Advanced Functional Materials, 2009, 19：2577-2583.

[89] Fan X, Peng W, Li Y, et al. Deoxygenation of Exfoliated Graphite Oxide under Alkaline Conditions：A Green Route to Graphene Preparation. Advanced Materials, 2008, 20：4490-4493.

[90] Liu F, Choi J Y, Seo T S. Graphene oxide arrays for detecting specific DNA hybridization by fluorescence resonance energy transfer. Biosensors & Bioelectronics, 2010, 25：2361-2365.

[91] Tung V C, Allen M J, Yang Y, et al. High-throughput solution processing of large-scale graphene. Nature Nanotechnology, 2008, 4：25-29.

[92] Zhou Y, Bao Q, Tang L A L, et al. Hydrothermal Dehydration for the "Green" Reduction of Exfoliated Graphene Oxide to Graphene and Demonstration of Tunable Optical Limiting Properties. Chemistry of Materials, 2009, 21：2950-2956.

[93] Fan X, Peng W, Li Y, et al. Deoxygenation of Exfoliated Graphite Oxide under Alkaline Conditions：A Green Route to Graphene Preparation. Advanced Materials, 2008, 20：4490-4493.

[94] Novoselov K S, Geim A K, Morozov S V, et al. Electric Field Effect in Atomically Thin Carbon Films. Science, 2004, 306：666.

[95] Hernandez Y, Nicolosi V, Lotya M, et al. High-yield production of graphene by liquid-phase exfoliation of graphite. Nat Nanotechnol, 2008, 3：563-568.

[96] Yi M, Shen Z, Zhang X, et al. Vessel diameter and liquid height dependent sonication-assisted production of few-layer graphene. Journal of Materials Science, 2012, 47：8234-8244.

[97] 沈志刚，易敏，麻树林，等. 一种制备高质量石墨烯的湍流方法. 北京：北京航空航天大学，2015.

［98］ Paton K R，Varrla E，Backes C，et al. Scalable production of large quantities of defect-free few-layer graphene by shear exfoliation in liquids. Nature Materials，2014，13：624-630.

［99］ Shih C J，Lin S，Strano M S，et al. Understanding the stabilization of liquid-phase-exfoliated graphene in polar solvents：molecular dynamics simulations and kinetic theory of colloid aggregation. Journal of the American Chemical Society，2010，132：14638-14648.

［100］ 张毅. 超重力法液相直接剥离制备石墨烯. 北京：北京化工大学，2016.

［101］ Shen Song，Gao Fei，Zhao Yibo，et al. Preparation of hang quality graphene using gravity Technology. Chemicao Engineering and Processing，2016，106：59-66.

［102］ 刘钦甫. 高岭石插层、剥片及其在橡胶中的应用. 北京：科学出版社，2016.

［103］ 唐宝莲，莫祥银. SiO_2 的开发应用. 南京工业大学学报，2004，26 (1)：98-102.

［104］ 张永春，田明，等. 二氧化硅制备、改性、应用进展. 现代化工，1998，18 (4)：11-13.

［105］ 周光，雷映平，摩兰. 新型无定型 SiO_2 研究进展及展望. 非金属矿，2002，25：14-17.

［106］ 王英，马亚鲁. 湿化学法制备超细二氧化硅粉体材料. 无机盐工业，2003，35 (6)：8-11.

［107］ 许珂敬，杨新春. 多孔二氧化硅纳米粉体的制备与表征. 硅酸盐通报，2001，20 (1)：58-62.

［108］ 刘立泉，何水. 纳米二氧化硅粉体的制备. 电子元件与材料，2000，19 (4)：28-31.

［109］ 胡庆福. 纳米级碳酸钙生产与应用. 北京：化学工业出版社，2004.

［110］ GB/T 19591—2004 纳米二氧化钛.

［111］ 范国强，刘幽若. 无机纳米粉体国家标准中粉体粒度表征研究. 中国石油与化工标准与质量，2006，26 (09)：30～33.

［112］ 郑水林，孙志明. 纳米 TiO_2/硅藻土复合环保功能材料. 北京：化学工业出版社，2018.

［113］ 王利剑，郑水林，舒锋. 硅藻土负载 TiO_2 复合材料的制备与光降解性能研究. 硅酸盐学报，2006，34 (7)：823-826.